DAKUADU
YUYINGLI GANGJIEGOU
SHIGONG JISHU

# 大跨度
# 预应力钢结构
# 施工技术

周黎光　刘占省　王泽强 等　著

中国电力出版社
CHINA ELECTRIC POWER PRESS

## 内 容 简 介

预应力钢结构是指索结构或以索为主要受力构架与其他钢结构体系组合的平面或空间杂交结构。该结构体系既充分发挥了预应力拉索高强度的性能，又提高了普通钢结构构件的利用效率，既具有节约钢材的显著经济效益，又达到了跨越大跨度的目的。

本书系统介绍了预应力钢结构施工关键技术，结合实际工程应用详细介绍了典型的几种结构形式。全书包括10章：第一～三章分别介绍了预应力钢结构发展与种类、施工深化设计和施工仿真模拟。第四章是全书重点内容，针对各种结构形式，详细阐述了预应力钢结构的施工方法，主要总结了各种结构形式的总体施工思路，并对预应力施加方法进行了详细论述。第五章是介绍了施工监测的意义、要求、原则、内容、方法和采集系统等。第六～十章结合典型工程实例，重点介绍典型结构形式的施工关键技术。工程实例主要包括国家体育馆（张弦结构）、北京工业大学体育馆（弦支穹顶结构）、鄂尔多斯伊金霍洛旗索穹顶（索穹顶结构）、盘锦体育场（柔性索网结构）和营口体育场（斜拉结构），以上工程实例的预应力施工均由北京市建筑工程研究院有限责任公司完成。

本书可供土木工程相关专业的研究和设计人员、施工人员和管理人员施工，也可作为院校教师、学生等参考使用。

**图书在版编目（CIP）数据**

大跨度预应力钢结构施工技术/周黎光等著. —北京：中国电力出版社，2017.1（2018.5重印）
ISBN 978-7-5198-0026-0

Ⅰ.①大…　Ⅱ.①周…　Ⅲ.①大跨度结构—预应力结构—钢结构—工程施工　Ⅳ.①TU758.11

中国版本图书馆CIP数据核字（2016）第274968号

中国电力出版社出版发行
北京市东城区北京站西街19号　100005　http://www.cepp.sgcc.com.cn
责任编辑：王晓蕾　联系电话：010—63412610
责任印制：蔺义舟　责任校对：王开云
三河市百盛印装有限公司・各地新华书店经售
2017年1月第1版・2018年5月第2次印刷
787mm×1092mm　10.5印张・250千字
定价：48.00元

# 前 言

大跨度预应力钢结构是衡量一个国家建筑科技水平的重要标准之一，也是一个国家文明发展程度的象征，世界各国都十分重视预应力结构理论和技术研究、应用与发展。随着社会的发展，建筑结构不但要满足安全性和适用性的要求，还要兼顾美观和经济的功能。顺应时代的要求，大跨度预应力钢结构以其建筑外形灵活新颖，充分利用结构骨架形式和结构材料性能承力的特点，得到了广泛的研究和应用。

随着预应力钢结构的应用，人们越来越认识到预应力施加方法、施工仿真模拟等施工关键技术是预应力钢结构能否成功建造的关键。然而，关于预应力钢结构施工关键技术的研究，多以理论分析、某种结构形式或以某项工程为主，系统介绍与阐述，并结合大量实际工程实例进行深入分析的很少。北京市建筑工程研究院有限责任公司从事预应力钢结构方面的研究与工程应用已经有十余年，积累了大量预应力施工经验，完成了包括 2008 年奥运会体育场馆、国内大型公建、高铁站房等在内的 400 余项工程，包括在美国、印尼、阿布扎比等国际工程 10 余项。工程遍布全国各地 20 多个省、直辖市及自治区。作者一直希望能够结合完成的实际工程，把预应力钢结构施工关键技术进行系统的总结、提炼，并详尽地介绍给同行。

为此，我们根据国内外预应力钢结构发展与应用情况，结合研究院近十多年完成科研项目与实际工程，并以图文并茂的方式著成本书，展现给读者。本书系统介绍了预应力钢结构施工关键技术，主要包括施工深化设计、施工仿真模拟、施工方法及施工过程监测等几个方面，结合实际工程应用详细介绍了典型的几种结构形式。目前，大跨度预应力钢结构通常可分为以下几种形式：张弦梁结构、弦支穹顶结构、索穹顶结构、柔性索网结构和斜拉结构等。结合北京市建筑工程研究院有限责任公司完成的实际工程实例，介绍以上 5 种结构形式的施工关键技术。工程实例包括国家体育馆（张弦结构）、北京工业大学体育馆（弦支穹顶结构）、鄂尔多斯伊金霍洛旗索穹顶（索穹顶结构）、盘锦体育场（柔性索网结构）和营口体育场（斜拉结构）。

作者希望借此书为土木工程相关专业人员提供施工借鉴，积累预应力钢结构专业施工经验；为技术人员提供借鉴，编写和优化施工方案，提高施工质量，保证施工安全；为科研人员提供启发，使其了解预应力钢结构基础知识，为科研创新思路更加开阔；为学生了解预应力钢结构的类型及基本施工方法，激发学习兴趣，开拓就业思路。

本书为周黎光、刘占省、王泽强、司波、尤德清及徐瑞龙六位著写完成，编写过程中参考了大量宝贵的文献，吸取了行业专家的经验。但由于著写时间相对仓促，加之水平有限，疏漏之处在所难免，敬请广大读者批评指正。读者在应用本书过程中，如遇到相关问题，欢迎与我们交流，联系邮箱：wzeq7902@sina. com。

著 者<br>2016 年 12 月 1 日

# 目 录

前言

**第一章 预应力钢结构概述** …… 1

第一节 张弦梁结构 …… 2
第二节 弦支穹顶结构 …… 6
第三节 索穹顶结构 …… 10
第四节 柔性索网结构 …… 14
第五节 斜拉结构 …… 18

**第二章 施工深化设计** …… 23

第一节 深化设计概述 …… 23
第二节 深化设计的基本步骤 …… 24
第三节 基本结构体系的节点解决方案 …… 27

**第三章 施工仿真模拟** …… 40

第一节 施工仿真模拟概述 …… 40
第二节 施工仿真模拟方法 …… 41
第三节 施工偏差与误差分析 …… 45

**第四章 预应力钢结构施工技术** …… 56

第一节 张弦梁结构施工方法 …… 56
第二节 弦支穹顶结构施工方法 …… 61
第三节 索穹顶结构施工方法 …… 63
第四节 柔性索网结构施工方法 …… 66
第五节 斜拉结构施工方法 …… 69

**第五章 施工过程监测** …… 73

第一节 施工监测概述 …… 73
第二节 施工监测内容和方法 …… 76
第三节 施工监测系统 …… 78

**第六章 张弦梁结构——国家体育馆** …… 81

第一节 工程概况 …… 81

第二节　施工深化设计 …… 83
第三节　施工方案 …… 84
第四节　施工仿真 …… 85
第五节　施工监测 …… 87

**第七章　弦支穹顶结构——北京工业大学奥运会羽毛球馆 …… 91**

第一节　工程概况 …… 91
第二节　施工深化设计 …… 92
第三节　施工方案 …… 95
第四节　施工仿真 …… 101
第五节　施工监测 …… 104

**第八章　索穹顶结构——鄂尔多斯索穹顶 …… 108**

第一节　工程概况 …… 108
第二节　施工深化设计 …… 110
第三节　施工方案 …… 113
第四节　施工仿真 …… 122
第五节　施工监测 …… 127

**第九章　柔性索网结构——盘锦体育场 …… 129**

第一节　工程概况 …… 129
第二节　施工深化设计 …… 129
第三节　施工方案 …… 132
第四节　施工仿真 …… 138
第五节　施工监测 …… 144

**第十章　斜拉结构——营口体育场 …… 146**

第一节　工程概况 …… 146
第二节　施工深化设计 …… 146
第三节　施工方案 …… 149
第四节　施工仿真 …… 153
第五节　施工监测 …… 156

# 第一章

# 预应力钢结构概述

大跨度预应力钢结构是衡量一个国家建筑科技水平的重要标准之一，也是一个国家文明发展程度的象征，世界各国都十分重视预应力结构理论和技术的研究、应用与发展。随着社会的发展，建筑结构不但要满足安全性和适用性的要求，还要兼顾美观和经济的功能。大跨度预应力钢结构顺应时代的要求，以其建筑外形灵活新颖，充分利用结构骨架形式和结构材料性能承力的特点，得到了广泛的研究和应用。

预应力钢结构是指以索结构或以索为主要受力构架与其他钢结构体系组合的平面或空间杂交结构。即在静定结构中，通过对索施加预应力，增加高强度索体赘余预应力，使其结构变为超静定结构体系，有效建立杂交结构的刚度，显著改善结构受力状态、减小结构挠度、对结构受力性能实行有效控制。该结构体系既充分发挥了预应力拉索高强度的性能，又提高了普通钢结构件的利用效率，既具有节约钢材的显著经济效益，又达到了跨越大跨度的目的。

预应力钢结构的组成元素为高强拉索。主要为高强度金属或非金属拉索，目前国内普遍采用的是强度超过 1450MPa 的不锈钢拉索和强度超过 1670MPa 的镀锌拉索；钢结构，包括各种类别的钢结构形式，如钢网架、钢网壳、平面钢桁架、空间钢桁架、钢拱架等。

预应力钢结构主要特点是：充分利用材料的弹性强度潜力以提高结构承载能力；改善结构的受力状态以节约钢材；提高结构的刚度和稳定性，调整其动力性能；创新结构承载体系，达到超大跨度的目的和保证建筑造型的美观。

预应力钢结构中高强度索体和普通强度刚性材料均能充分在结构中发挥作用，特别是索体在结构中性能的充分发挥，大大降低了用钢量，降低了施工成本和结构自重，具有显著的经济效益。预应力钢结构同非预应力钢结构相比要节约材料，降低钢耗，但节约程度要看采用预应力技术的是现代创新结构体系（如索穹顶和索膜结构等），还是传统结构体系（如网架、网壳等）。对前者而言，由于大量采用预应力拉索而排除了受弯杆件，加之采用了轻质高强的维护结构（如压型钢板及人工合成膜材等），其承重结构体系变得十分轻巧，与传统非预应力结构相比，其结构自重成倍或几倍地降低，例如韩国汉城奥运会主赛馆直径约 120m 的索穹顶结构自重仅有 14.6kg/m$^2$。

预应力结构的思想早在古代就产生了，如弓箭的张弦、木桶的铁箍等就是最古老的预应力结构。但是直到 20 世纪 50 年代，二次世界大战战后重建时期，由于材料匮乏资金短缺要求降低用钢量节约成本时，才出现了在传统钢结构中引入预应力的预应力钢结构学科。20 世纪 60 年代以后，传统钢结构体系中涌现大量新型空间结构体系，如网架、网壳、折板、悬索及索膜结构等，而且计算机技术得到了迅速发展，为解决高难度计算与高精度加工问题提供了保障。此时，预应力钢结构由初始的探索和试验阶段发展为标志当代先进工程技术水平的一门新兴学科。

预应力钢结构技术在20世纪50年代传入我国，但由于技术条件的限制，仅局限于平面体系的预应力钢结构工程。80年代，随着科技的进步与工业的发展，预应力钢结构技术走出平面钢结构体系，转向预应力空间钢结构体系，同时实现了计算机技术与空间结构相结合，衍生出许多新型的预应力空间钢结构体系，如预应力网架、预应力网壳、预应力立体桁架、预应力空间张弦梁等预应力空间钢结构体系。21世纪以来，空间结构特别是大跨度空间结构在国内得到了巨大发展。由于2008年北京奥运会的举办，国内建设了国家体育馆、羽毛球馆、乒乓球馆、奥体中心综合训练馆、青岛帆船中心、奥体中心体育场改造等一批优质预应力奥运工程，进一步推动了大跨度预应力钢结构的发展。

目前，大跨度预应力钢结构通常可分为以下几种形式：张弦梁结构、弦支穹顶结构、索穹顶结构、柔性索网结构和斜拉结构。

## 第一节　张弦梁结构

张弦梁结构是基于张拉整体概念的一种高效的大跨度空间钢结构形式，由连续受拉构件（索或钢拉杆）和独立受压杆件（撑杆）共同支承上部受压结构而形成。张弦梁结构中，弦的预拉力使结构产生一定的反挠度，故整体上部结构在荷载作用下的最终挠度减小；撑杆对抗弯受压构件提供弹性支撑，改善后者的受力性能。张弦梁结构使压弯构件和抗拉构件取长补短，协同工作，受力非常合理[1]。张弦梁结构在20世纪80年代一经提出，即在国外的多个实际工程中得到应用[2-7]。

1. 张弦梁结构分类

根据各种张弦梁结构组成要素、受力机理及传力机制等的不同，将张弦梁结构分为平面型张弦梁结构和空间型张弦梁结构。

（1）平面型张弦梁结构。平面型张弦梁结构是指其结构构件位于同一平面内，且以平面内受力为主的张弦梁结构，最典型的为单向张弦梁结构。平面型张弦梁结构根据上弦构件的形状可分为三种基本形状：直线形张弦梁、拱形张弦梁和人字形张弦梁。单向张弦梁结构由多榀张弦梁结构平行布置，用连接构件将每相邻两榀平面张弦梁结构在纵向连接而成，如图1-1所示。整体结构构造简单，运输和施工方便，造价较低，但结构侧向稳定性较差，必要时需要增加侧向稳定构件。

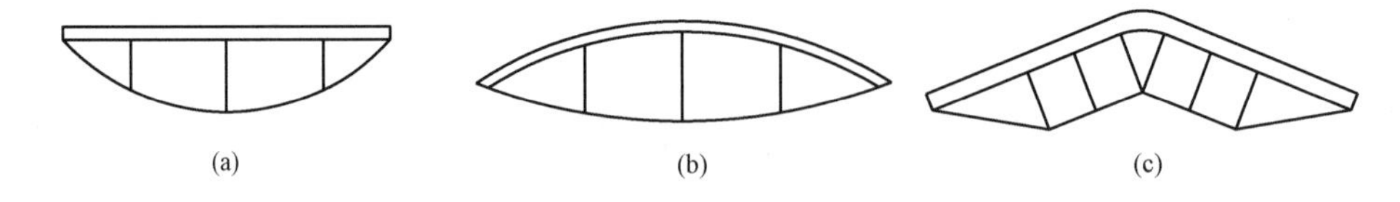


图1-1　平面型张弦梁结构

（a）直线形线张弦梁；（b）拱形张弦梁；（c）人字形张弦梁

（2）空间型张弦梁结构。空间型张弦梁结构是以平面型张弦梁结构为基本组成单元，通过不同形式的空间布置索形成的以空间受力为主的张弦梁结构。为解决单向张弦梁结构侧向稳定性难以保证的缺点，学者提出了多种空间型张弦梁结构，又可细分为平面组合型张弦梁结构和不可分解的空间型张弦梁结构。

1）平面组合型张弦梁结构。平面组合型张弦梁结构是将数榀平面张弦梁结构双向或多向交叉布置而成，结构成空间传力体系，受力合理。主要有双向张弦梁结构、多向张弦梁结构和辐射式张弦梁结构，如图 1-2 所示。由于平面组合型张弦梁结构，构造形式简单，受力明确，且为空间自平衡体系，施工方便，因此，这种结构形式是目前国内应用最为广泛的张弦梁结构形式之一。

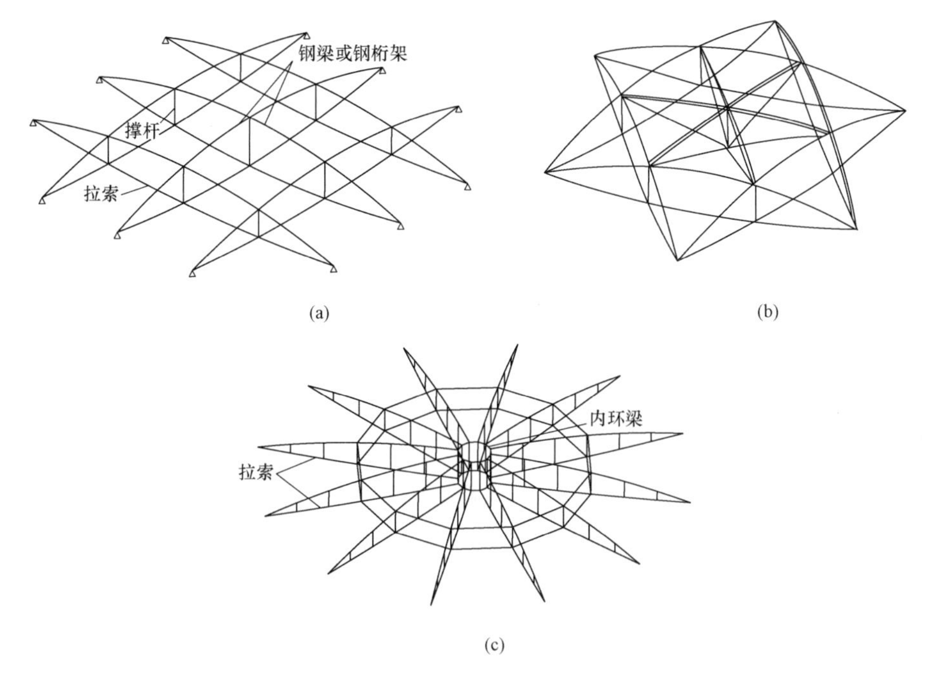


图 1-2　平面组合型张弦梁结构形式

（a）双向张弦梁结构；（b）多向张弦梁结构；（c）辐射式张弦梁结构

2）不可分解的空间型张弦梁结构。不可分解的空间型张弦梁结构，主要是上弦钢构件为整体空间受力体系，无法拆分为平面体系。不可分解的空间型张弦梁结构受力性能更好，刚度更大，适合跨度百米以上的屋盖结构。上部结构有网架结构、筒壳结构和拱壳结构等。

上部结构为网架结构时，结构构成方式如图 1-3 所示。

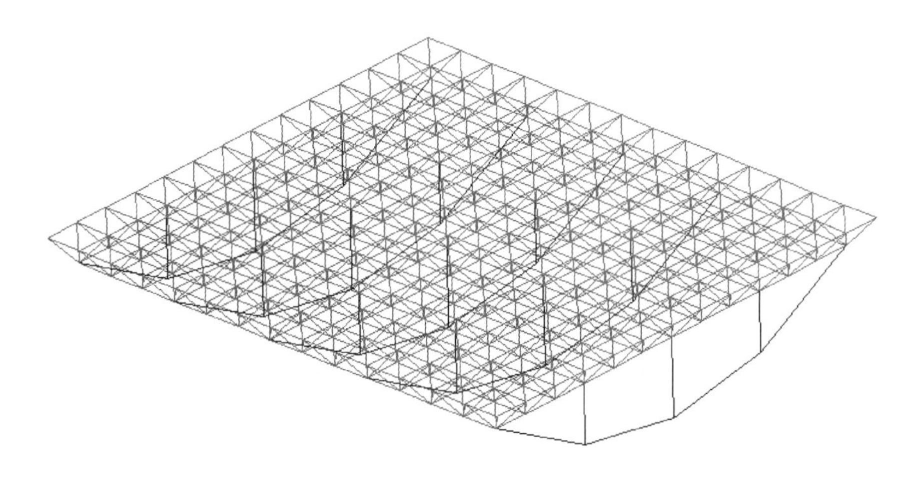

图 1-3　上部为网架结构

上部结构为筒壳结构时，结构构成方式如图 1-4 所示。

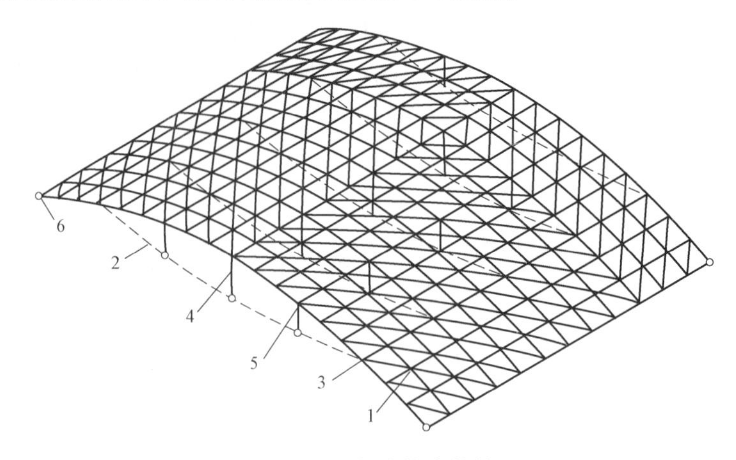


图 1-4　上部为筒壳结构

1—柱面网壳；2—拉索；3—锚固节点；4—撑杆；5—转折节点；6—支座节点

上部结构为拱壳结构时，结构构成方式如图 1-5 所示。

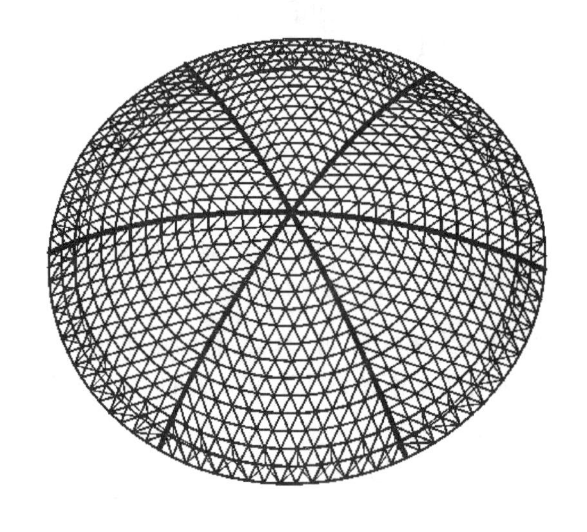

图 1-5　上部为拱壳结构

2. 张弦梁结构特点

张弦梁结构的整体刚度贡献来自上弦刚性构件及上弦与拉索构成的几何整体两个方面，是介于刚性结构和柔性结构之间的半刚性结构，因此该结构具有如下特点：

（1）承载能力高。张弦梁结构中索内施加的预应力可以控制刚性构件的弯矩大小和分布，可使结构处于最佳受力状态。同时，由于刚性构件与张紧的索连接在一起，限制了结构的整体失稳，构件强度也可得到充分利用。

（2）结构变形小。施加预应力后梁产生反拱，使结构的最终挠度大大减小，在同样的外荷载作用下，张弦梁结构的变形比单纯刚性构件小得多。

（3）自平衡结构。当刚性构件为拱时，将在支座处产生很大的水平推力，而索的预应力可以平衡水平力，从而减小对下部结构抗侧性能的要求，并使支座受力明确，易于设计与制作。

（4）制作、运输、施工方便。张弦梁结构的构件和节点的种类、数量少，极大方便了该类结构的制作、运输和施工，同时，通过钢索的张拉力还可以消除部分施工误差，提高施工质量。

根据其结构形式特点，单向张弦梁比较适合平面形状为长方形或椭圆形屋盖，矢跨比在1/12～1/8，跨度在60～120m经济性能较好；双向张弦结构比较适合平面形状为正方形或长宽比为1.0～1.2的长方形屋盖；空间张弦梁适合于平面形状为圆形、椭圆形或其他多边形的屋盖。张弦梁上弦可为型钢梁、三角桁架和网架等；撑杆为单撑杆或V形撑杆，可采用圆管、矩形管或方管等；拉索可采用单索或双索，一般可选用PE拉索、高钒拉索及不锈钢拉索等。

3. 张弦梁结构工程实例

张弦梁结构在全国农业展览馆新馆、中石油大厦采光顶、太原煤炭交易中心等多项工程中应用，如图1-6～图1-8所示。

图1-6　全国农业展览馆新馆单向张弦梁

图1-7　中石油大厦采光顶双向张弦梁

图 1-8　太原煤炭交易中心空间张弦梁

## 第二节　弦支穹顶结构

弦支穹顶结构是日本法政大学川口卫教授在综合单层网壳和索穹顶优点的基础上提出的一种新型预应力大跨度空间结构。弦支穹顶结构是由单层网壳和下部撑杆、拉索组成，各层撑杆的上端与单层网壳对应的各环节点铰接；撑杆下端由径向拉索与单层网壳的外一环节点连接；同一层的撑杆下端由环向拉索连接在一起，使整个结构形成一个完整的结构体系。其典型组成如图 1-9 所示。

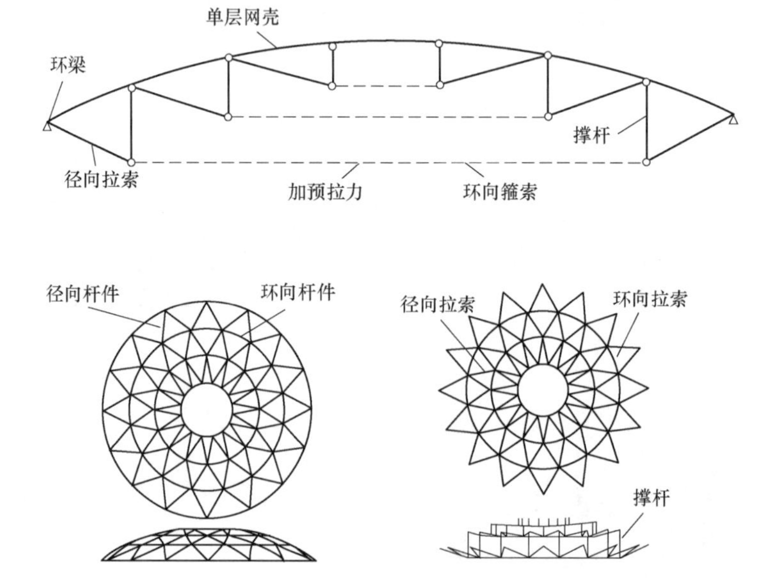


图 1-9　弦支穹顶结构体系示意图

1. 弦支穹顶结构分类

弦支穹顶结合索穹顶和单层网壳的优点，索和撑杆的作用在弦支穹顶上部网壳中产生与荷载作用反向的变形和内力，减小上部结构的荷载效应，并使杆件内力分布均匀，便于构件的统一和节点优化。通过调整环向索的预拉力，可以减小甚至消除穹顶对于下部结构的水平推力。根据上层单层网壳形式，弦支穹顶又可以分为肋环型弦支穹顶、施威德勒型弦支穹顶、联方型弦支穹顶、凯威特型弦支穹顶、三向网格型弦支穹顶和短程线型弦支穹顶，如图1-10所示。

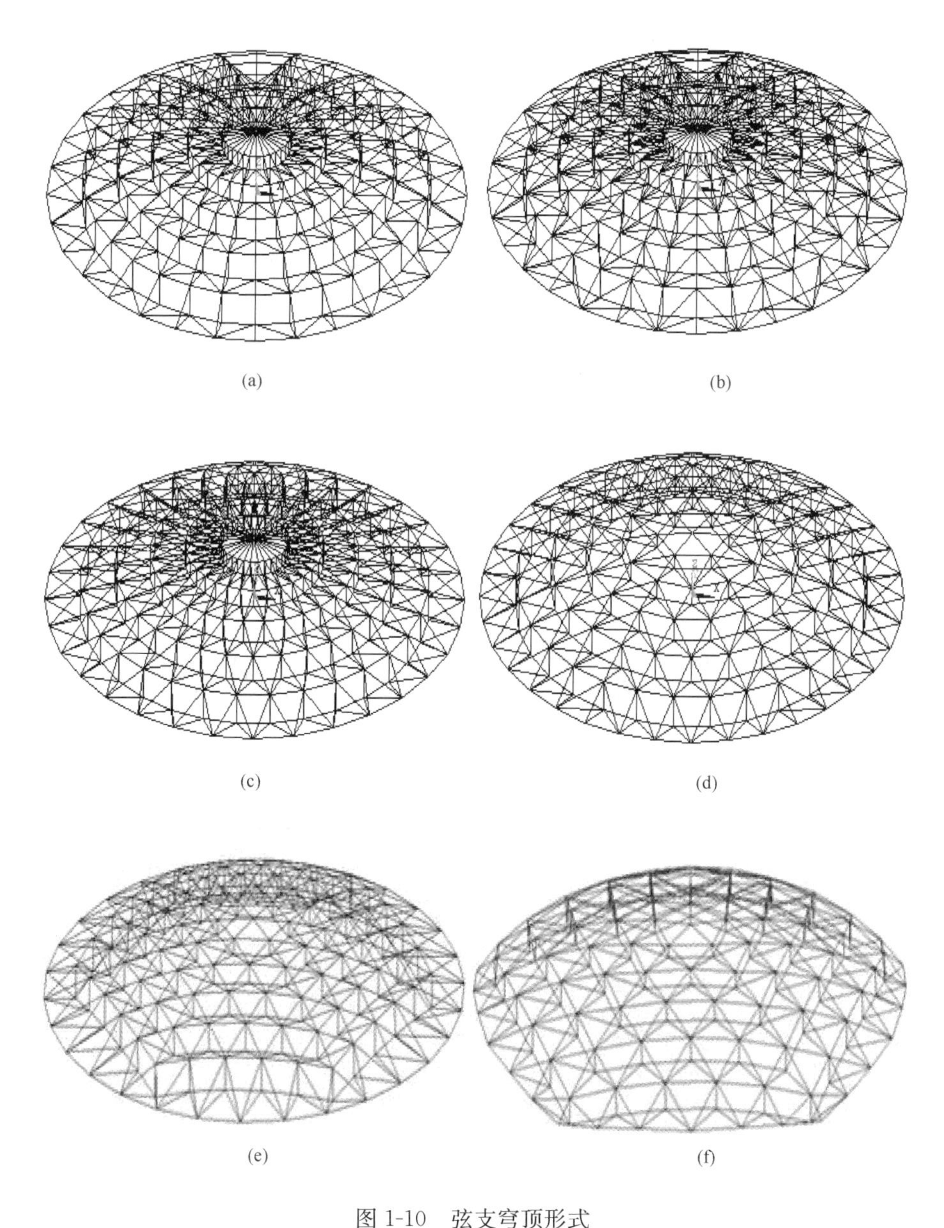

图1-10　弦支穹顶形式

(a) 肋环型；(b) 施威德勒型；(c) 联方型；(d) 凯威特型；(e) 三向网格型；(f) 短程线型

2. 弦支穹顶结构特点

从结构体系看，由于弦支穹顶结构是由单层网壳穹顶和弦支体系（张力结构）组合而形成的自平衡体系，与单层网壳结构及索穹顶等柔性结构相比，具有如下特点：

（1）弦支穹顶结构是一种刚柔并济的预应力空间钢结构，上部单层网壳的节点荷载通过撑杆传到强度高的预应力拉索中，使结构内力转移到高强度材料中去，从而可以有效节约钢材，在降低结构自重的同时可以跨越更大的跨度。

（2）通过对下部拉索施加预应力，可使上部网壳产生与荷载作用方向相反的变形，从而使结构变形小于相应的单层网壳结构，索穹顶结构变形储备更大。

（3）索与梁之间的撑杆起到了弹性支撑的作用，可以减小单层网壳杆件的内力，调整体系内力分布。

（4）弦支穹顶结构最外侧径向索产生与网壳支座推力相反的作用力，大大降低了结构对边界条件的要求。

（5）弦支穹顶结构上部为几何不变体系，可作为施工时的支架，预应力拉索可以简单地通过调节杆件或索的长度而获得张拉，施工简单易行。

弦支穹顶作为穹顶结构中的一种，具有穹顶的一些重要特点，因此也用于穹顶工程中，矢高宜取跨度的 1/5～1/3，造型有穹隆状、椭球状及坡形层顶等。

3. 弦支穹顶结构工程实例

由于高效的结构效能和优美的建筑效果，20 世纪 90 年代弦支穹顶概念一经提出，就得以在工程中应用。如 2008 北京奥运会羽毛球馆弦支穹顶（图 1-11），山东茌平体育中心体育馆（图 1-12），连云港体育馆弦支穹顶（图 1-13），重庆渝北体育馆弦支穹顶结构（图 1-14）等。

图 1-11　2008 北京奥运会羽毛球馆

图 1-12　山东茌平体育馆

图 1-13　连云港体育馆

图 1-14　重庆渝北体育馆

## 第三节　索穹顶结构

索穹顶结构是由美国工程师 D. H. Geiger 根据张拉整体结构思想而设计开发的。它是一种大跨度空间柔性结构体系，主要由拉索、压杆、受拉环和受压环所组成，如图 1-15 所示。这种结构构思巧妙、外形轻盈、受力合理，可以满足人们各方面的追求，具有广阔的发展前景。

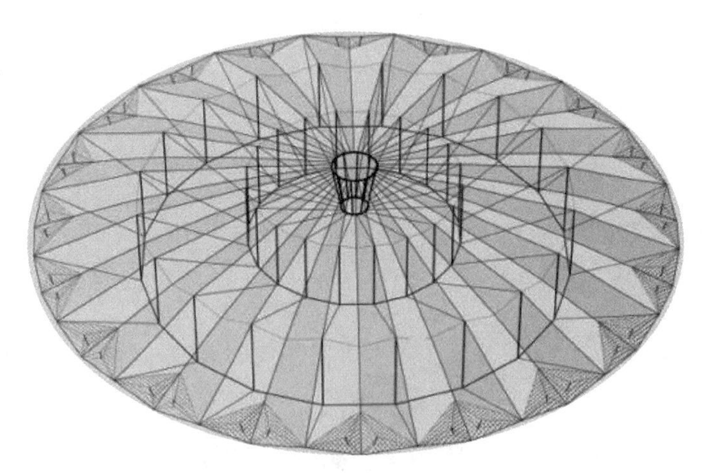

图 1-15　索穹顶结构体系效果图

1. 索穹顶结构分类

索穹顶结构在 1988 年韩国汉城奥运会体操馆（直径 120m，用钢重量仅为 13.5kg/$m^2$）和击剑馆（直径 90m）工程中应用。它由中心内拉环、外压环梁、脊索、谷索、斜拉索、环向拉索、竖向压杆和扇形膜材所组成，如图 1-16 所示。

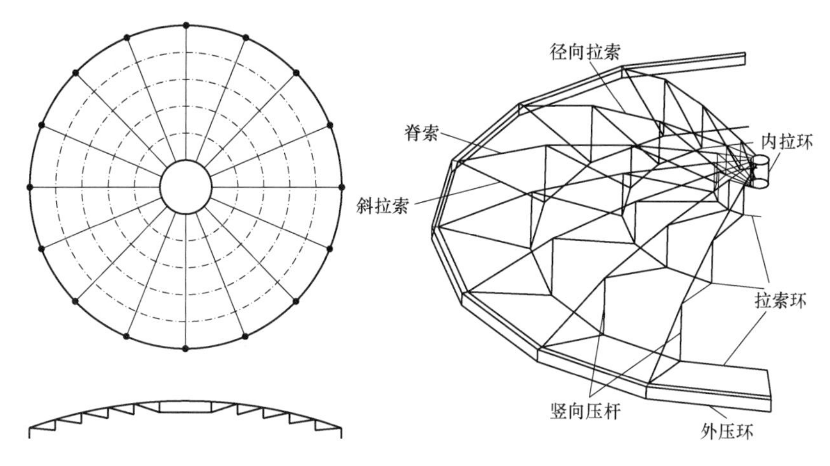


图 1-16 索穹顶结构布置图

索穹顶是一种结构效率极高的全张体系，同时具有受力合理、自重轻、跨度大和结构形式美观新颖的特点，是一种具有广阔应用前景的大跨度结构形式。

索穹顶主要包括两种类型：Levy 型索穹顶（图 1-17）和 Geiger 型索穹顶（图 1-18）。

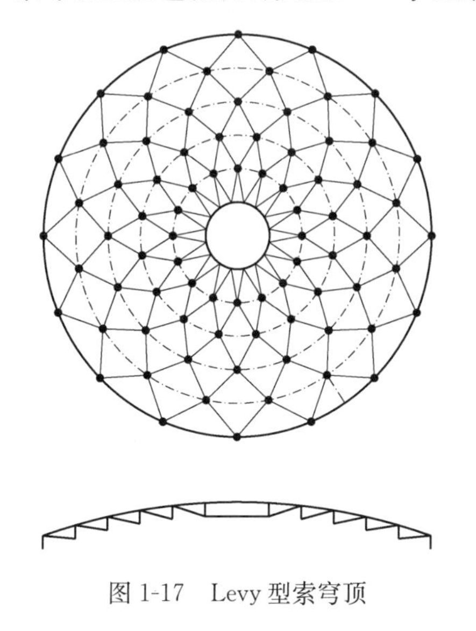

图 1-17 Levy 型索穹顶

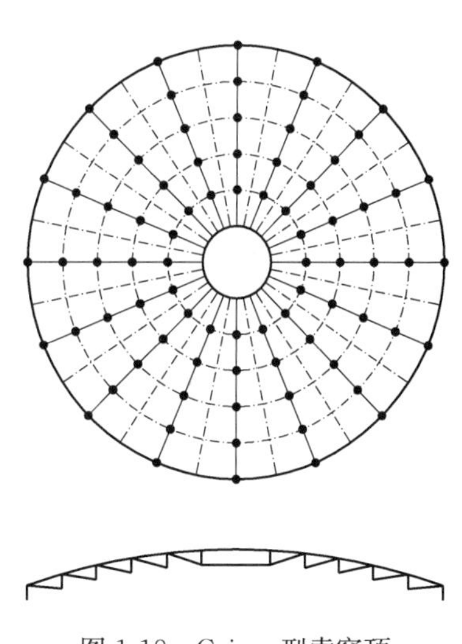

图 1-18 Geiger 型索穹顶

2. 索穹顶结构特点

索穹顶作为一种全张力、自平衡结构体系，在实际应用中从装配到成形再到独立承载必须经历三种结构状态，即零状态、初始态、荷载态。在零状态下结构不存在人为施加的预应力，零状态下的索穹顶严格地说应该不能称之为结构，而应当是一种机构。在初始态下结构因为引入了预应力，具备了一定的刚度能够形成一种稳定的结构。在荷载态下结构承受预应力和外部荷载的双重作用，通过众多的应力回路不断调整预应力分布状态及结构几何外形，重新达到一种稳定的平衡状态。基于上述工作机理，索穹顶结构具有以下特点：

（1）索穹顶是一种全张力结构体系。整个索穹顶结构除少数几根压杆外都处于张力状态，只要结构不发生松弛，索穹顶便不会发生弹性失稳。

（2）索穹顶需要预应力为其提供刚度。索穹顶结构是几何柔性的结构体系，在没有施加预应力之前，它的初始刚度几乎为零，是一种机构而非结构，在施加了适当的预应力以后索穹顶结构才具有刚度。

（3）索穹顶的工作机理和性能与形状有关。如果找不到合理的结构几何形态，结构就没有良好的工作性能，所以索穹顶结构的分析和设计要求应用形态分析理论。所谓形态分析就是形状、拓扑的分析。

（4）索穹顶是一种自平衡结构体系。相连接的张力索元与受压杆元处于互锁状态，互为支撑。它们与压力环和拉力环一起形成一个存在应力回路的自平衡结构系统。

（5）索穹顶是一种自适应结构体系。在加载过程中，结构受力变形，初始的预应力分布状态随之改变，结构调节并重新分布结构刚度，逐步增加抵抗外荷载的能力。

（6）索穹顶是一种非保守结构体系。索穹顶结构在加载后，尤其在非对称荷载作用下结构产生变形，同时结构的刚度发生了变化，当卸去这些荷载后结构不能完全恢复到原来的形状和位置，也不能恢复原来的刚度。

（7）索穹顶结构最终性能与施工方法和过程关系密切。索穹顶的施工方法和过程如果与理论分析时的假定和算法不符，那么有可能形成的结构面目全非或者极大地改变了结构形状。即使是同一结构，采用不同的施工方法，最终的力学状态也可能不同。

索穹顶结构的主要构件为拉索，该结构大量采用预应力拉索及短小的压杆群，能充分利用钢材的抗拉强度，并使用薄膜材料作屋面，所以结构自重很轻，且结构单位面积的平均重量和平均造价不会随结构跨度的增加而明显增大，因此该结构形式非常适合超大跨度建筑的屋盖设计。

3. 索穹顶结构工程实例

索穹顶结构在理论分析、设计和施工工艺均非常复杂，在国内 3 个已经完成 60m 以上跨度的索穹顶，主要有鄂尔多斯伊金霍洛旗全民健身体育中心（跨度 71.2m）、四川天全体育馆（跨度 77.3m）、天津理工大学体育馆（平面尺寸 102m×82m），如图 1-19～图 1-21 所示。

图 1-19　鄂尔多斯伊金霍洛旗全民健身体育中心

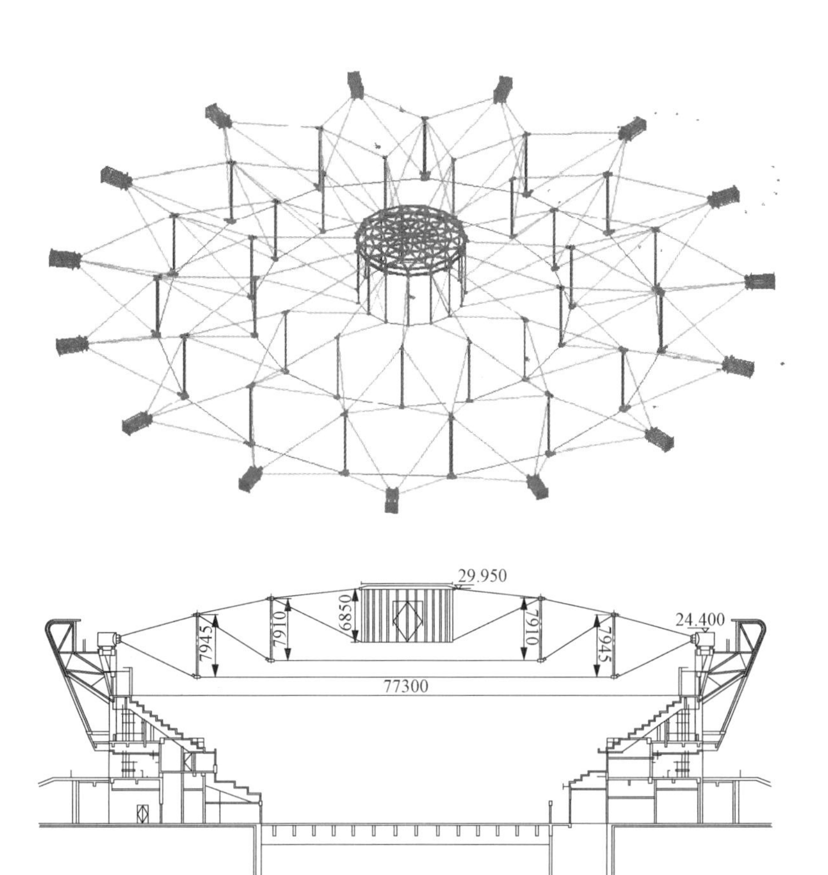


图 1-20　四川天全体育馆

图 1-21　天津理工大学体育馆

## 第四节　柔性索网结构

索网结构是20世纪中叶开始发展起来的一种新型结构，是一种空间受力全柔性预应力结构，是以索和钢构件为主要承重结构传递外界荷载的。索网结构的出现对结构形式发展有很大的推动作用，它可以充分发挥材料的强度，具有很高的结构效率，尤其适合大跨度空间结构。

1. 索网结构分类

索网结构的边缘构件形式多样，可以是刚性构件，也可以是柔性构件。刚性构件可以是空间曲梁、空间框架或空间拱，这些构件与索网结构形成自平衡系统。如果这些自平衡系统设计得非常合理，那么绝大多数水平力可以互相抵消。索网结构形式如图1-22所示。

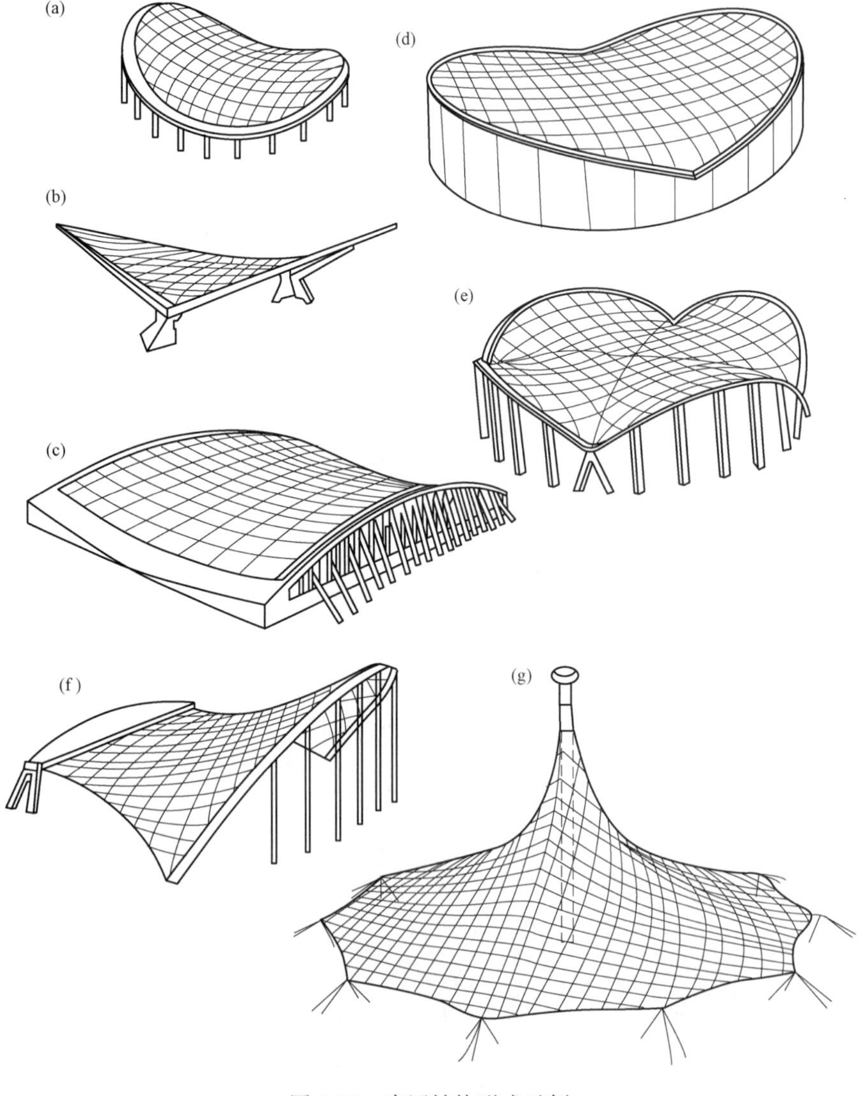


图1-22　索网结构形式示例

2. 索网结构特点

索网结构与传统刚性结构相比具有以下特点：

（1）索网结构整体刚度由受拉构件承受预拉力形成，故构件节点是典型的铰接节点。

（2）索网结构为柔性结构，工作过程中挠度变形较大，构件的变形会引起结构内力重新分布，具有很强的几何非线性。

（3）计算状态具有不确定性。由于结构的大变形使得索网结构的工作状态需要找形实现。

3. 索网结构工程实例

随着新材料和新技术的发展，索网结构开始广泛应用于大跨度领域，特别是在体育场馆中得到了大量应用。

国际上已建成的典型工程有汉堡体育场（图 1-23）、美国圣地亚哥会议中心、科威特体育场（图 1-24）、沙特阿拉伯吉选国际航空港、基隆坡体育场、美国丹佛国际机场、罗马奥林匹克体育场（图 1-25）和慕尼黑奥林匹克体育场（图 1-26）等。

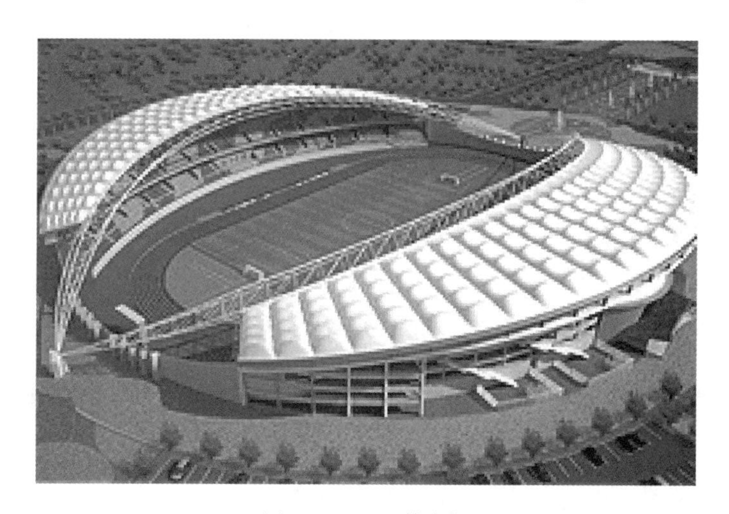

图 1-23　汉堡体育场

图 1-24　科威特体育场

图 1-25　罗马奥林匹克体育场

图 1-26　慕尼黑奥林匹克体育场

其中，第一个索网结构是 1951 年美国 F. 赛沃特（Fred Severud）设计的雷利活动中心（The Raleigh Arena），索网为双曲抛物面。在此基础上，有人提出物理模型法的找形理论，并应用于膜结构。蒙特利尔展览会西德馆建于 1967 年，这是第一次将索网结构与膜结构结合起来。德国 F. 奥托利用丝网模型法，在 1972 年设计了帐篷式慕尼黑奥林匹克体育场。1981 年，Horst Berger 公司设计了沙特阿拉伯吉达国际航空港，由 10 组共 210 个锥体（45m×45m）组成。1993 年，美国建成了由完全封闭式的张拉索膜结构组成的新丹佛国际机场。

国内索网及索膜结构的典型工程有佛山世纪莲体育场（图 1-27）、上海世博会索膜结构（图 1-28）、海南博鳌亚洲论坛主会场、青岛颐中体育场、深圳宝安体育场（图 1-29）、乐清体育场、芜湖体育中心体育场、威海市体育中心体育场和盘锦体育场（图 1-30）等工程项目。

图 1-27　佛山世纪莲体育场

图 1-28　上海世博会索膜结构

其中，佛山世纪莲体育场屋盖为索网膜结构屋盖，屋盖呈圆环形，外径 310m，内径 125m。威海体育中心体育场由 32 个锥状悬挑柔性支承膜结构单体组成。上海世博会兴建的世博轴由多跨连续的柔性支承膜结构组成，是当前世界上最大的张拉索膜结构，总长度 840m，横向最大跨度 97m。宝安体育场屋盖为马鞍形车辐式张拉索膜结构，索、膜全部采用进口材料。盘锦体育场为马鞍形索网结构，长轴 267m，短轴 234m，最大悬挑达 42m。

图 1-29　深圳宝安体育场

图 1-30　盘锦体育场

## 第五节　斜 拉 结 构

斜拉结构的运用具有悠久的历史，从古至今都可以找到该类结构的身影。最早实际运用可追溯到古代人们将绳索使用在帆船上，或者将吊绳用在古代城堡入口的吊桥上，但这还不是真正意义上的斜拉结构。首次使用斜拉结构用在建筑上是在 1617 年的意大利威尼斯工程师 Faustus Verantius 建造了用斜拉铁链支承木质桥面的桥梁体系。20 世纪中后期，高强钢丝、高强钢筋及混凝土的出现，结构计算理论的完善，更是助推了斜拉结构的快速发展，涌现出了一大批有巨大影响力的斜拉结构工程。斜拉结构正式用于公共建筑的典型代表是苏联在比利时布鲁塞尔世界博览会上建造的苏联展览馆，该展馆建造于 1958 年，由桅杆顶端下伸的斜拉索连接下部的钢桁架和天窗架而成，如图 1-31 所示。

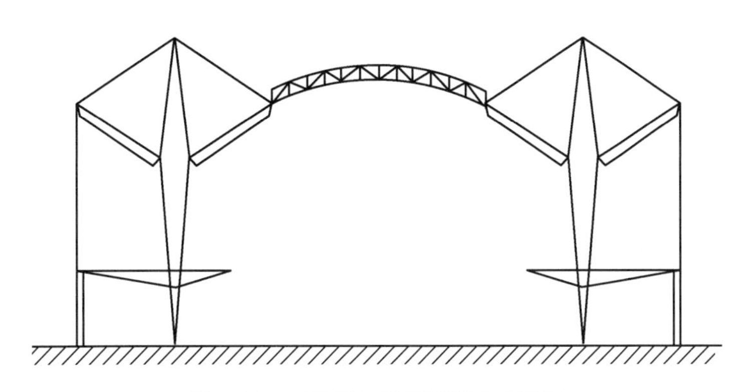

图 1-31　布鲁塞尔世界博览会苏联馆

1. 斜拉结构分类

斜拉结构由支撑结构、屋盖结构及吊索三部分组成。支撑结构主要形式有立柱、钢架、拱架或悬索。吊索分斜向与直向两类，索段内不直接承受荷载，故呈直线或折线状。吊索一端挂于支撑结构上，另一端与屋盖结构相连，形成弹性支点，减小其跨度及挠度。被吊挂的屋盖结构常有网架、网壳、立体桁架、折板结构及索网等，形式多样。

预应力吊挂结构体系主要有以下两种类型：平面吊挂结构和空间吊挂结构。按吊索的几何形状可分为斜向吊挂结构［图 1-32（a）］和竖向吊挂结构［图 1-32（b）］两种。吊索的形式可分为放射式［图 1-32（c）］、竖琴式［图 1-32（d）］、扇式［图 1-32（e）］和星式［图 1-32（f）］。

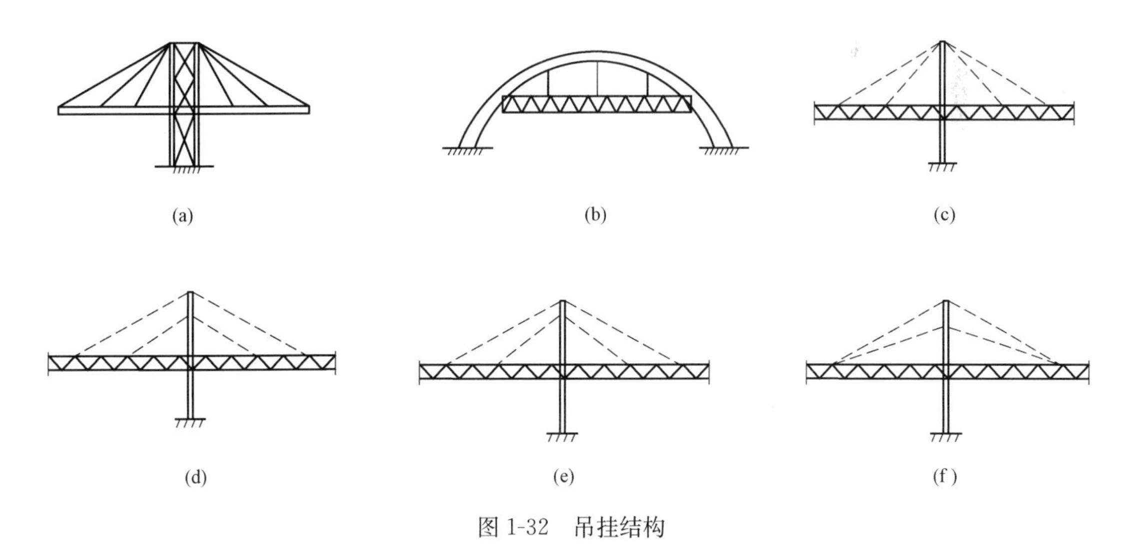


图 1-32　吊挂结构

吊挂结构利用室外拉索代替室内立柱，这样可以获得更大的室内空间，适用于大跨度空间的体育场馆、会展中心等，上部高耸于屋面之上的结构与拉索可以组合出挺拔的造型。

2. 斜拉结构特点

斜拉结构可以看作是一种采用自成体系的刚性结构来处理单索的稳定问题，故其又称为

“杂交”结构体系。所谓“杂交”结构，是指由刚性构件和柔性构件组合而形成的一类新型结构体系。它最大的优点是充分利用两类构件的特点，扬长避短、相互补充，从而改进了整个结构体系的受力性能。斜拉结构是应用斜拉桥的结构原理，由塔柱顶部挂下斜拉索为刚性构件提供一系列中间弹性支承，可使刚性构件以较少材料做到较大跨度。拉索的主要作用是给刚性结构提供弹性支点，改变结构的传力途径，改善结构的受力体系。斜拉索分担的部分荷载直接经塔柱传至基础，传力简捷。其结构特点为：

（1）斜拉结构传力的路径与一般结构不同。一般的承重构件把荷载向下传递到地面，而斜拉索是把荷载向上传递，通过塔柱（或者桅杆）然后再传递到地面。

（2）斜拉索的使用可以为屋盖结构提供中间的弹性支承，调整了空间屋盖结构的内力和变形，减少了结构的挠度，降低了结构构件的内力值。

（3）充分地利用了拉索抗拉强度高的特点，减小结构的受弯，将其转变为拉索的受拉。

（4）通过斜拉索的张拉，再施加预应力到屋盖结构上，能够部分抵消外荷载作用下的结构内力和挠度，可以实现跨越更大跨度，扩大了室内使用空间。

3. 斜拉结构工程实例

国内的斜拉结构应用相对国外较晚，从 20 世纪 90 年代起开始得到广泛运用。如 1990 年为举行亚运会而建成的奥林匹克体育中心体育馆和奥林匹克体育中心游泳馆，1991 年的呼和浩特民航机库均采用了斜拉结构。特别是浙江黄龙体育中心是目前跨度较大的斜拉网壳，塔柱间距达 250m。2007 年建成的西安国际展览中心屋盖由钢结构屋盖、16 座钢筋混凝土塔柱及 32 根斜拉索组成，索对塔柱对称布置，消除了对塔柱的水平拉力，节省了材料，如图 1-33 所示。2002 年的郑州国际会展中心屋盖体系跨中 70m，是由张拉索及格构式劲性拱组合而成的索拱结构，如图 1-34 所示。2012 年建成的营口奥体中心体育场，位于营口市沿海产业基地范围内，观众顶篷水平投影为 15512.16m$^2$，顶篷最高点标高为 42m，屋盖整体分为东西两个罩棚，每个罩棚由 2 根桅杆、14 根拉索及 10 根稳定拉索筑成的支撑体系。拉索为目前国内民用建筑结构中规格最大的拉索，型号为 $\phi 7 \times 421$，索体自重为 130kg/m，锚具重量达 5.5t，桅杆高度为 73m，如图 1-35 所示。实际的工程运用从不同角度向人们展示了斜拉结构在实际工程中的表现形式。

图 1-33　西安国际展览中心

图 1-34 郑州国际会展中心

图 1-35 营口奥体中心体育场

# 参 考 文 献

[1] 白正仙，刘锡良，李义生．新型空间结构形式-张弦梁结构 [J]. 空间结构，2001，7 (2) ：33-38.

[2] Mamoru Kawaguchi，Masaru Abe，Tatsuo Hatato，Ikuo Tatemichi，Satoshi Fujiwara，Hiroaki Matsufuji，Hiroyuki Yoshida，Yishimichi Anma. On A Structural System "Suspen-dome" System [A]. Proc. of IASS Symposium [C]，Istanbul，1993：523-530.

[3] Masao Saitoh. Hybrid Form2Resistance Structure Shell，Membrane and Space Frames [A]. Proc. of IASS Symposium [C]，Osaka，1986：257-26.

[4] Masao Saitoh. Role of string-aesthetics and technology of the beam string structures [A]. Proc. of the LSA 98 Conference "Light Structures in Architecture Engineering and Constructon" [C]，1998：692-701.

[5] Mamoru Kawaguchi，Masaru Abe，Tatsuo Hatato，Ikuo Tatemichi，Satoshi Fujiwara，Hiroaki Matsufuji，Hiroyuki Yoshida，Yoshimichi Anma，Structural Tests On The "Suspen-dome" System [A]. Proc. of IASS Symposium [C]，Atlanta，1994：384-392.

[6] Mamoru Kawaguchi，Masaru Abe，Ikuo Tatemichi. Design，Tests And Realization of 'Suspen-dome'

System [J]. Journal of the IAAS，1999，40 (131)：179-192.
[7] Ikuo Tatemichi，Tatsuo Hatato，Yoshimichi Anma，Satoshi Fujiwara. Vibration Tests on a Full-size Suspen-dome Structure [J]. International Journal of Space Structures，1997，12 (31)：143-161.
[8] 李康业．大跨度索网结构索力计算与测量方法研究 [D]. 广东：华南理工大学，2012.
[9] 陈志华．索结构在建筑领域的应用与发展 [J]，工业建筑增刊，2012，15-31.
[10] 董石麟，邢栋，赵阳．现代大跨空间结构在中国的应用与发展 [J]，空间结构，2012，18 (1)：3-16.
[11] 刘学春．新型大跨度弦支穹顶结构体系创新研究与奥运工程应用 [D]. 北京：北京工业大学，2010.
[12] 朱昊梁，孙文波，耿艳丽，等. 深圳宝安体育场屋盖索膜结构设计 [J]. 钢结构，2009，24 (10)：36-38.
[13] 田广宇，郭彦林，王昆，等．宝安体育场刚性受压环位形偏差对车辐式张拉结构成型状态的影响研究 [J]. 施工技术，2009，38 (3)：44-47.
[14] 郭彦林，王昆，田广宇，等．宝安体育场屋盖张拉结构施工环境温度影响分析 [J]. 建筑结构，2010，40 (7)：53-55.
[15] 郭彦林，江磊鑫，田广宇，等．车辐式张拉结构张拉过程模拟分析及张拉方案研究 [J]. 施工技术，2009，38 (3)：30-34.
[16] 郭彦林，王小安，田广宇，等．车辐式张拉结构施工随机误差敏感性研究 [J]. 施工技术，2009，38 (3)：3-39.
[17] 任俊超．大跨度空间斜拉结构的抗震反应分析与设计方法研究 [D]. 上海：同济大学，2007.
[18] 幸厚冰．斜拉结构的动力特性及参数影响分析 [D]. 黑龙江：哈尔滨工业大学，2009.
[19] 王文静．大跨度斜拉结构预应力静力效应分析 [D]. 西安：西安建筑科技大学，2007.
[20] 郭清江．斜拉型悬索结果的结构形式和静力、动力特性的研究 [D]. 哈尔滨：哈尔滨工业大学，2010.
[21] M. A. Yzantiadou，A. V. Avdelas. Point Fixed Glazing System：Technological and Morphological Aspects. J. Construct. Steel Res. 2004，(60)：125-128.
[22] America Iron and Steel Institute. Manual for Structural Applications of SteelCables for Buildings. 1973.
[23] 中国建筑科学研究院．大跨度悬挂式屋盖结构．北京：中国工业出版社．1962.
[24] 崔振亚．亚运会北郊体育馆屋盖设计介绍．第五届空间结构学术交流会论文集，兰州，1990.
[25] 王玉田．亚运会游泳馆工程斜拉桥式结构设计与施工．第四届空间结构学术交流会论文集，成都，1988.
[26] 蓝天，刘枫．中国空间结构的二十年．第十届空间结构学术交流会论文集，北京，2002，(10)．
[27] 董石麟．预应力大跨度空间钢结构的应用与展望 [J]. 空间结构．2001，7，(4)：3-14.
[28] 鲁红涛，梁建军，刘西平等．西安国际展览中心斜拉索屋盖预应力施工 [J]. 施工技术，2000.
[29] 童丽萍，任俊超．郑州国际会展中心吊挂式索拱钢屋盖体系研究 [J]. 工业建筑，2004.
[30] 于泳．大跨度张弦梁结构计算分析及设计 [D]. 天津：天津大学，2003.
[31] 孔丹丹．张弦空间结构的理论分析与工程应用 [D]. 上海：同济大学，2007.
[32] 马美玲．张弦梁结构找形和受力性能研究 [D]. 浙江：浙江大学，2004.
[33] 丁博涵．张弦梁结构的静力、抗震和抗风性能研究 [D]. 浙江：浙江大学，2005.
[34] 艾威．张弦梁结构的预应力和矢高优化 [D]. 浙江：浙江大学，2006.
[35] 姚姝．弦支穹顶结构的静力性能研究 [D]. 黑龙江：哈尔滨工业大学，2006.
[36] 王冬梅．奥运羽毛球馆新型弦支穹顶结构抗震性能研究．北京：北京工业大学，2010.
[37] 张晓燕．索穹顶结构的静动力性能研究 [D]. 北京：清华大学，2004.
[38] 齐宗林．新型索穹顶结构静力性能研究 [D]. 北京：北京工业大学，2012.

# 第二章

# 施工深化设计

## 第一节　深化设计概述

1. 深化设计的内容

对于预应力钢结构来说，除钢结构本身的深化设计外，关键的深化设计内容主要包括节点设计、拉索下料长度的设计以及张拉工装的设计等几个方面。其中节点设计又是深化设计中最重要的内容。

对于常见的预应力钢结构体系，一般采用组合结构体系，即上部为预应力钢结构体系，下部支承体系则采用钢筋混凝土体系。两种体系的刚度和受力性能均有比较大的差别，因而两种体系的连接节点是结构传力的关键，也是节点设计中需要重点考虑的部位。

对于上部的预应力钢结构来说，一般情况下至少包含两种不同材料的构件，即普通钢构件和高强拉索，或者是普通钢构件和高强钢拉杆的组合，在某些情况下三种构件均有。因而，节点设计中另外一个需要重点关注的内容就是普通钢构件和高强拉索以及高强钢拉杆之间的连接。

2. 深化设计的重要性和意义

深化设计前接施工图设计，后续加工制作和施工现场的安装。因而，在一个项目的实施过程中，深化设计起到一个承前启后的作用。深化设计的质量好坏对于一个项目的成功与否具有重要的意义。

一个好的深化设计，可以充分发挥设计师的意图，能够很好地实现各种功能，所有的连接节点都很精致、美观，可以为整个结构增添光彩。相反，一个拙劣的节点设计也可以使整个结构黯然失色，许多努力付之东流。

同样，节点作为拉索与空间钢结构之间的连接纽带，在其中发挥着极其重要的作用。节点设计成功与否，直接影响整个结构的美观、受力性能等。一个合理的节点设计，可以充分考虑加工制作和施工安装等各方面的要求，使得节点便于加工，质量容易保证，并给节点的安装以及后续的预应力施加带来便利。而一个不合理的节点设计，也可能给后续的施工环节带来一些意想不到的困难。

因此，深化设计是项目实施过程中的一个关键环节，需要考虑各种因素，协调各方立场，需要给予充分的重视。

3. 节点深化设计原则

节点是结构发挥其功能的关键所在，预应力钢结构体系最大的特点是高强度预应力拉索的引入及多类型构件的汇交，因此在进行节点设计时，建议遵循以下原则：

（1）节点传力路径明确，能有效传递各种内力。

（2）节点强度和刚度应满足结构要求。

（3）节点构造应符合计算假定，否则在结构分析时必须考虑节点刚度的影响。

（4）节点的设计应避免局部应力集中或弯矩过大等不利因素的出现。

（5）应考虑加工制作以及安装的方便。

（6）尽量发挥各种材料的力学性能，符合经济、合理、安全、可靠的原则。

（7）节点设计除满足以上力学和功能上的要求外，设计的节点还要尽量做到经济、美观、轻盈，能给使用者带来感观上的享受。

## 第二节　深化设计的基本步骤

1. 节点深化设计的基本思路和原则

预应力钢结构是施加预应力的拉索与钢结构组合而成的一种新型结构体系，其主要组成元素为高强拉索或拉杆。大跨度预应力钢结构节点设计既满足建筑设计师外观形式要求，又满足结构受力要求；同时要根据实际工程应用情况，优化节点设计，使各种节点形式到达最优。

（1）节点具体设计思路。

1）根据大跨度预应力钢结构各种结构形式、拉索锚具形式及建筑外观要求，借助于CAD三维绘图，设计出与各种结构形式相适用的节点形式。

节点设计方案要满足空间要求，根据拉索形式设计锚固端节点形式，张拉端要考虑张拉施工要求，满足张拉工装放置要求；中间相连节点根据拉索直径，要满足螺栓锚固连接等要求；最终设计完成节点，要将其放置于整体结构三维图中，检查校对空间尺寸、外观形式等，最终完成节点设计方案。

2）预应力钢结构节点为结构受力的关键位置，受力复杂，特别是拉索端部节点处，相交的杆件数量较多，节点构造复杂，外形构造设计完成后，对设计完成的节点进行力学分析，对于特别复杂的节点使用有限元计算软件ANSYS进行受力分析，使其满足节点受力要求。

3）将设计完成的节点形式进行实际工程应用，并根据实际应用情况，对节点提出优化设计意见，并加以改进，为以后节点设计提供借鉴。

（2）节点设计基本原则。

1）预应力钢结构的连接节点的构造应保证结构受力明确，尽量减小应力集中和次应力，减小焊接残余应力，避免材料多向受拉，防止出现脆性破坏，同时便于制作、安装和维护。

2）构件拼接或节点连接的计算及其构造要求应执行《钢结构设计规范》（GB 50017）的规定。

3）在张拉端节点、锚固节点和转折节点的局部承压区，应进行局部承压强度验算，并采取可靠的加强措施满足设计要求。对构造、受力复杂的节点可采用铸钢节点。

4）对于索体的张拉节点应保证节点张拉区有足够的施工空间，便于操作，锚固可靠；锚固节点应保证传力可靠，预应力损失低，施工方便。

5）室内或有特殊要求的节点耐火极限应不低于结构本身的耐火极限。

6）预应力钢结构节点应有可靠的防腐措施，并便于施工和修复。

7）预应力钢结构节点区受力复杂，当拉索受力较大、节点形状复杂或采用新型节点时，应对节点进行平面或空间有限元分析，全面掌握节点的应力大小和应力分布状况，指导节点设计。

8）对重要、复杂的节点，根据设计需要，宜进行足尺或缩尺模型的承载力试验，节点模型试验的荷载工况应尽量与节点的实际受力状态一致。

9）根据节点的重要性、受力大小和复杂程度，节点的承载力应高于构件的承载力，并具有足够的安全储备，一般不宜小于1.2～1.5倍的构件承载力设计值。

2. 确定节点设计方案

在进行节点深化设计之前，需要充分熟悉设计图纸及其他的相关资料，包括结构的整体计算模型及相关的计算说明等，充分理解设计师的意图和要求。对于一些容易产生歧义的地方或图纸说明不够明确的地方，需要与设计师进行沟通。如果存在不合理的要求，需要向设计说明，并提出合理化的处理建议。

连接节点的设计虽然重要，但它是整体钢结构深化设计的一部分。在深化设计的过程中，需要和整体结构的深化设计保持一致，这样可以保证深化设计模型的准确，并使设计出来的节点能够实施，便于加工。

另外，在节点的深化设计过程中，还需要考虑施工安装和张拉的要求。

综合以上各种因素，初步确定节点的设计方案。节点的经济性、实用性以及美观等因素都需要在这个阶段进行考虑。有时候需要提出两个或更多的方案进行比较，以确定最优的节点方案。

3. 三维建模技术及可视化

预应力钢结构一般均为空间结构，构件之间的连接角度比较复杂。如果采用平面绘图方式则很难表示清楚，所以对于所有连接节点均要求采用三维建模软件进行三维实体建模，这样可以保证节点模型的准确，也便于对节点进行安装和碰撞检查。如果需要对节点进行有限元分析，也可以将三维模型导入有限元分析软件中进行后续的有限元分析。

常用的三维建模软件有AutoCAD、Pro/Engineer、CATIA，下面简单介绍一下这三种软件。

AutoCAD是美国Autodesk公司开发的自动计算机辅助设计软件，用于二维绘图、详细绘制、设计文档和三维设计。现已经成为国际上广为流行的绘图工具。AutoCAD具有良好的用户界面，通过交互菜单或命令行方式便可以进行各种操作。AutoCAD具有广泛的适应性，它可以在各种操作系统支持的微型计算机和工作站上运行。

Pro/Engineer是美国参数技术公司（PTC）旗下的CAD/CAM/CAE一体化的三维软件。Pro/Engineer软件以参数化著称，是参数化技术的最早应用者，在目前的三维造型软件领域中占有着重要地位。是现今主流的CAD/CAM/CAE软件之一，特别是在国内产品设计领域占据重要位置。

CATIA是法国达索公司开发的产品。CATIA系列产品能够满足客户在产品开发活动中的需要，包括风格和外形设计、机械设计、设备与系统工程、管理数字样机、机械加工、分析和模拟。CATIA系列产品已经在七大领域里成为首要的3D设计和模拟解决方案。这七大领域分别为汽车、航空航天、船舶制造、厂房设计、电力与电子、消费品和通用机械制造。目前对于一些比较复杂的建筑模型，也已经开始采用CATIA进行建模。

4. 关键节点的有限元分析

有些连接节点，所连接的杆件较多，又处于受力的关键部位，导致节点的构造与受力均非常复杂。为了了解节点的受力性能，保证其在施工和使用期间的安全性，需要对此类节点进行有限元分析。通常情况，在拉索节点处采用普通的焊接节点处理起来将会比较困难，而采用铸钢节点则可以使这些问题得到比较合理的解决，随着铸造技术的不断进步，铸钢节点可以满足强度方面的要求，并且铸钢节点的外形简洁、流畅，也容易被建筑师和业主接受。但是铸钢节点一般处于受力比较复杂且关键的部位，对于铸钢节点的承载能力必须进行细致而准确的有限元分析与计算，必要时还须做承载力试验。

对节点进行受力分析时，通常采用ANSYS软件进行，采用的荷载可以由设计院提供最大荷载工况条件下的受力工况或根据0.4倍的拉索破断力进行分析。选用的单元为ANSYS程序单元库中的三维实体单元SOLID45，每个单元有8个节点，每个节点有3个自由度。网格划分采用的是ANSYS程序的单元划分器中的自由网格划分技术，自由网格划分技术会根据计算模型的实际外形自动地决定网格划分的疏密。常用的其他有限元分析软件还有ABAQUS等。

5. 深化设计图纸

深化设计的成果最后以深化图纸的方式提供。现在的三维设计软件一般均可将三维立体模型投影到二维图纸上。这样，只要三维模型是准确的，则生成的二维图纸也一定是准确的，并且可以大大提高绘图的工作效率。

6. 注意事项

根据现有经验，提出一些在节点深化过程中需要注意的事项。

（1）考虑连接节点的受力要求。对于某些连接节点，受力大且处于受力关键部位，如拉索端部连接节点、支座连接节点或同时与拉索及下部结构连接的支座节点等，在深化设计过程中，借助节点的有限元分析，要对节点的受力进行深入分析。抓住主要矛盾，先重点解决受力比较大的杆件，使节点的传力路径层次分明、简洁明确；节点的各部分构造尽量圆滑过渡，避免产生应力集中；并且节点的受力要符合计算假定，铰接处要做到铰接，滑动处要可以滑动，弹性连接处要采用弹性连接。如果受条件限制，节点受力与结构计算假定不符，要修改原计算假定进行计算复核。

对节点的受力要考虑全面。如对某些索夹节点，除要考虑节点本身的受力安全性之外，还要考虑拉索在索夹中的抗滑移能力。因为拉索在节点中的滑动可能会造成节点受力体系的改变，如果考虑不周，可能会造成严重后果。

另外，节点的设计不能仅局限于节点范围或节点附近的范围之内，而是要对整个结构的受力进行通盘考虑。比如有些连接节点要求在正常使用状态下或风荷载作用下仍保持有效连接，而在地震作用下需首先失效。对于此类节点，我们就不能根据强节点、弱构件的原则将节点做得很强，而是要根据实际的受力要求进行精确计算；而有些连接节点要求在风荷载和地震荷载作用下保持有效连接，而在温度作用下要能够缓慢滑动，以释放温度应力，对于此类节点，要采用一种锁定装置来解决。

（2）要考虑节点的安装顺序和安装空间。对于预应力空间钢结构来说，其结构体系的构成有时候会比较复杂，可能导致在一个连接节点有多根杆件汇交（汇交杆件中可能会包含多根钢拉索或钢拉杆)。在进行这种连接节点的深化设计时，不仅要在三维模型中进行碰撞检查，还要在电脑的虚拟空间中模拟节点的安装顺序，并对节点的各安装部件进行安装空间的检查，如对叉耳连接式索具销轴的安装方向及安装空间、索夹节点中高强螺栓的安装空间及扳手操作空间、穿索节点穿索孔道前的操作空间等。如果对这一环节不重视，可能会导致节点的安装困难，甚至根本无法安装，造成工期延误和经济损失等严重后果。

(3) 考虑拉索施加预应力的要求。预应力钢结构区别于普通钢结构的一个很重要的方面，是在结构的施工过程中，需要对结构施加预应力。对结构施加预应力，需要用到一些张拉设备，比如张拉工装、千斤顶、扳手等。有些设备需要固定在连接节点上，如张拉工装等；有些设备需要有一定的安装及操作空间，如千斤顶、扳手等。这就要求在节点深化设计过程中，和现场施加预应力的工程师进行充分沟通，以确保预留足够的张拉施工空间。

(4) 考虑节点的可检查性以及拉索的可更换性。在结构的使用和运营过程中，可能会遇到一些意外情况使结构超载，还可能遇到大风大雪或地震等，这些因素都可能对连接节点造成损害。这就要求结构的连接节点是可检查的，如节点有损坏可以及时发现。如有拉索构件损坏严重，必须进行更换，在节点设计过程中要考虑这种可能性。

## 第三节　基本结构体系的节点解决方案

1. 张弦结构

张弦结构的上弦是刚性较大的弯曲构件，下弦一般采用高强度的张拉索，两者通过撑杆在若干点连接起来，形成合理的整体受力结构体系（图 2-1）。根据空间结构的规模和外形的要求，张弦结构的上弦可以采用实腹式梁单元、钢管桁架和钢管网架等结构形式。

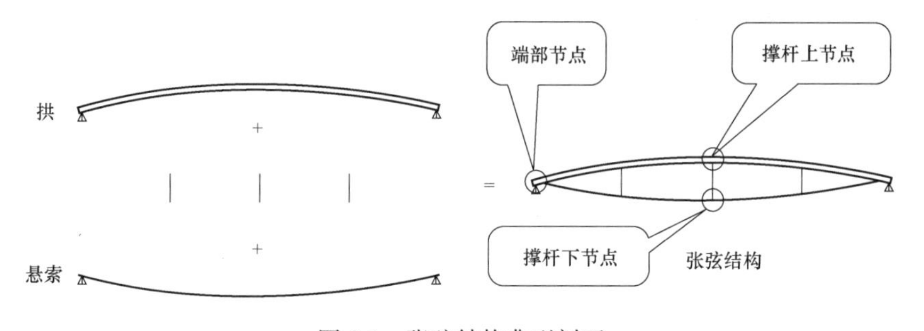


图 2-1　张弦结构典型剖面

由于结构合理，结构形式简洁，能够很容易地实现建筑意图，以及制作、施工、运输等非常方便，张弦结构在实际工程中得到了广泛的应用。早期的张弦梁多是单向张弦结构，近年来随着设计和施工技术的成熟，双向张弦结构逐渐在工程中得到了应用，如国家体育馆、中石油大厦中庭均采用了双向张弦结构。

由于张弦结构是由钢构件和柔性拉索形成的组合结构，其节点构造具有一定的特殊性和复杂性。对现有工程的节点形式进行总结，分析出一些此类结构体系的节点设计规律，以供在今后的实际设计中进行参考。

(1) 撑杆上端节点的设计。张弦结构撑杆上端节点的常用节点形式如图 2-2 所示。

单向铰接节点［图 2-2 (a)］为单向张弦结构的常用节点形式，采用销轴连接，可以单

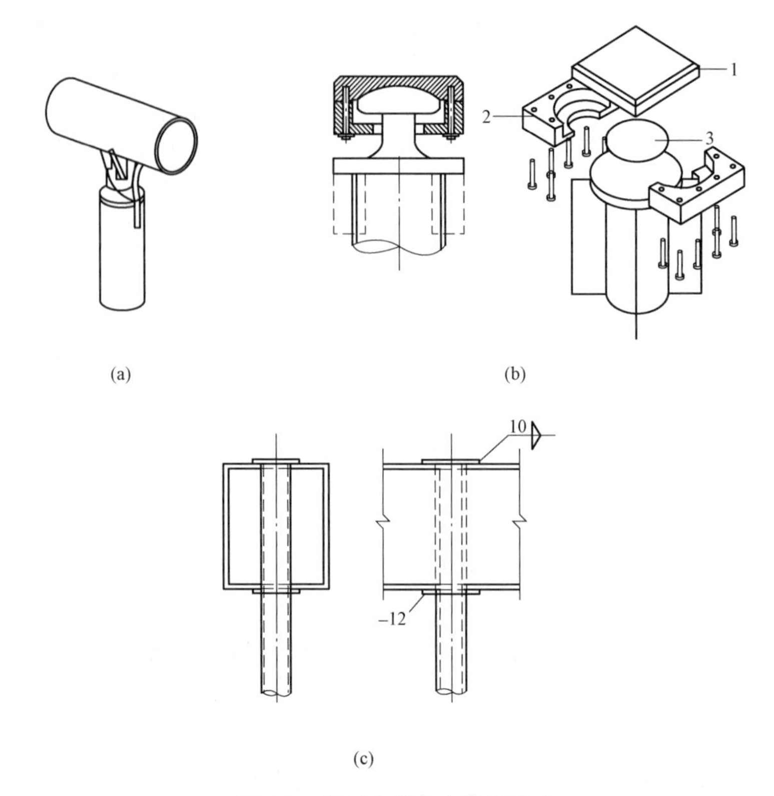


图 2-2　撑杆上端节点常用形式

（a）单向铰接；（b）双向铰接；（c）刚性连接

向转动。

双向铰接节点［图 2-2（b）］为双向张弦结构的常用节点形式，采用的是球铰，可以沿双向转动。对于双向张弦结构，由于拉索沿两个方向布置，所以在施工过程中或者在以后的使用状态下，当荷载情况有所变化的时候，撑杆有可能沿两个方向发生转动，因而要求撑杆上端与矩形钢管的连接节点具有双向转动能力。在实际施工中，为了减小球面之间的摩擦力，可以在球面之间增加一层很薄的聚四氟乙烯板。

刚性连接节点［图 2-2（c）］表示撑杆上端为刚性连接。由于这种连接形式对撑杆的受力比较不利，在张拉过程中可能在撑杆上端产生比较大的弯矩，除非有特殊要求，一般不会采用。

（2）撑杆下端节点的设计。张弦结构撑杆下端节点的常用节点形式如图 2-3 所示。

图 2-3（a）、（b）、（c）、（d）为单向张弦结构的撑杆下节点的一些常用做法。可以看出，在满足受力要求的情况下，可以将撑杆下节点设计成建筑师喜爱的各种形状。

图 2-3（e）、（f）是双向张弦结构撑杆下节点的做法。其中图 2-3（f）是国家体育馆撑杆下节点的做法。此节点构造的原理是首先采用两个钢半球将钢索夹紧，再用上、中、下三个圆形夹板将钢球夹紧，夹板与钢球之间为球面接触，利用夹板和钢球之间的转动能力来调节拉索的角度，夹板和撑杆之间的连接采用焊接连接。在施工过程中，可以通过在球体表面涂抹黄油来减小钢球和夹板之间的摩擦力。对于单个节点来说，此节点的构造显得很复杂，但对于整个体育馆来说，采用此种方案却可以对节点的种类进行统一，大大减少节点的种类，为节点的制作和安装带来很大的方便。

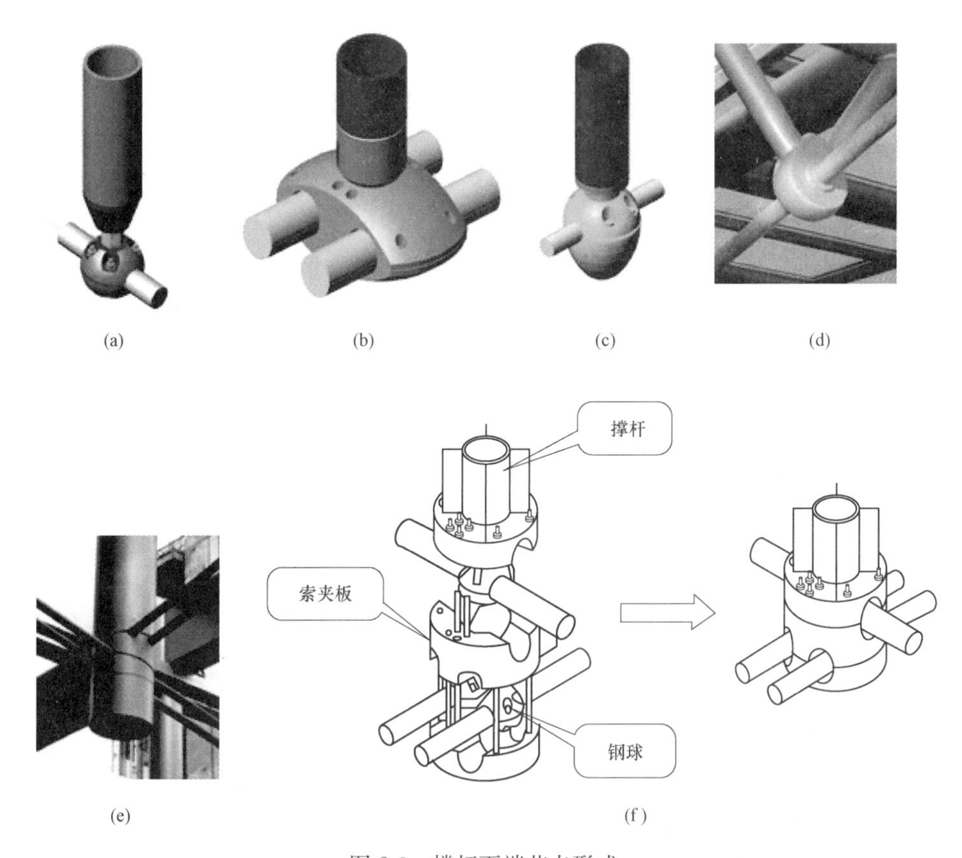


(a) (b) (c) (d)

(e) (f)

图 2-3　撑杆下端节点形式

（3）拉索端部节点的设计。拉索端部节点的一些常用形式如图 2-4 所示。

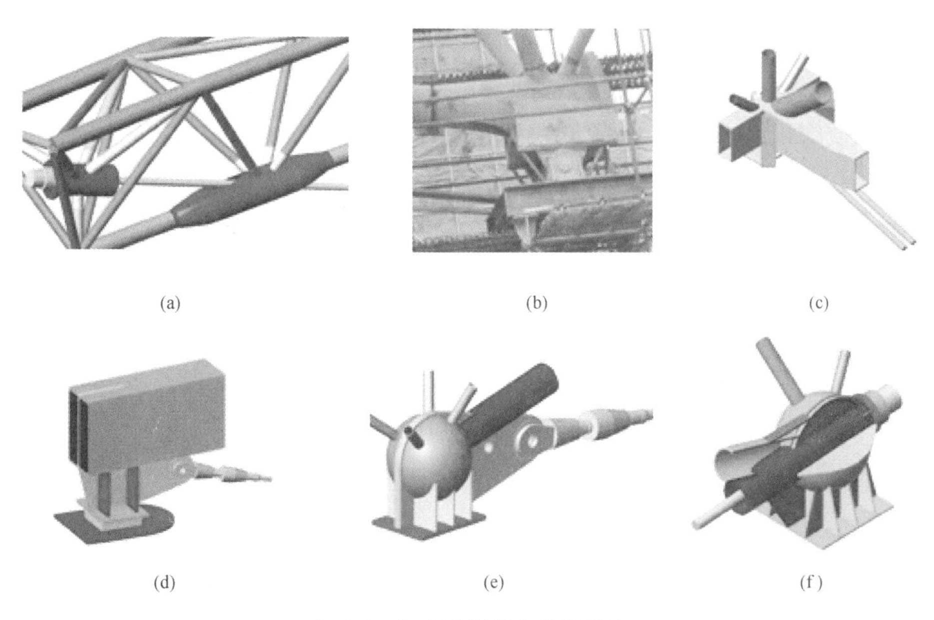

(a) (b) (c)

(d) (e) (f)

图 2-4　拉索端部节点常用做法

图 2-4（a）、（b）、（c）为铸钢节点，（d）、（e）、（f）为焊接节点。可以看出，由于拉索端部节点要承受来自拉索的拉力，节点的受力很大，同时由于节点处相交的杆件较多，节点的受力非常复杂。因此在进行拉索端部节点的设计时，首先要保证节点的强度满足要求。可以通过对节点受力复杂的关键区域采用增加壁厚、设置加劲肋等方式来提高节点的强度和刚度，并对节点进行细致的有限元分析，根据分析结果对节点的设计进行改进，控制节点的整体应力水平在合理安全的范围之内。

（4）节点的有限元分析。如上所述，拉索端部支座节点的构造与受力均非常复杂，为了了解节点受力性能，分析其在使用期间的安全性，需要对其进行有限元分析。

分析软件采用美国 ANSYS 公司开发的大型通用有限元分析程序 ANSYS，选用的单元为 ANSYS 程序单元库中的三维实体单元 SOLID45，每个单元有 8 个节点，每个节点有 3 个自由度。分析时采用的单位制为国际单位制：N，m。网格划分采用的是 ANSYS 程序的单元划分器中的自由网格划分技术，自由网格划分技术会根据计算模型的实际外形自动地决定网格划分的疏密。某节点计算结果的位移和应力云图如图 2-5 所示。

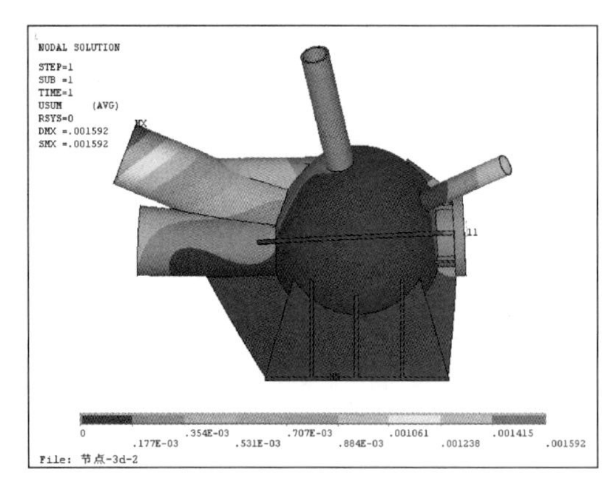


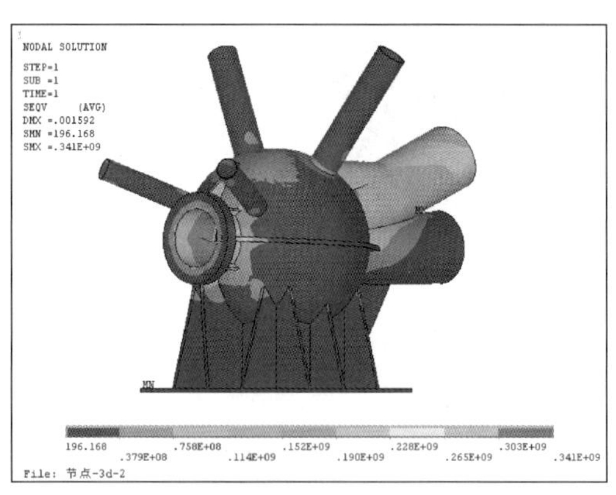


图 2-5　节点分析的位移和应力云图

2. 弦支穹顶

典型的弦支穹顶结构体系由一个单层网壳和下端的撑杆、索组成的体系（图 2-6）。其中

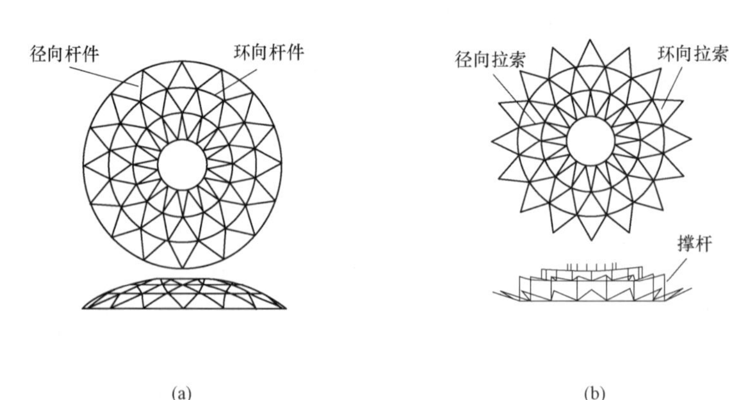


图 2-6　弦支穹顶结构示意图

（a）弦支穹顶上部；（b）弦支穹顶下部

各层撑杆的上端与单层网壳相对应的各层节点径向铰接，下端由径向拉索（Radial Cable）与单层网壳的下一层节点连接，同一层的撑杆下端由环向箍索（Hoop Cable）连接在一起，使整个结构形成一个完整的结构体系。结构拉索施加适当的预拉力后，可以减少结构在正常使用荷载作用下上部单层网壳对支座的水平推力。由此可见，与拉索相关的节点主要包括：撑杆上节点、撑杆下节点及拉索与上层网壳相连接节点。其中拉索与上层网壳连接节点可参考张弦结构拉索端部节点的设计方法。

（1）撑杆上节点设计。在弦支穹顶结构体系中，撑杆上下节点通常为径向索（或拉杆）、撑杆和上部单层网壳构件的汇交节点。在进行此类节点设计时，要考虑以下问题：

1）传力要明确。要满足预应力能够通过撑杆和径向构件传递给上部单层网壳，同时上部单层网壳结构的荷载也通过撑杆和径向构件传递给下部张拉整体部分，使其能够协同工作。

2）弦支穹顶结构的张拉和使用阶段，在外荷载作用下，径向索和环向索由于应力产生的附加变形量并不同，这就导致了撑杆下端与索相连节点必然在径向产生位移。为了避免在撑杆中产生附加弯矩和剪力，实际结构中的撑杆应该设计成在径向能够绕上部单层网壳连接节点转动。因此，撑杆与上部单层网壳的连接节点在径向应该设计成为铰接节点。具体设计方案示意图如图 2-7 所示。

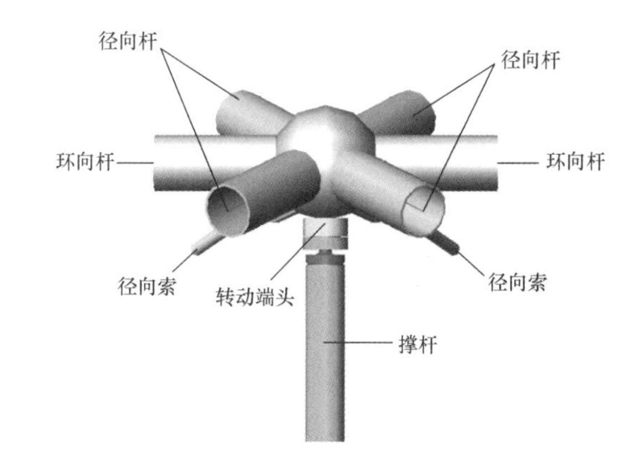


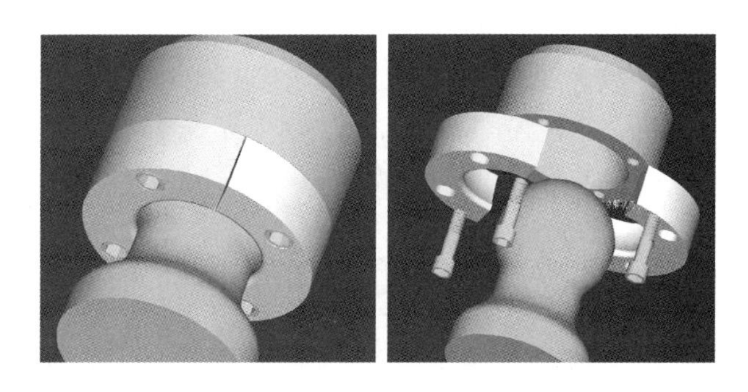

撑杆上节点方案一

图 2-7　撑杆上节点示意图（一）

撑杆上节点方案二

图 2-7　撑杆上节点示意图（二）

（2）撑杆下节点设计。弦支穹顶结构撑杆下节点通常是由环向索、径向索以及竖向撑杆汇交而成，国内学者称其为索撑节点。撑杆下节点的主要功能如下：

1）在弦支穹顶结构的施工阶段，将张拉端的预应力传递给同环其他环向索单元，并将环向索的预应力通过径向拉杆和竖向撑杆传递给上部单层网壳，使单层网壳结构预先起拱。

2）在弦支穹顶结构的使用阶段，将单层网壳传递给竖向撑杆和径向拉杆的荷载传递给高强环向索，从而提高结构的荷载承受能力。

根据撑杆下节点的上述两个功能和实际工程设计经验，撑杆下节点设计主要分为两种类型：环索可滑动型和环索固定型。

1）环索可滑动型：张拉阶段环向索可以滑动，下节点设计应确保索体光滑通过，避免在节点内部及节点端部对索体形成"折点"，实现索体顺利滑动及有效传递预应力目标的必要条件，确保预应力张拉过程中索体与节点间的摩擦力最小；预应力张拉完成后，要保证索体与节点卡紧，保证正常使用过程的整体结构稳定性。此种形式节点，通常通过环向索施加预应力。

2）环索固定型：张拉阶段与使用阶段都要将索体与节点卡紧，通过预应力下料，并在环向索索体上做出撑杆位置标记点，保证最终满足设计要求。此种节点要求节点内部与环向索直接接触面上应设置有麻点或采取其他措施，保证拉索与节点之间的摩擦力。两种类型的撑杆下节点设计方案如图 2-8 所示。

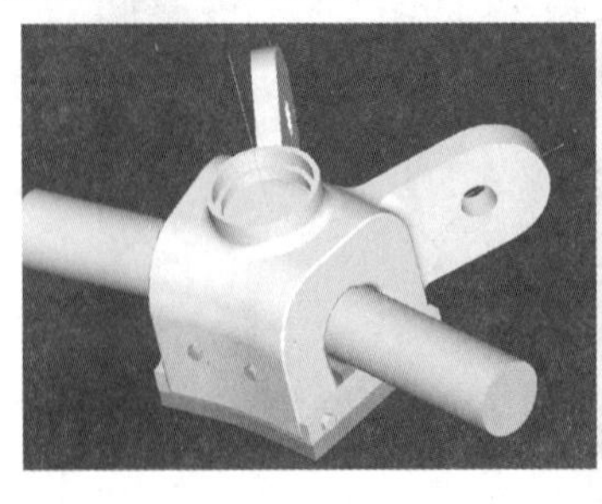

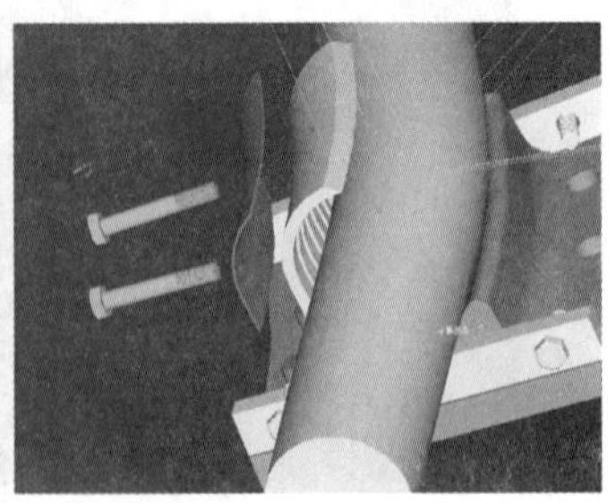

(a)

图 2-8　撑杆下节点设计方案示意图（一）

（a）方案一

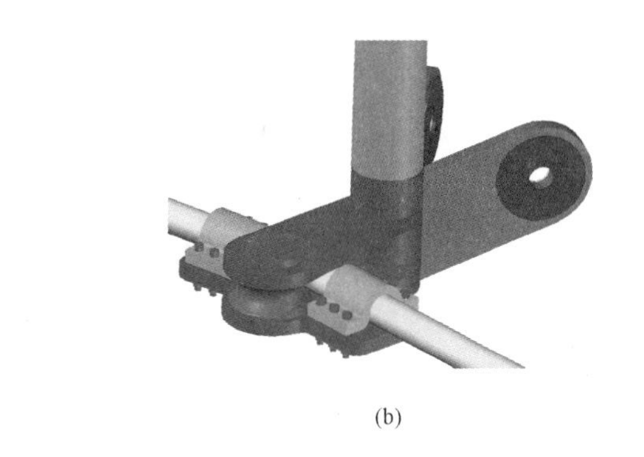

(b)

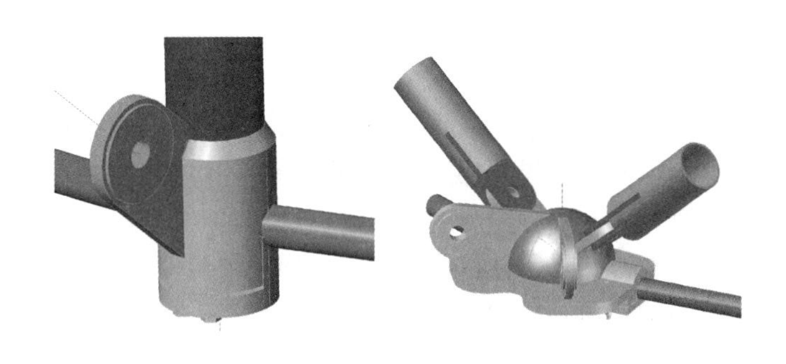

(c)

图 2-8　撑杆下节点设计方案示意图（二）

（b）方案二　可滑动型下节点；（c）环索固定型节点

（3）节点的有限元分析。如上所述，弦支穹顶结构的节点构造相比张弦结构更为复杂，进行有限元分析更为必要。分析方法跟张弦结构相同，采用 ANSYS 等有限元计算软件进行，保证节点约束和荷载与实际受力更加符合的原则。图 2-9 为两个实际工程节点有限元计算模型与应力图。

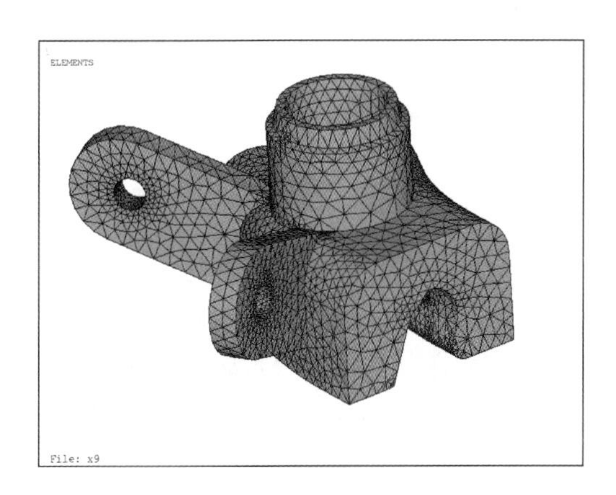


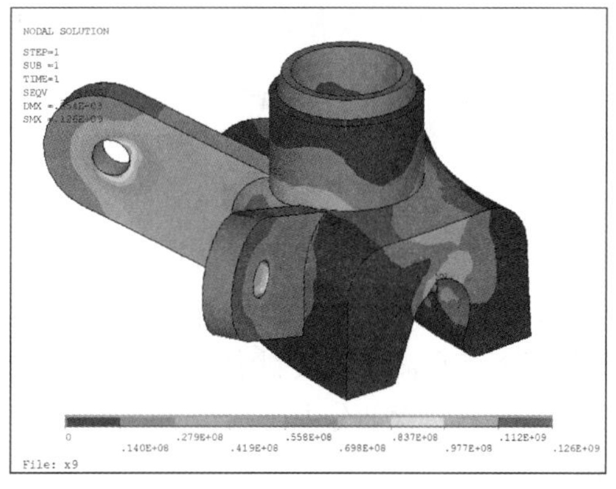


图 2-9　有限元计算模型及应力（一）

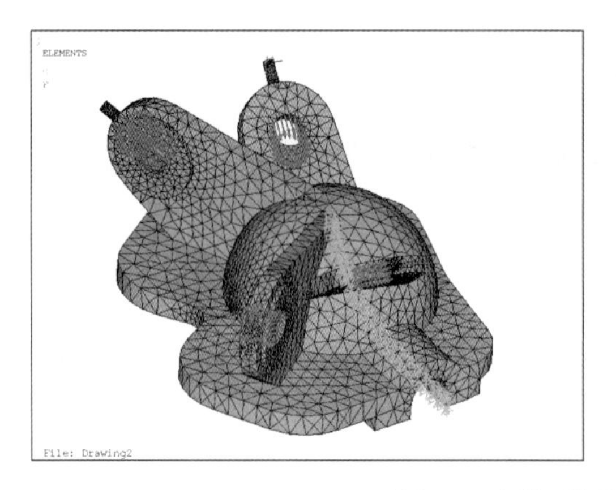


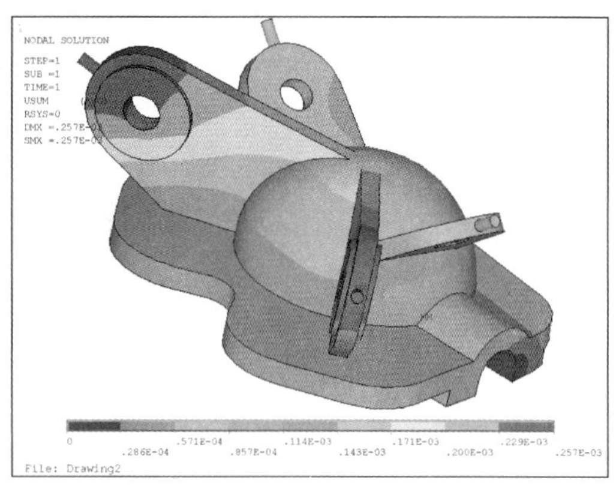


图 2-9　有限元计算模型及应力（二）

3. 索穹顶

索穹顶结构的节点主要分为脊索、斜索与压杆连接节点，斜索、环索与压杆连接节点，索与受压环梁连接节点，中心压杆节点或内拉环节点等。节点是索穹顶结构的重要组成部分，节点设计需遵循受力合理、外形美观的原则进行设计，对受力复杂的节点建议采用铸钢节点形式，并需要对节点进行有限元分析，从节点变形、结构应力方面确定节点的受力性能是否满足要求。对于不同的工程，索穹顶结构的节点构造各不相同，大体有以下几种设计方案。

（1）四周环梁锚固节点设计。外环梁处节点需要承受外脊索和外斜索的拉力，对于跨度较大的索穹顶来说，外脊索和外斜索拉力都很大，因此对外环梁节点要求较高，对于钢结构一般建议做成铸钢节点，如图 2-10 所示。同时在节点设计时需要考虑拉索张拉所需要的空间，一般要求节点位置各杆件以及拉索的受力中心线交汇于一点。

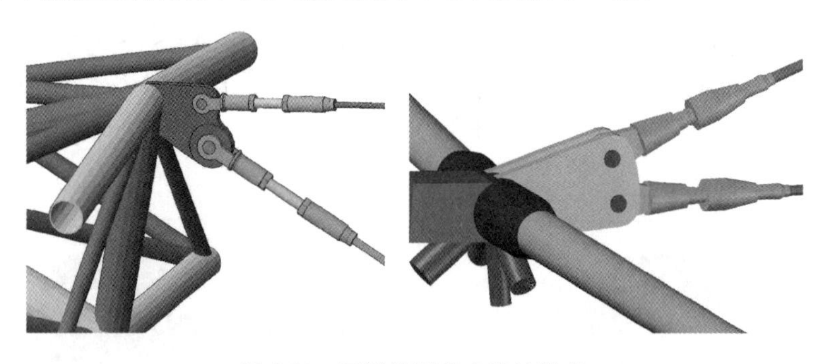

图 2-10　四周锚固节点设计形式

（2）撑杆节点设计。撑杆节点分为上节点和下节点，上节点一般需要连接多根拉索和一个撑杆，受力都在节点板面内且一般交于一点，节点验算相对较为简单，如图 2-11 所示。

撑杆下节点需要连接斜索、环索和撑杆。且大跨度索穹顶的拉索根数较多，因此需要考虑多根拉索的布置如分上下两排布置，在径向分 2 列或者 3 列布置等，如图 2-12 和图 2-13 所示。

撑杆下节点受力较为复杂，汇集杆件多，大多做成铸钢节点且需要经过有限元验算，图 2-14 即为工程中的撑杆下节点受力验算。

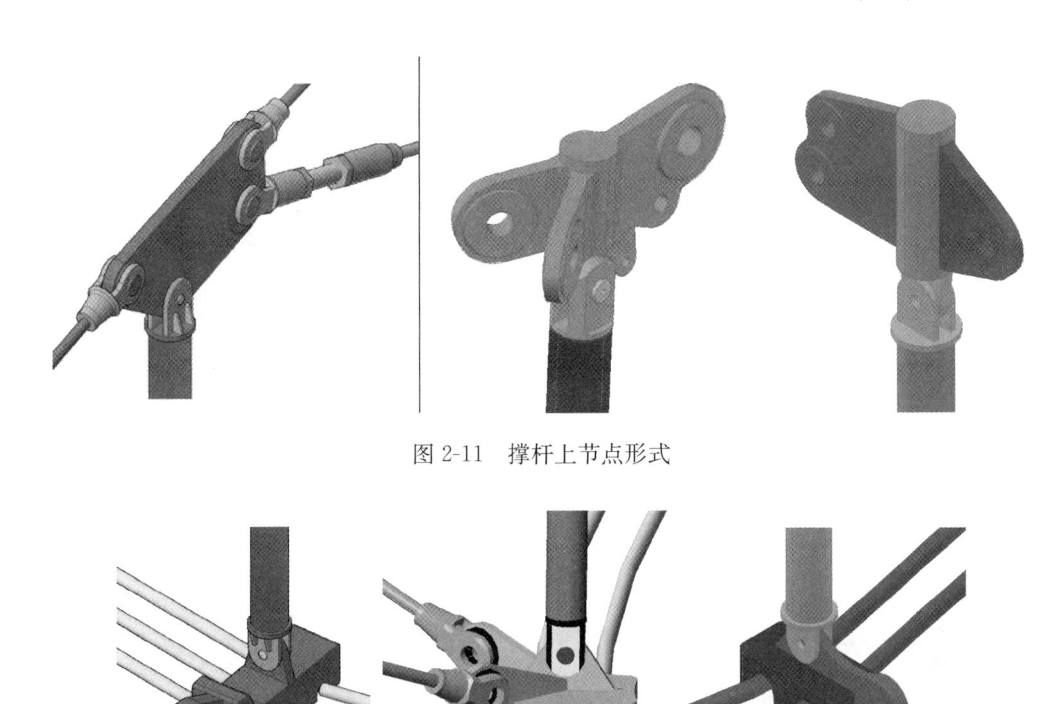

图 2-11 撑杆上节点形式

图 2-12 撑杆下节点形式

图 2-13 撑杆下节点实物照片

（3）内环节点设计方案。对于内拉环来说，由于所有轴线的内脊索和内环索都需要连接到内拉环上，内拉环受力一般都比较大，因此需要对内拉环进行详细的节点设计以保证内拉环受力安全。

对于索穹顶结构，内拉环一般设计成可开启的天窗，或者在内拉环顶部设置玻璃顶以增加室内的采光，因此在内拉环设计时一般首先要做的就是内拉环尺寸的确定。内拉环不宜过大，否则影响整个索穹顶的外观，同时内拉环也不宜过小，否则会为布置拉索带来困难。内拉环的尺寸分为高度和直径，高度一般在找形阶段确定，直径分为上环直径和下环直径，根据视觉效果，一般做成上环直径大、下环直径小，图 2-15 和图 2-16 为部分类似工程内拉环

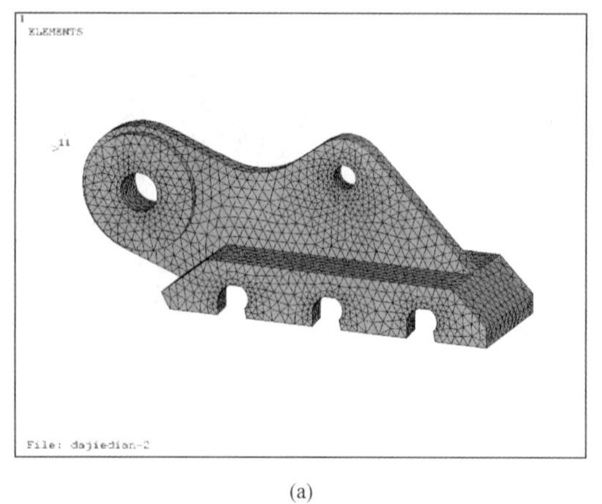


(a)

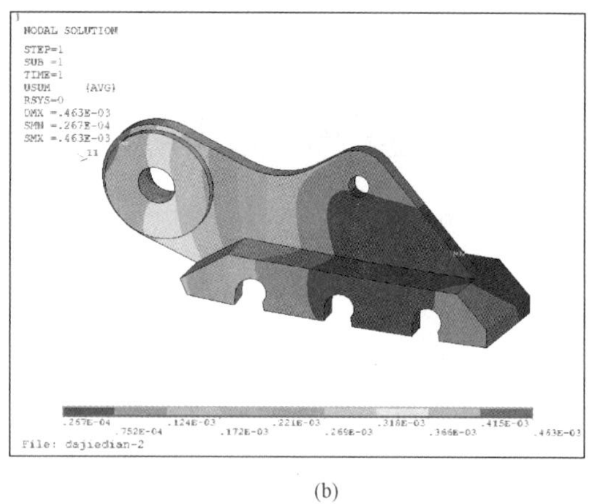


(b)

图 2-14　节点验算

（a）计算模型；（b）变形

图 2-15　内拉环节点形式

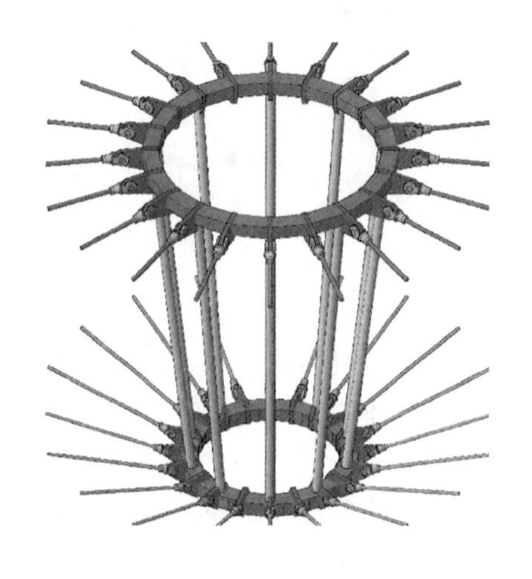

图 2-16　内蒙古伊旗索穹顶内拉环形式

节点形式。内拉环节点受力较为复杂，汇集杆件多，焊接工艺要求比较高，需要经过有限元验算，图 2-17 为工程中的内拉环节点受力验算。

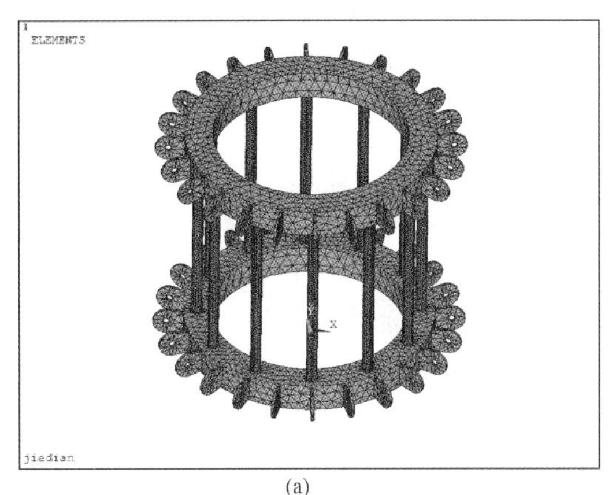


(a)

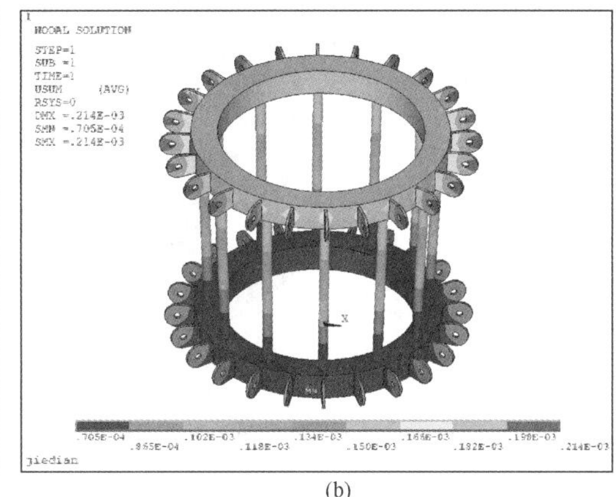


(b)

图 2-17 内拉环受力验算

(a) 计算模型；(b) 变形

4. 斜拉结构

根据斜拉网格结构的特点，拉索与结构节点包括斜拉索与塔柱连接节点、斜拉索与网格结构连接节点和斜索锚固于地面三种。连接节点设计的原则是保证传力明确、受力可靠且构造简单。根据拉索锚具形式不同，对冷铸锚采用穿过式锚具，对热铸锚一般采用耳板的连接方式。

(1) 斜拉索与塔柱连接节点。斜拉索只有与塔柱可靠连接才能发挥作用。如斜拉索与钢筋混凝土塔柱在柱顶连接，则可在柱顶设置钢箱锚座。若汇交与塔柱的斜拉索较多或拉索的空间角度不同，可采用柱外焊接钢靴的办法，把拉索锚固于钢靴内，还可在柱顶焊接耳板，通过钢销将拉索帽与塔柱连接；若拉索为钢绞线、钢丝束，可把带螺纹的锚具旋入与之配套的拉索帽内，拉索锚固用双耳板拉板预埋件，拉索上索头嵌入双耳板中，形成销接锚固装置。由于该节点一般都会多根拉索交叉，构造复杂且受力较大，如果普通焊接或其他方案比较难满足受力要求的话，可以采用铸钢节点。图 2-18 为实际工程的斜拉索与塔柱连接节点三维示意图。

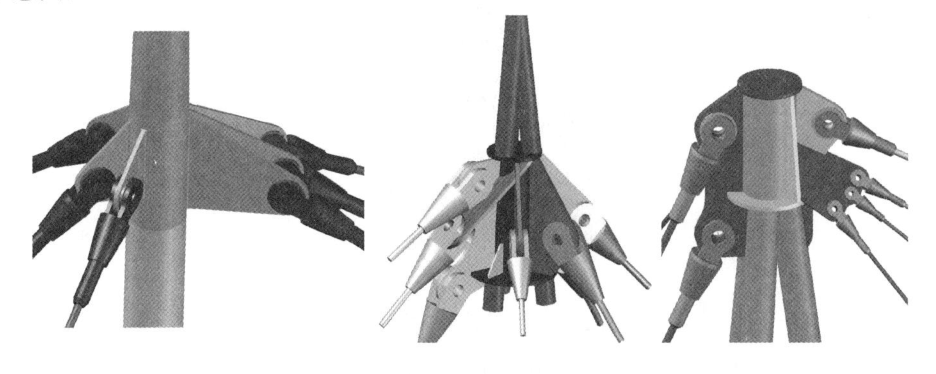

图 2-18 实际工程的斜拉索与塔柱连接节点三维示意图

（2）斜拉索与网格结构的连接节点。斜拉索可与网格结构在上弦节点或下弦节点连接。拉索锚具为螺杆式索头时，可以穿过球体直接锚固于焊接空心球节点上，在球体外焊接支撑板用以支撑索头；拉索锚具为叉耳式索头时，可以在网格节点处焊接耳板与其相连接。对于受力较大的，也可选用铸钢节点。典型节点设计方案如图 2-19 所示。

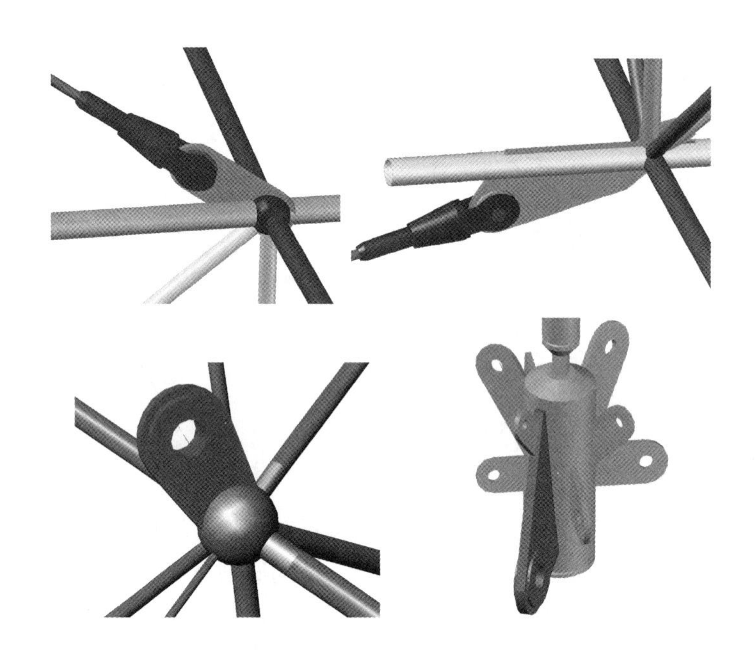

图 2-19　斜拉索与网格结构的连接节点设计方案三维示意图

（3）斜拉索锚固于地面。斜索锚固于地面时，可以根据设计院提供的受力要求，设计混凝土桩，预埋钢板，根据索锚具形式，采用穿过式或耳板式设计方案即可。节点设计方案示意图如图 2-20 所示。

图 2-20　节点设计方案示意图

（4）节点有限元分析。实际工程节点有限元分析，如图 2-21 所示。

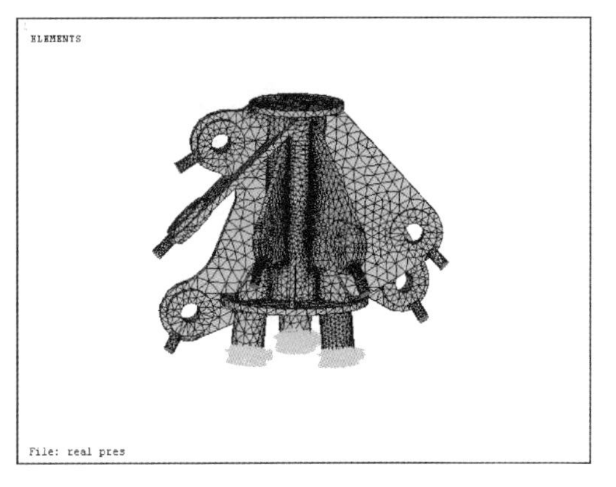


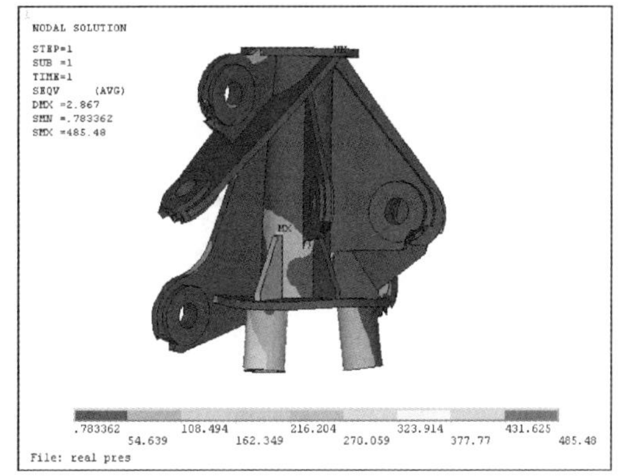


(a)

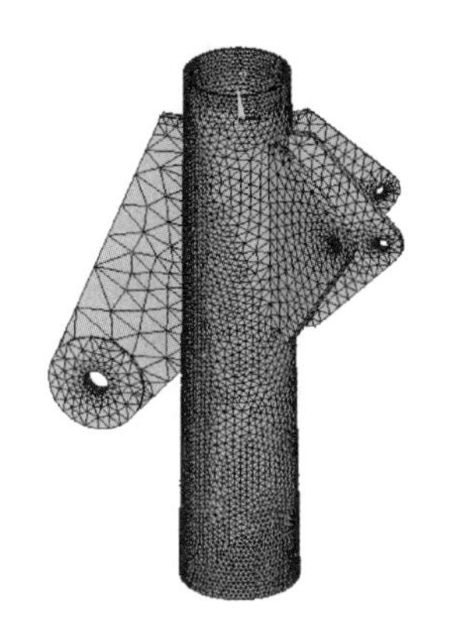

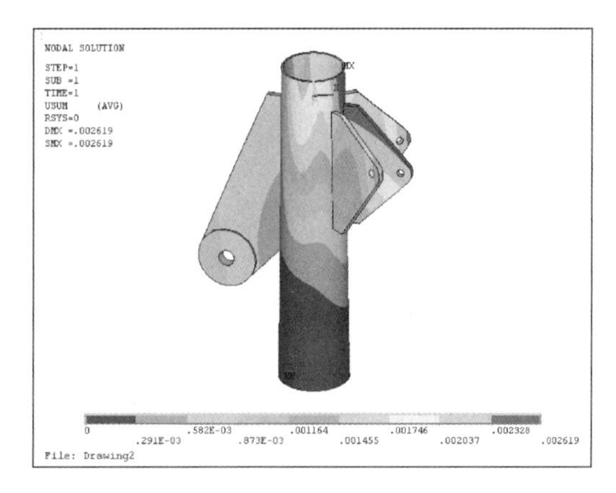


(b)

图 2-21　节点有限元分析结果

# 第三章

# 施工仿真模拟

## 第一节　施工仿真模拟概述

1. 施工仿真模拟概念和内容

施工仿真技术是以相似原理、信息技术、系统技术及其应用领域有关的专业技术为基础，以计算机和各种物理效应设备为工具，利用系统模型对实际的或设想的系统进行试验的一门综合技术。

简单地说，施工仿真技术是对系统模型的一种试验技术。建筑工程施工是一项将设计图建成实物的复杂工作，其施工方法和组织程序存在多样性、多变性。至今对施工方法和施工组织的优化主要建立在施工经验基础上，依靠施工经验对施工进行控制和优化，具有一定的局限性。特别是在全新的结构或复杂条件下施工，依靠经验对工程施工的可行性、控制优化、事故预测和生产调度优化等各方面的分析和预测，可能会由于思维惯性而忽略重要结果或由于力不从心只能分析局部和少量结果，更无法开展定量分析。而依靠仿真技术这一高效节省的试验方法，能够跟踪施工过程的各个环节，对施工生产全过程进行试验，验证优化施工技术和施工组织。

对于大跨度预应力钢结构，由于在预应力钢索张拉完成前结构尚未成形，刚度较差，需要应用有限元计算理论进行预应力钢结构的施工仿真计算，以保证结构施工过程中乃至使用期的安全。对于大跨度预应力结构体系，其施工仿真模拟大体主要包括以下内容：

（1）根据要求的设计状态，模拟计算出柔性索各节点位置标记点。

（2）根据施工方案，模拟施工全过程，验证施工方案的可行性、安装张拉成形过程的安全性及安装顺序的合理性。

（3）计算出每步施工索力，实际施工提供张拉力值。

（4）计算出每张拉步结构的变形及应力分布，为张拉过程中的变形监测及索力监测提供理论依据。

（5）根据计算出来的拉索索力值，选择合适的张拉机具，并设计合理的张拉工装。

2. 施工仿真模拟的重要性和意义

随着国民经济建设的蓬勃发展，各类工程建设规模日益扩大，重大工程项目如大型体育场馆、高铁站房、机场等土建工程日益增多，它们的共同特点是施工造型复杂、规模大，周期长，建造过程复杂。在土木工程建设规模迅速发展的同时，施工事故不断增多，严重影响人民生命财产安全及工程建设速度。据不完全统计，全国大多数土建工程的60%事故均发生在施工建造过程中，究其原因，相当比例的事故是由于传统设计中未考虑施工过程中的诸多因素或对施工过程中复杂与突发情况未进行受力分析。

传统建筑结构设计理论只对使用阶段的结构在不同荷载工况及其组合作用下的效应进行分析，采用的是整体建模然后一次性加载的计算方法，以此来保证建筑结构具有一定的安全性和适用性。传统结构分析方法在结构形式日益复杂的今天已不再完全适用。实际上，任何建筑结构都是逐步施工完成的，在施工过程中结构逐渐演变，某些荷载（如自重）也逐渐施加于已成形的结构，最终形成需要的完整结构。结构既是施载体，同时也是承载体，而且，在结构建造过程中，还伴随着结构边界条件、材料刚度、荷载类型及其大小等各种不同因素在一定的时间，空间维度上进行着复杂的变化。结构建造过程的路径不同也导致了结构最终受力的不同。因此，在复杂结构分析计算中，若不考虑结构的形成过程和加载路径及上述各种影响因素的变化，将给计算结果带来误差，甚至会由于计算模型与实际偏差很大，在施工过程中由于结构丧失稳定性或发生强度破坏而导致工程坍塌事故。

对于常规大跨度钢结构体系及预应力大跨度钢结构体系，结构形态即是无外荷载作用（自重也应设为零）的结构几何形态。在结构构件几何及截面尺寸确定的条件下，无论常规大跨度钢结构安装次序如何，其结构形态基本是唯一的。因此，对于常规大跨度钢结构体系，不存在通过施工过程寻找确定结构几何形态的问题。

而预应力大跨度钢结构则完全不同，在其结构构件几何及截面尺寸已确定条件下，不同的预应力索系布置及预应力度对应的张拉完成的结构形态可能完全不同。因为施工过程会使结构经历不同的初始几何态和预应力态，这样实际施工过程必须和结构设计初衷吻合，加载方式、加载次序及加载量级应充分考虑，且在实际施工中严格遵守。理论上将概念迥异的两个阶段或两个状态分别称为初始几何态和预应力态，这两个状态的分析理论和方法是不同的。在施工中严格地组织施工顺序，确定加载、提升方式，准确实施加载量、提升量等是极为必要的。

因此，施工仿真计算实际上是大跨度预应力钢结构施工方案中极其重要的工作，必须对施工全过程进行仿真模拟，以验证施工顺序的合理性，加载、提升方式的安全性。

## 第二节 施工仿真模拟方法

1. 施工仿真模拟方法介绍

现有的预应力钢结构施工仿真模拟方法主要有三种：传统建筑结构施工模拟方法、大跨度张拉结构施工静态模拟方法和大跨度张拉结构施工动态模拟方法。

（1）传统建筑结构施工模拟方法。传统建筑结构施工模拟方法基本都是采用有限元静态分析中的单元生死技术来模拟安装过程的。所谓静态分析是指结点上的未知量只有位移，而不会包括速度和加速度，即不会考虑时间因素。单元生死技术一般按照如下步骤实现：

1）在前处理器中建模时，必须一次性将所有单元创建好。

2）一开始将所有单元杀死，然后按照施工安装步骤逐步激活安装构件单元，如桥梁施工过程。

3）另一种情况是单元开始都处于生的状态，而后会经历部分单元的不断杀死，同时也伴随部分单元被激活。如在土建基坑开挖过程中，土层不但开挖，同时又不断加固围衬，防止滑坡。

4）对于被杀死的单元，处理方法是将单元刚度矩阵乘以一个很小的因子，并不是真正将其从模型中删除。被杀死的单元载荷为零，质量、阻尼、比热、应变和其他同类特性均等于零。

5）当死单元被重新激活时，其刚度、质量、单元荷载等都将恢复其原始真实值。再生单元应变为零，如果存在初应变，则可以通过单元实常数方式输入。

6）施工仿真模拟时需要人为划分出若干个阶段，在相邻阶段的临界处杀死或激活某些单元，然后通过静力分析得到需要验证的力学指标，检验其是否满足施工中的各项要求，如设备承受能力、位移安全限制等。但在阶段内部则无法检验是否会有力学指标突变或机构锁死的现象。

（2）大跨度张拉结构施工静态模拟方法。大跨度张拉结构施工静态模拟方法经常采用的都是有限元静态分析中的单元删除技术。具体方法如下。

1）由于在施工模拟时划分的各个阶段，结构整体形状和构件相互位置变化较大，所以不能一次性将所有单元创建好，必须分阶段建模。

2）采用逆序拆除法。由于结构的最终形状和预应力分布情况在施工前已经在设计阶段都确定了，而施工开始时的结构的初始形状和预应力分布却是任意的。所以只能从结构的最终形态开始将所有单元创建好并施加预应力到设计值，然后分阶段将部分单元删除，此时剩下的结构处于不平衡状态，通过静力计算它会调整自己的形状和预应力的分布达到一个新的平衡状态。再以这个新的平衡态为基础删除另一部分单元，在静力计算中寻找新的平衡态。重复以上过程直至施工开始时的结构的初始形态。

3）与传统建筑结构施工模拟技术相比，单元不是杀死或激活，而是真正从模型中删除，静力计算分析不只是为了求出力学指标的值，还起到了“找形”的作用——即获得下一阶段结构形状和预应力分布的作用。

4）同样在阶段内部则无法检验是否会有力学指标突变或机构锁死的现象。

（3）大跨度张拉结构施工动态模拟方法。大跨度张拉结构施工动态模拟方法采用机械多刚体系统动力学分析方法对土建柔性结构体系的施工过程进行时域特性仿真，即在仿真模拟的每一时刻，均能给出系统中每一部件的位置、速度和方位，以及约束和柔性连接中的约束力。具体方法如下：

1）模型转换。土建结构体系中的构件都是柔性的（是可以变形的而且是有内力变化的），但整个体系不能产生机构运动；而机械系统中的部件是刚性的（不产生变形的也就没有内力），但整个系统可以产生某种协调的机构运动。为了克服这个矛盾，可将一个柔性体构件离散成多个刚性体，在相邻刚性体之间建立柔性连接以模拟变形和内力，这样整个系统既能产生协调的机构运动，又能模拟出构件的变形和内力变化。结构体系既可以一次性将所有构件创建好，也可以分阶段建模。

2）分阶段系统状态更新。一般机械系统仿真时内部构件是不增加或减少的，构件的空间位置和内力值只作为状态参数储存，并不作为显式存在；而建筑施工过程中构件是分阶段不断添加的，所以需要将上一阶段结束时构件的空间位置和内力值作为显式变量导出来，用来在下一阶段重新建模时使用。

3）可以采用正序添加法或逆序拆除法。大跨度张拉结构施工动态模拟中最主要的施工机具是千斤顶，在机械系统中可以通过在刚体之间建立移动副并在移动副上施加铰驱动来模拟。这样移动副的来回移动就可以模拟千斤顶顶出或回收的运动过程，也就模拟了整个系统不断张紧的正序建造过程，或系统分阶段松弛的逆序拆除过程。

4）与大跨度张拉结构施工静态模拟技术相比，不仅能得到在仿真模拟的每一时刻系统中每一构件静力平衡的内力值，还能得到在整个仿真时间段内所有构件的位置、速度和内力值随着时间的连续变化曲线，即每一时刻整个体系结构形状和预应力分布，而且不存在力学指标突变或机构锁死的现象无法检验的问题。

5）通过在机械系统中创建传感器和设立脚本控制仿真来完成比较复杂的仿真模拟任务。传感器可以在仿真过程中激发以下动作：当传感器检测到某事件发生时结束仿真、改变求解器步长以防止发散、改变仿真输入量及改变模型结构。在仿真脚本中，设计人员可以实现构思整个仿真过程，例如在某个时刻激发或解除某个千斤顶的工作，或在计算收敛困难时改变仿真步长和仿真总步数。通过这些手段，可以将整个施工模拟过程从一个人为粗糙干预的近似模拟过程转变成为一个半自动控制的机械运动过程。

6）参数化建模和优化分析。根据分析需要，在建模时确定相关的关键变量，并将这些关键变量设置为设计变量。在分析时，只需要改变这些设计变量值的大小，整个系统就可以自动更新。有三种参数化的方法：参数化点坐标，修改点坐标值，与参数化点相关联的对象都将自动更改；参数化设计变量，如将柔性连接的刚度参数化；运动方式参数化，如将千斤顶的移动速度参数化。当多个设计变量同时发生变化时，整个系统的运动性能将会发生复杂的变化，这时就需要优化分析（即在一组可选的设计变量中，最小化或最大化某个目标函数，根据问题的类型，可以采取不同的优化算法以保证最优设计处于合理的取值范围）。例如几十个千斤顶同时工作，将每个千斤顶的移动速度定为设计变量，通过优化分析可以确定出每个千斤顶的移动速度的变化范围，此时目标函数是所有千斤顶受力总和最小，这样就可以在施工时使用较小吨位的千斤顶以降低施工费用。

大跨度张拉结构施工动态模拟方法流程图如图 3-1 所示。

目前常用于施工仿真模拟的软件为 ANSYS 软件和 MIDAS 软件。

2. 采用 ANSYS 软件进行施工仿真模拟方法（此处有疑问，这里写的内容有待商榷）

在实际工程中，大多采用大型计算机通用软件实现有限元分析。事实上有限元法就是随着电子计算机的发展而迅速发展的，作为采用计算机的数值分析方法，在各个领域里得到了广泛的应用。它的出现使复杂结构的设计和施工成为可能，可以说没有有限元法要进行现代大跨空间结构的施工安装分析是不可能的。

美国 ANSYS 公司开发的 ANSYS 软件是融结构、热、流体、电磁场、声场和耦合场分析于一体的大型通用有限元分析软件，具有强大的前处理、求解和后处理功能，目前广泛应用于机械制造、航空航天、能源化工、交通运输、土木建筑、水利、电子、地矿、生物医学以及教学科研等众多领域。

ANSYS 可以进行不同工况间的连续计算，使得仿真模拟施工全过程得以实现，而这个功能又是通过 ANSYS 中的生死单元功能实现的。其基本过程为：首先建立整个有限元模型，包括将来要被杀死和激活的部分，无须重新划分网格，在一个施工进程完成后，直接进行下一道工序的施工，即杀死新单元、激活老单元，再求解重复步骤直至施工完成。

在生死单元法进行施工全过程分析时，为了提高分析效率，可以利用 ANSYS 中的几何

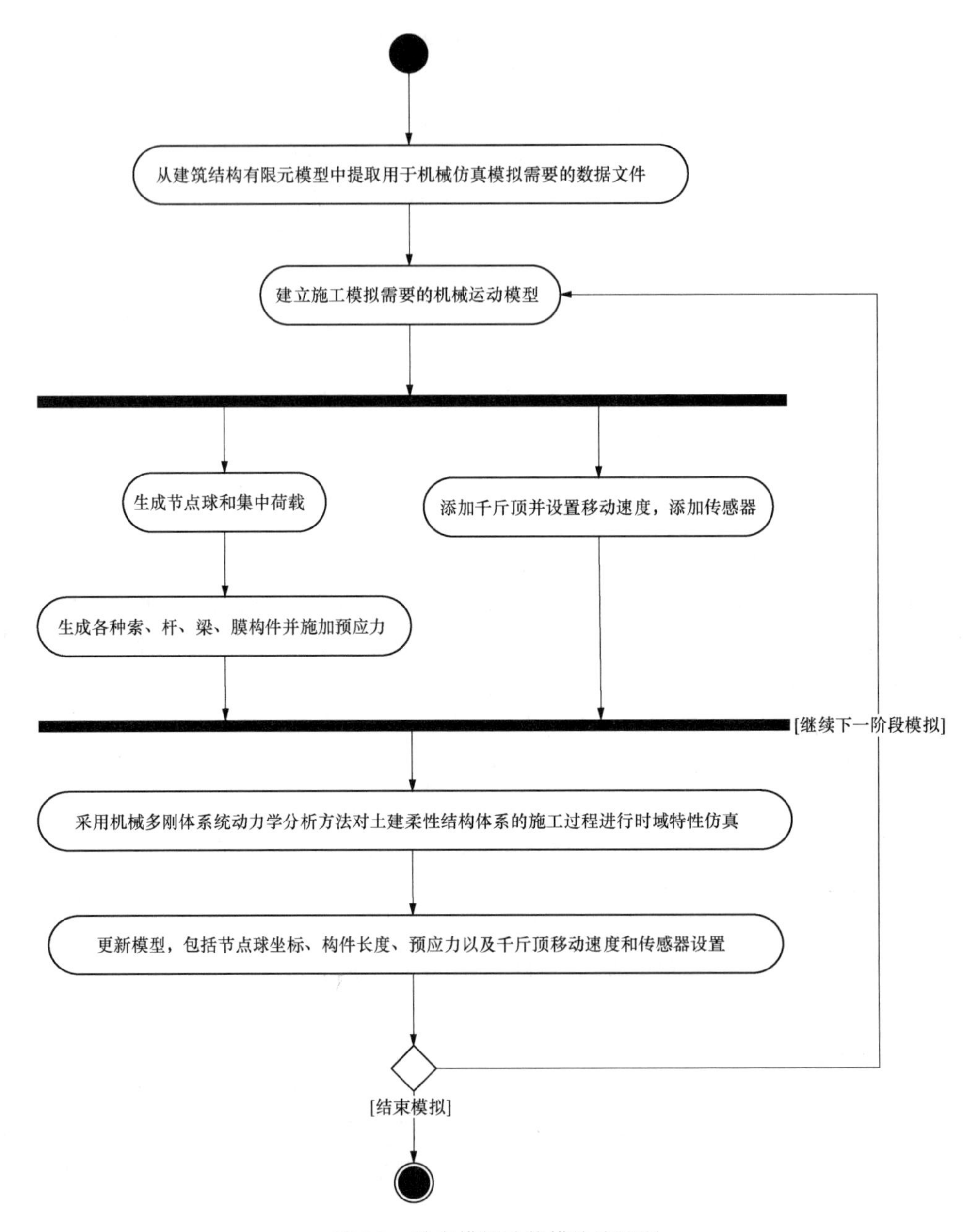


图 3-1　动态模拟功能模块流程图

功能把结构划分为各个集合，便于单元激活时的选择。为了防止死单元节点会产生“漂移”而导致计算结果的错误，死单元的节点必须约束住，而生死单元相接的节点，不能约束。荷载也按实际的施工进程施加，即在单元激活后，才对此单元施加荷载。约束条件按施工实际情况施加。

采用 ANSYS 生死单元法进行施工仿真模拟的流程如图 3-2 所示。

3. 采用 MIDAS 有限元软件进行施工仿真模拟方法

（1）MIDAS/gen 有限元计算软件特点。Midas/gen 是一款大型通用有限元分析软件，其施工过程仿真模块具有如下几个特点：

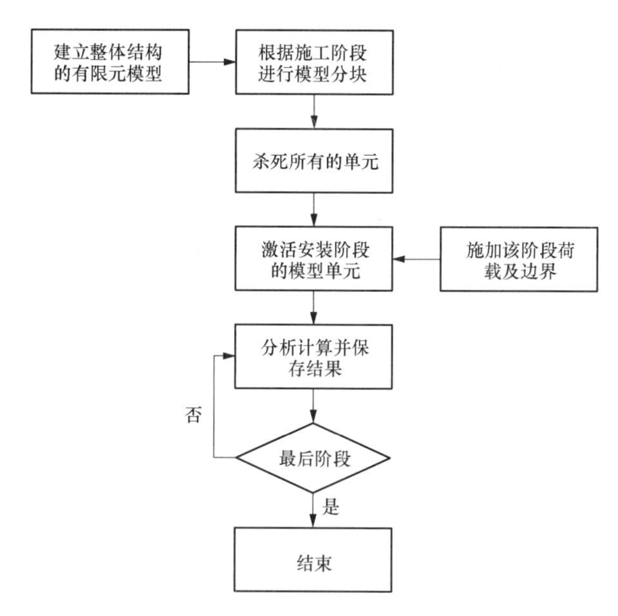


图 3-2　单元生死法主要分析流程

1）内含各种高性能的有限元单元，用户界面友好，加入了国内的混凝土和钢结构等设计规范，能与 CAD 以及其他有限元程序进行数据的交换，具有卓越的输入和编辑功能。

2）通过钝化和激活结构组、荷载组、边界组实现对施工过程的模拟。

3）可考虑材料的时间依存特性（抗压强度、徐变、收缩等），可考虑任意构件的产生与消失、任意荷载的施加与卸载，并且可以实现施工过程耦合计算。

（2）MIDAS/gen 施工仿真模拟实现过程。

1）建立模型。可以直接在 MIDAS 中建模，也可以利用专业制图软件 CAD 进行建模，然后再导入 MIDAS。对于空间结构等形状比较复杂的结构体系，利用 CAD 建模可能更方便一些。可以在 CAD 模型中将不同的杆件类型分成不同的图层，导入 MIDAS 后这些图层会转换成不同的结构组，便于选择和操作。

2）定义材料和边界条件。定义材料特性，并根据实际施工过程中的支撑情况定义相应的边界条件。如果施工过程中有混凝土等时变材料，要指定其收缩、徐变等材料特性及强度发展规律。可选择中国规范、ACI 规范、CEB－FIP 规范或用户自行定义。

3）定义施工阶段。根据施工方案，将整个施工过程按照时间分成不同的施工阶段，将各个施工阶段出现的单元、荷载、边界条件编入相应的分组，定义各个施工阶段及其持续时间。如果施工过程中有混凝土等时变材料，相应施工阶段所消耗的时间应准确。

4）运行分析。有限元分析过程中可对照信息栏，检查前面定义数据是否正确。

5）查看分析结果。可以表格、数值、应力云图等形式查看各单元的应力、轴力、弯矩、各节点的位移等计算结果。

## 第三节　施工偏差与误差分析

影响预应力钢结构成形状态偏差的较大因素，除了施工工艺外，主要有三种：结构施工偏差、构件尺寸误差及温度影响。施工偏差主要指结构外环梁及拉索耳板的施工偏差和内拉力环拼装并焊接完成后的尺寸偏差，它将造成结构耳板销孔中心与拉索销轴孔中心三维坐标误差；构件尺寸误差主要包括拉索和撑杆的长度误差。在进行模拟分析时，结构预应力的施加可通过给索单元设置初始应变实现；在模拟施工偏差对结构内力的影响时，可通过对索穹顶边节点设置强制位移来进行模拟；在模拟构件的尺寸误差对结构内力的影响时，可通过对有误差的拉索进行升温或者降温模拟，温度值通过设定的误差值和拉索的弹性模量计算得到。温度是影响预应力钢结构力学性能的关键因素，随着跨度的增大，温度作用的影响更加明显，且其作用具有双向性。

预应力钢结构对施工偏差与构件加工误差是特别敏感的，特别是对索穹顶结构和柔性索网结构影响更加明显，二者的存在会对结构最终成形状态有较大影响，因此有必要对其二者进行深入分析与研究，并采取合理方法消除或降低其对结构的影响程度。本节就以鄂尔多斯伊金霍洛旗体育中心索穹顶结构对施工偏差与构件尺寸误差进行深入研究。

1. 结构施工偏差对结构成形后内力的影响及处理措施

预应力钢结构是通过张拉拉索产生预应力的，张拉过程会改变拉索长度，预应力的大小与拉索下料预留的伸长量直接相关。对于定长索来说，如果与四周结构相连的拉索耳板安装位置存在偏差，结构预应力的大小与设计预应力值将不相符，因此需要采取适当的措施减小或者消除这种偏差对结构的影响。与四周结构相连的拉索耳板径向施工偏差对索穹顶结构初始预应力分布影响最大，而与径向施工偏差等值的环向施工偏差对结构初始预应力影响很小且可以忽略。与四周结构相连的拉索耳板竖向施工偏差对结构初始预应力分布有一定的影响，但相对径向施工偏差来说不显著，因此，重点分析拉索耳板径向施工偏差对结构预应力的影响。下面通过单个、全部及间隔拉索耳板施工偏差对结构预应力的影响进行研究，结合实际工程测量误差，采取合理方法进行调整，最终得出拉索耳板施工偏差的处理措施。

（1）单个耳板施工偏差对结构成型后内力的影响。分析模型以初始态（结构张拉成型以后的状态）的模型为基础，假定所有拉索不存在加工误差，20 个耳板中仅有一个耳板存在径向施工偏差。分析耳板沿着结构径向分别存在－50mm、－40mm、－30mm、－20mm、－10mm、10mm、20mm、30mm、40mm、50mm 施工偏差对结构内力的影响。耳板施工偏差对结构内力的影响如图 3-3 所示，从图 3-3 结果可以看出，单个耳板存在施工偏差会对该耳板所在轴线以及相邻轴线的拉索内力造成影响，耳板存在径向施工偏差会对脊索内力带来较大影响，对其他位置拉索内力影响相对较小。

（2）全部耳板存在施工偏差对结构成形后内力的影响。在实际工程中，耳板施工偏差是随机存在的，为进一步研究耳板施工偏差对结构成形后内力影响的规律，假定所有耳板存在沿径向存在等值的施工偏差，模拟耳板施工偏差分别为－45mm、－40mm、－30mm、－20mm、－10mm、10mm、20mm、30mm、40mm、50mm 的计算结果如图 3-4 所示。从图 3-4 可以看出，耳板施工偏差同时偏大或者同时偏小时，对结构内力非常不利。对于该工程索穹顶结构，10mm 的耳板施工偏差（相当于索穹顶跨度的 1/7000）将造成结构内力改变 20％。如果把成形后的结构内力偏差控制在±10％以内，需要把耳板施工偏差控制在 5mm 以内，即相当于要求施工精度需要控制在结构跨度的1/14000。这个要求对于钢结构施工来

说，要求相对较高，因此需要采取措施补偿耳板施工偏差造成的内力偏差。

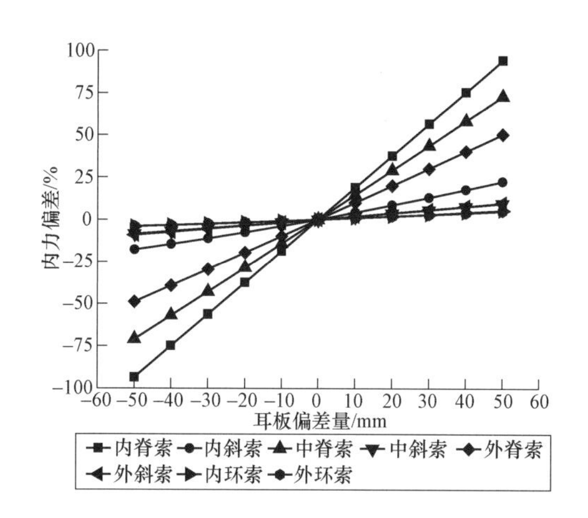


图 3-3　单个耳板存在施工误差对结构内力的影响

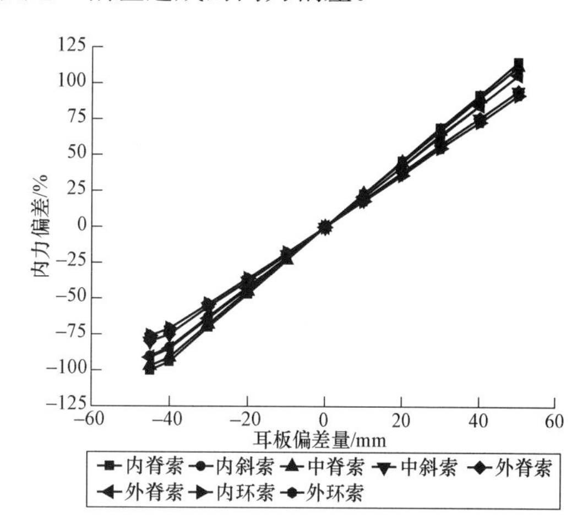


图 3-4　所有耳板存在施工误差对结构内力的影响

（3）耳板间隔存在施工偏差对结构成形后内力的影响。按照对 20 个耳板间隔设置施工偏差进行模拟分析，将奇数轴的耳板模拟沿着径向有 30mm 施工偏差，偶数轴的耳板模拟沿着径向有－30mm 施工偏差，脊索和斜索的内力变化如图 3-5 所示。在这种施工偏差情况下，脊索内力的离散性较大，内斜索次之，中斜索、外斜索和环索的离散性较小。耳板存在间隔径向等值施工偏差，对脊索、内斜索的内力影响比较大，由于误差均值为零，对环索内力基本没有影响。因为中斜索和外斜索与环索内力相关，所以中斜索、外斜索内力变化不明显。

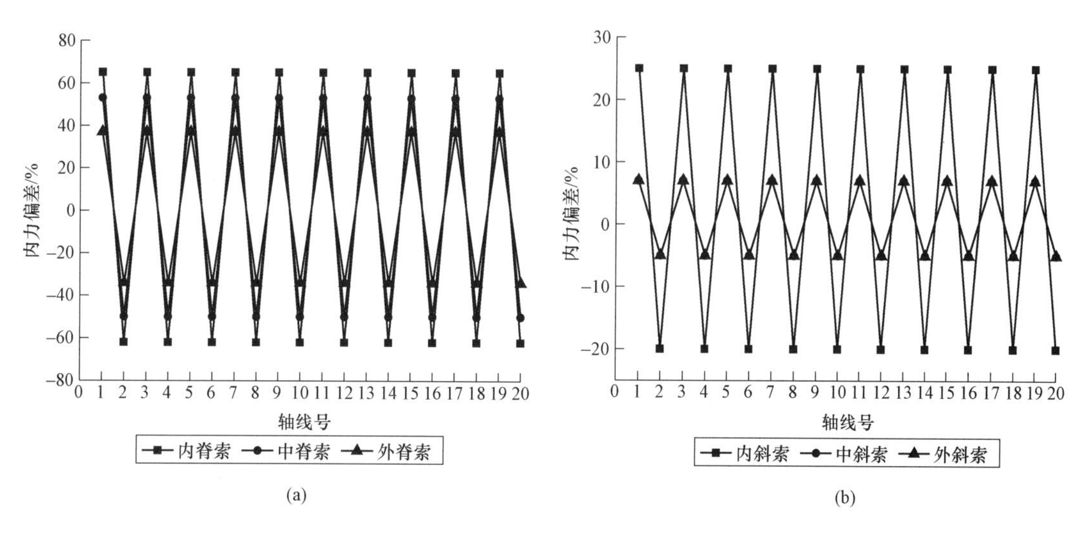


图 3-5　耳板施工偏差间隔存在时对结构内力的影响

（a）脊索内力变化；（b）斜索内力变化

（4）技术补偿措施及结果。索穹顶成形后的结构内力对施工偏差非常敏感。10mm 的施工偏差能造成结构某些位置的拉索内力改变 20%以上，考虑施工偏差不可避免，因此需要采取技术措施以弥补此部分内力损失。

具体的措施，即在拉索下料时，除了将内脊索、内斜索、中脊索、中斜索及环向索做成定长索，其他位置的拉索均做成长度可调索。利用外脊索和外斜索的长度可调功能来补偿耳板的径向施工误差，原理如图 3-6 所示。

为了使结构成形以后的预应力与设计相符，必须使图 3-6 所示 1 号、2 号节点和设计位置一致，因为 3 号节点存在施工误差，因此 1-2 和 1-3 的距离发生改变，造成外脊索和外斜索无法达到设计要求的伸长量。因此如果 3 号节点存在 $\Delta l$ 的施工误差，只需要将外脊索和外斜索的长度调整 $\Delta l' = l_2 - l_1$，此调节量 $\Delta l'$ 略小于 $\Delta l$，即可保证外脊索和外斜索的伸长量和设计基本一致，这样处理以后的结构内力和设计值也能基本相符。

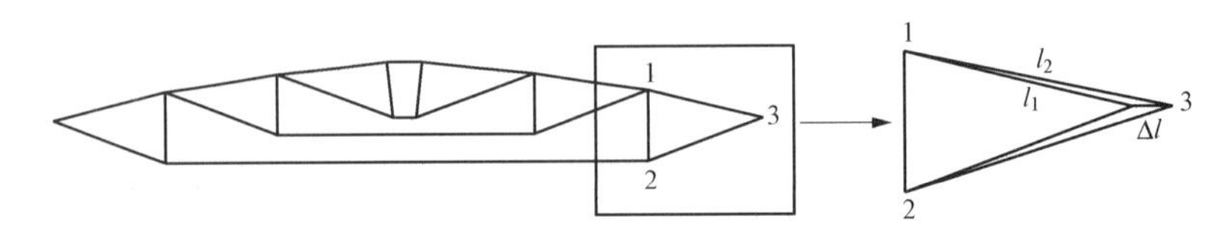


图 3-6　预应力补偿原理

通过调整外脊索和外斜索长度，可以基本消除由耳板施工偏差带来的影响。在施工过程中，为消除耳板施工偏差带来的不利影响，采取如下措施：首先，周围钢结构以及与其相连的耳板安装误差需满足规范及设计要求；其次，对与周围钢结构相连的拉索耳板，进行精确测量，通过调整拉索调节套筒位置，确定外脊索和外斜索最终安装长度。在索穹顶安装前，使用全站仪对 20 个拉索耳板孔中心进行多次测量，测量过程中考虑了温度和偶然测量误差影响并取均值，精确测定拉索耳板的径向施工偏差，控制测量误差在 ±3mm 以内。根据测量结果确定外脊索和外斜索的调节量，从而有效地消除拉索耳板施工偏差带来的影响。

2. 构件尺寸加工误差对结构内力的影响及处理措施

（1）构件尺寸加工误差对结构内力的影响。构件尺寸加工误差主要指撑杆和拉索加工偏差。撑杆作为刚性构件，加工长度的精度控制相对来说较为容易，在加工车间可以做到精确下料，精确测量并及时纠正，拉索作为柔性构件，加工长度的偏差控制相对较难，因此，本文重点分析拉索的下料误差对结构内力的影响。鄂尔多斯索穹顶工程中定长索的长度在 11.1～12.2m 之间。在进行加工误差分析时，分析了加工误差为 $l/400$、$l/600$、$l/800$、$l/1000$、$l/1200$ 、$l/1400$、$l/1600$、$l/1800$、$l/2000$、$l/2200$（$l$ 为各位置拉索长度）时对结构内力的影响。

图 3-7、图 3-8 表示所有定长索均存在相同的加工误差时对结构内力的影响，其中正值表示各位置拉索的实际长度比设计长度要长，负值表示拉索的实际长度较设计长度短。图 3-9、图3-10 表示各轴线上的误差绝对值相同但符号相反时对结构内力的影响。

由图 3-7～图 3-10 可以看出，定长索下料误差对拉索内力的影响较为显著。当误差小于 $l/1200$ 时，结构预应力的变化趋缓；当误差大于 $l/1200$ 时，拉索索力的变化相对比较明显。因此，根据现在国内拉索厂家的生产工艺水平，当拉索长度小于 50m 时，可以将$l/1200$作为拉索下料精度控制要求。对于本工程索穹顶结构，定长索的尺寸在 11.1～12.2m 之间，$l/1200$ 的控制精度满足设计对拉索下料误差控制在±10mm 的要求。

（2）定长索下料长度的保证措施。由于拉索的长度误差要求为±10mm，因此，拉索下料全部采用应力下料，即以结构在骨架成形以后的内力和长度为依据，将拉索张拉到一定的

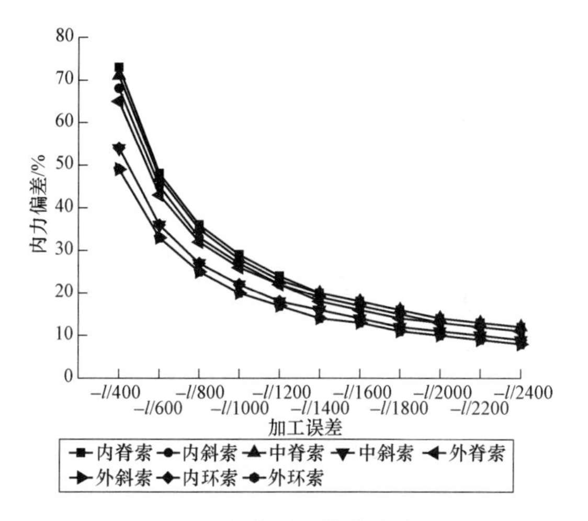


图 3-7 误差为负时对结构内力的影响

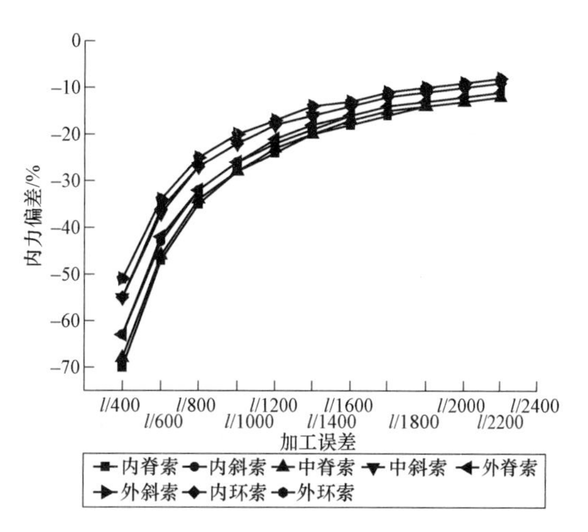


图 3-8 误差为正时对结构内力的影响

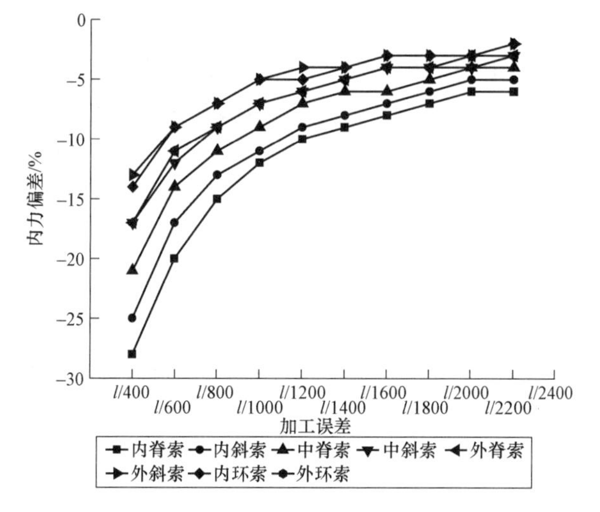


图 3-9 脊索误差为正斜索为负时拉索内力变化

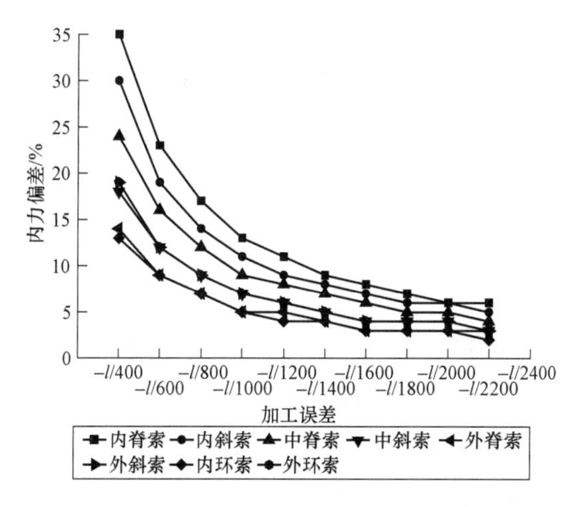


图 3-10 脊索误差为负斜索为正时拉索内力变化

内力值对拉索进行标记下料。在无应力情况下，索长应为结构设计计算模型初始形态下的长度，而有预应力的索长为结构成形态下索长度减去该索在设计预应力下的拉伸长度，所以拉索的无应力长度将小于结构成形态下对应的索长度，应力下料及标记方法如图3-11所示。

(a)

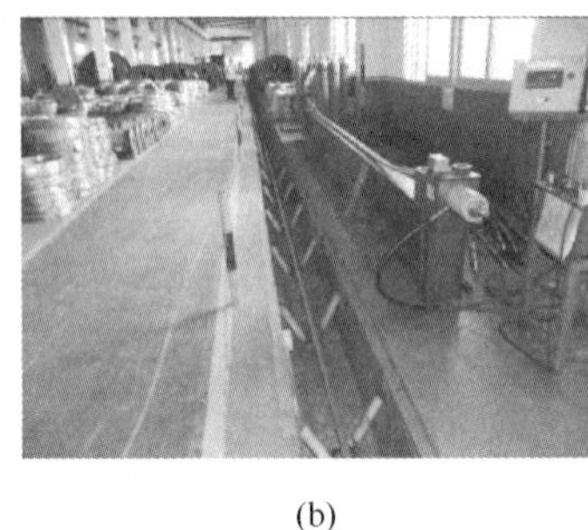
(b)

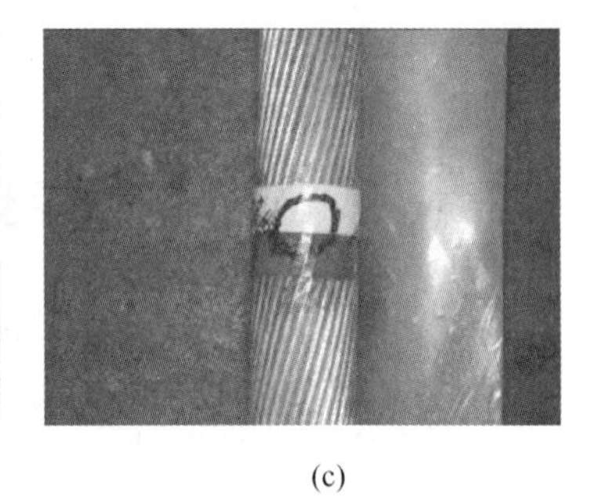
(c)

图 3-11　拉索应力下料及标记

(a) 张拉控制台；(b) 张拉装置；(c) 标记方法

通过对拉索生产环节的精确控制，鄂尔多斯索穹顶中所有定长索的长度误差均在10mm以内。为了保证拉索安装完毕以后撑杆的竖向投影都落在于圆形弧线上，且为了减小由于拉索下料误差的随机分布带来的结构成形以后的内力偏差，施工现场根据拉索的长度误差确定了拉索的放置位置，如对于1轴的内脊索和中脊索，二者均为定长索，在确定20个内脊索和20个中脊索的放置位置时，将误差正值最大的内脊索放在1轴线，将误差负值最大的中脊索也放在1轴线，在经过合理布置拉索放置位置以后，中撑杆和外撑杆的竖向投影基本在一个圆形弧线上，减小了结构成形后的撑杆垂直度偏差，同时也减小了拉索下料误差对结构内力的影响。根据该拉索布置方式，将各位置拉索的下料误差引入结构计算模型，得到该状态下各位置拉索的索力偏差如图3-12所示。

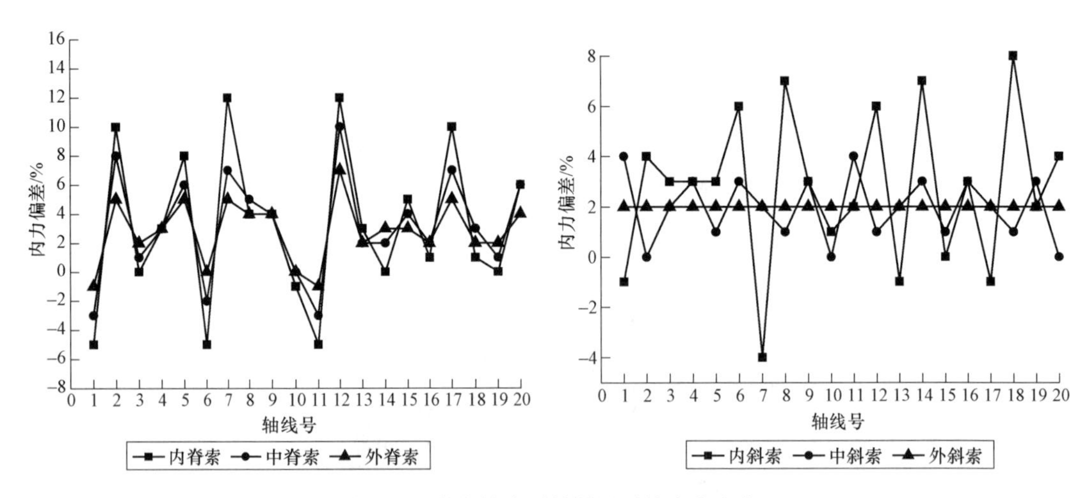


图 3-12　考虑拉索下料误差后的索力变化

从分析结果可以看出，考虑了拉索下料误差以后，除了4个轴线的内脊索内力偏差在10%左右，其他拉索的内力偏差均在8%以内。

3. 温度影响

温度是影响预应力钢结构力学性能的关键因素，随着跨度的增大，温度作用的影响更加明显，且其作用具有双向性。而目前常用拉索主要有钢丝绳、钢绞线和半平行钢丝束三种类型。由于不同类型拉索具有不同的绞捻形式，拉索线膨胀系数也有所不同。在设计分析时，选取不同拉索类型对结构的力学性能也有一定的影响，需要在预应力结构的设计和施工中考虑温度的作用。

温度对位移、索力（环索索力、吊索索力、脊索索力、谷索索力）均有影响。由于索网结构中预应力拉索占有比重很大，温度对其影响更为明显。

有学者以某马鞍形索网结构为研究对象，在进行结构温度作用下的分析时，分别采用半平行钢丝束、钢绞线、钢丝绳和钢拉杆四种类型，线膨胀系数根据不同文献取值略有不同，见表 3-1，对应编号如表中所示。基准荷载选取为 1.2 恒＋1.4 活＋1.0 预应力。为了更好地分析对比拉索类型选取不同、线膨胀系数不同、温度升高和降低不同对马鞍形索网结构力学性能的影响，共进行了 42 种工况的计算分析，具体工况见表 3-2。

**表 3-1　　索线膨胀系数**

| 索体材料类型 | 线膨胀系数（/℃） | 编号 | 线膨胀系数（/℃） | 编号 |
|---|---|---|---|---|
| 半平行钢丝束 | $1.84\times10^{-5}$ | Ⅰ | $1.86\times10^{-5}$ | Ⅱ |
| 钢绞线 | $1.32\times10^{-5}$ | Ⅲ | $1.36\times10^{-5}$ | Ⅳ |
| 钢丝绳 | $1.59\times10^{-5}$ | Ⅴ | $1.89\times10^{-5}$ | Ⅵ |
| 钢拉杆 | $1.2\times10^{-5}$ | Ⅶ | $1.2\times10^{-5}$ | Ⅶ |

**表 3-2　　计算工况**

| 基准荷载 | 温度（℃） | 对应线膨胀系数编号 | | | | | | |
|---|---|---|---|---|---|---|---|---|
| 1.2 恒＋1.4 活＋1.0 预应力 | 30 | Ⅰ | Ⅱ | Ⅲ | Ⅳ | Ⅴ | Ⅵ | Ⅶ |
| | 40 | Ⅰ | Ⅱ | Ⅲ | Ⅳ | Ⅴ | Ⅵ | Ⅶ |
| | 50 | Ⅰ | Ⅱ | Ⅲ | Ⅳ | Ⅴ | Ⅵ | Ⅶ |
| | －30 | Ⅰ | Ⅱ | Ⅲ | Ⅳ | Ⅴ | Ⅵ | Ⅶ |
| | －40 | Ⅰ | Ⅱ | Ⅲ | Ⅳ | Ⅴ | Ⅵ | Ⅶ |
| | －50 | Ⅰ | Ⅱ | Ⅲ | Ⅳ | Ⅴ | Ⅵ | Ⅶ |

（1）位移受温度作用的影响分析。根据所列 42 种计算工况，进行 ANSYS 计算分析。由于环索位移是索网结构成形的关键控制因素，故位移取值选取环索的最大竖向位移进行温度作用的影响和对比分析。

采用不同拉索类型及线膨胀系数，分别在降温和升温条件下，不同温差时对应的环索最大竖向位移力变化趋势如图 3-13 和图 3-14 所示。图中 O 代表基准值，在以后的对比分析中均同上。

由图 3-13 可以看出，在降温条件下，最大竖向位移均随温度的降低而减小；且线膨胀系数越大，位移变化幅度越大。如编号为Ⅵ，即值为 $1.89\times10^{-5}$时，在降温 50℃后，最大竖向位移为－0.906m，比基准位移－1.161m 升高了 0.255m，变化幅度达 22.0%；如果选

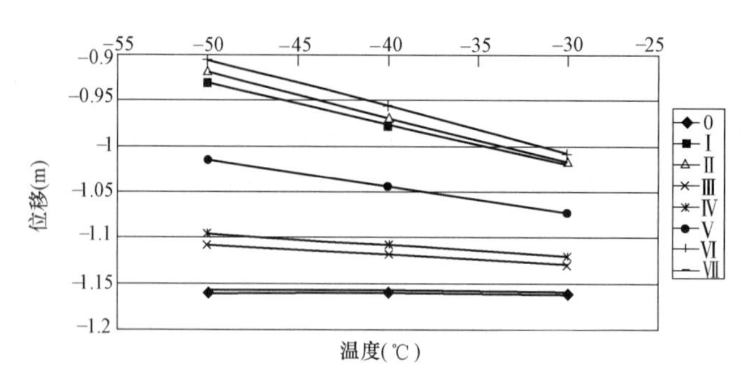


图 3-13　降温时位移变化趋势图

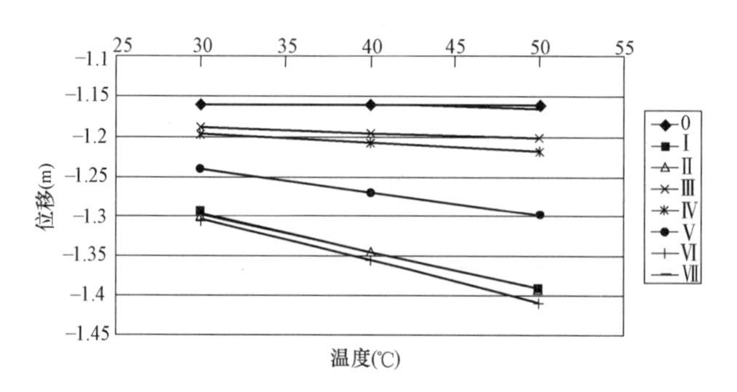


图 3-14　升温时位移变化趋势图

取编号为Ⅶ，即值为 $1.2\times10^{-5}$ 时，在降温 50℃后，最大竖向位移为－1.157m，比基准位移－1.161m 升高了 0.004m，变化幅度很小。

由图 3-14 可以看出，在升温条件下，最大竖向位移均随温度的升高而增大，且线膨胀系数越大，位移变化幅度越大。如编号为Ⅵ，在升温 50℃后，最大竖向位移为－1.409m，比基准位移－1.161m 降低了 0.248m，变化幅度达 21.4%；如果选取编号为Ⅶ，在升温 50℃后，最大竖向位移为－1.165m，比基准位移－1.161m 降低了 0.004m，变化幅度很小。由此可见拉索类型的选取和线膨胀系数大小对马鞍形索网结构的位移有很大的影响，在升温和降温作用位移变化相反，幅度接近，在设计和施工仿真分析中需要充分考虑此方面的因素。

（2）环索索力受温度作用的影响分析。采用不同拉索类型及线膨胀系数，对应不同温差时，环索索力受温度的影响也不同，相应的环索索力变化趋势如图 3-15 和图 3-16 所示。

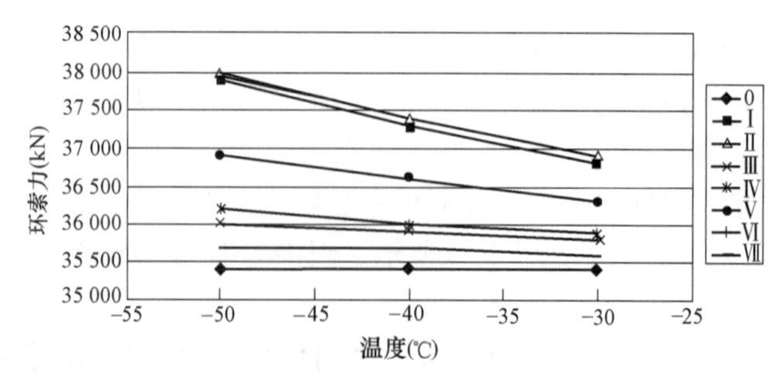


图 3-15　降温时环索索力变化趋势图

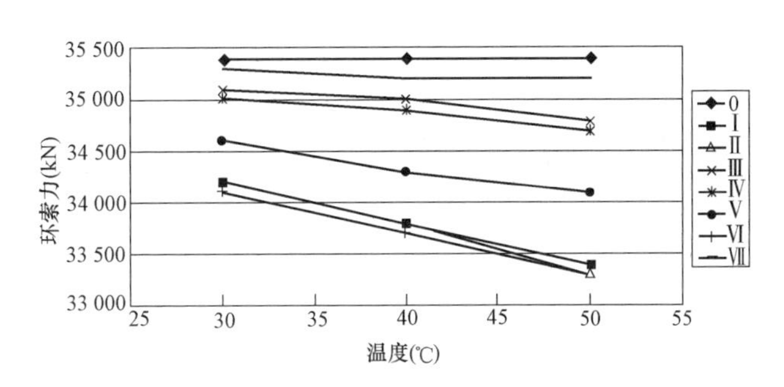


图 3-16 升温时环索索力变化趋势图

由图 3-15 可以看出，在降温条件下，最大环索索力均随温度的降低而增大，且线膨胀系数越大，环索索力变化幅度越大。如编号为Ⅵ，即值为 $1.89\times10^{-5}$时，在降温 50℃后，最大环索索力为 38 000kN，比基准环索索力 35 400kN 增加了 2600 kN，变化幅度为 7.4%；如果选取编号为Ⅶ，即值为 $1.2\times10^{-5}$时，在降温 50℃后，最大环索索力为 35 700kN，比基准环索索力增加了 300kN，变化幅度为 0.8%，幅度较小。

由图 3-16 可以看出，在升温条件下，最大环索索力均随温度的升高而减小，且线膨胀系数取值越大，环索索力变化幅度越大。如编号为Ⅵ，即值为 $1.89\times10^{-5}$时，在升温 50℃后，最大环索索力为 33 400kN，比基准环索索力 35 400kN 减小了 2000 kN，变化幅度为 5.6%；如果选取编号为Ⅶ，即值为 $1.2\times10^{-5}$时，在升温 50°C 后，最大环索索力为 35 200kN，比基准环索索力减小了 200kN，变化幅度为 0.6%，幅度较小。可见温度作用下，环索索力在线膨胀系数和拉索选取不同时，索力变化较大，升温时会造成预应力损失，降温时会使得拉索内力过大。温差过大可能会带来安全隐患，所以在设计和施工中要注重温度对预应力作用的影响。

(3) 吊索索力受温度作用的影响分析。采用不同拉索类型及线膨胀系数，对应不同温差时，相应的吊索索力变化趋势如图 3-17 和图 3-18 所示。

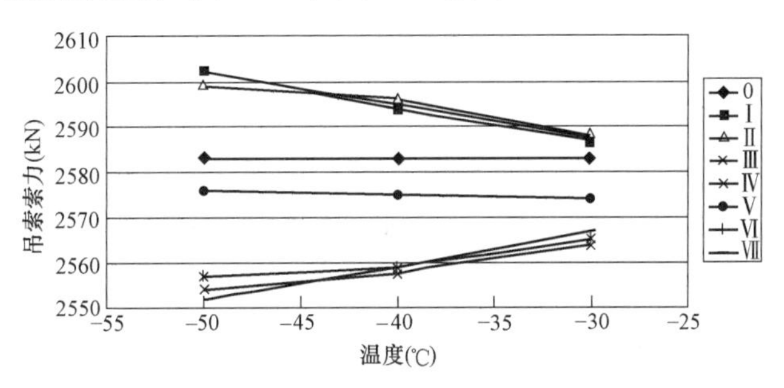


图 3-17 降温时吊索索力变化趋势图

由图 3-17 和图 3-18 可以看出，在降温和升温条件下，最大吊索索力均随温度的变化幅度不大。降温时最大值和基准值相差 19kN，升温时最大相差 25kN。可见吊索索力对温度作用的影响不敏感，变化幅度较小。

(4) 脊索索力受温度作用的影响分析。采用不同拉索类型及线膨胀系数，对应不同温差时，相应的脊索索力变化趋势如图 3-19 和图 3-20 所示。

由图 3-19 可以看出，在降温条件下，最大脊索索力均随温度的降低而增大，且线膨胀

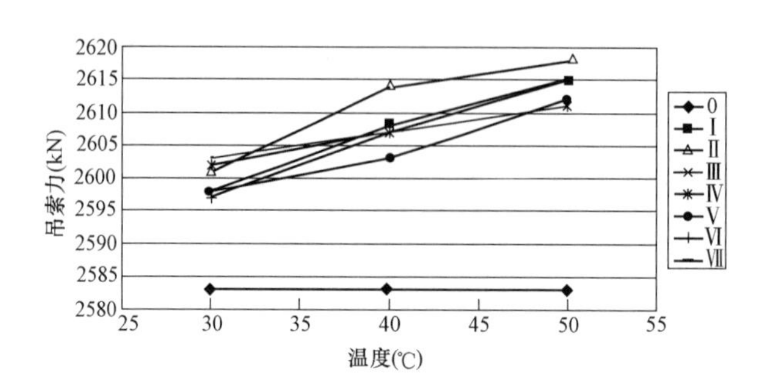


图 3-18　升温时吊索索力变化趋势图

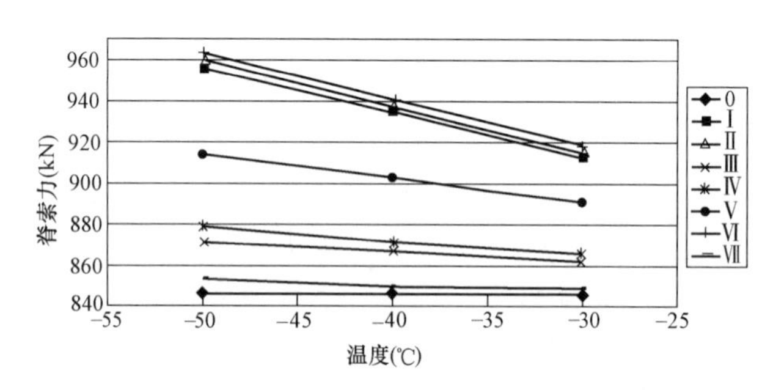


图 3-19　降温时脊索索力变化趋势图

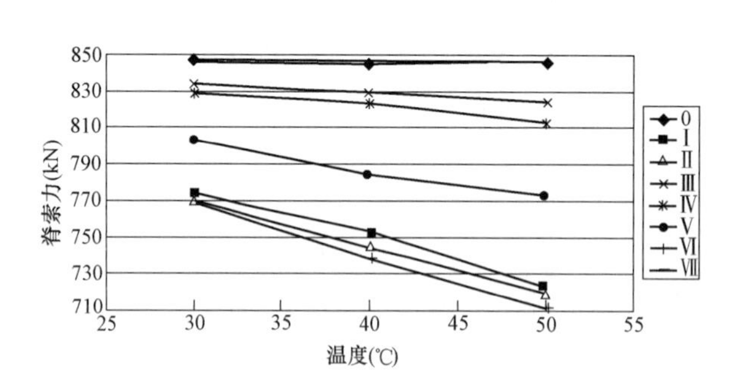


图 3-20　升温时脊索索力变化趋势图

系数越大，脊索索力变化幅度越大。如编号为Ⅵ，即值为 $1.89\times10^{-5}$ 时，在降温 50℃后，最大脊索索力为 964kN，比基准脊索索力 846kN 增加了 118 kN，变化幅度达 14.0%；如果选取编号为Ⅶ，即值为 $1.2\times10^{-5}$ 时，在降温 50℃后，最大脊索索力为 853kN，比基准脊索索力增加了 7kN，变化幅度较小，不到 1%。

由图 3-20 可以看出，在升温条件下，最大脊索索力均随温度的升高而减小，且线膨胀系数越大，脊索索力变化幅度越大。如编号为Ⅵ，即值为 $1.89\times10^{-5}$ 时，在升温 50℃后，最大脊索索力为 711kN，比基准脊索索力 846kN 减小了 135kN，变化幅度达 16.0%；如果选取编号为Ⅶ，即值为 $1.2\times10^{-5}$ 时，在升温 50℃后，最大脊索索力为 846kN，与基准脊索索力相同，没有变化。可见温度作用下，脊索索力在线膨胀系数和拉索选取不同时，索力变化较大，受温度作用影响敏感。所以在设计和施工中要注重拉索类型和温度作用对脊索预应力作用的影响。

（5）谷索索力受温度作用的影响分析。采用不同拉索类型及线膨胀系数，对应不同温差

时，相应的谷索索力变化趋势见图 3-21 和图 3-22。

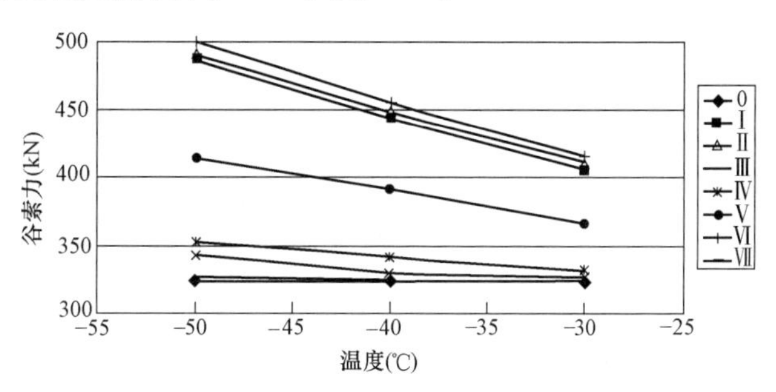


图 3-21　降温时谷索索力变化趋势图

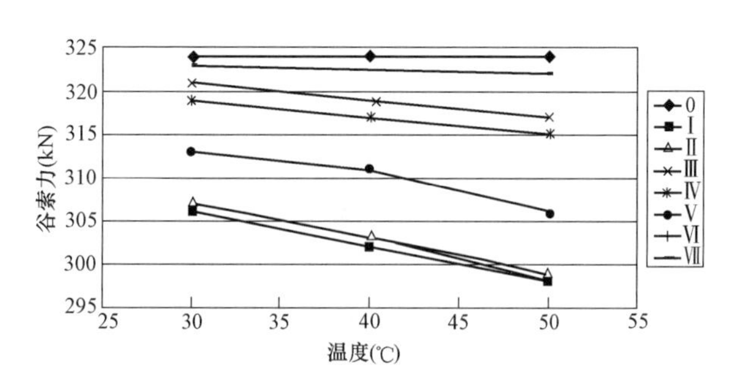


图 3-22　升温时谷索索力变化趋势图

由图 3-21 可以看出，在降温条件下，最大谷索索力均随温度的降低而增大，且线膨胀系数越大，谷索索力变化幅度越大。如编号为Ⅵ，即值为 1.89×10$^{-5}$时，在降温 50℃后，最大谷索索力为 499kN，比基准谷索索力 324kN 增加了 175kN，变化幅度达 54.0%；如果选取编号为Ⅶ，即值为 1.2×10$^{-5}$时，在降温 50℃后，最大谷索索力为 327kN，比基准谷索索力增加了 3kN，变化幅度较小，不到 1%。

由图 3-22 可以看出，在升温条件下，最大谷索索力均随温度的升高而减小，且线膨胀系数越大，谷索索力变化幅度越大。如编号为Ⅵ，即值为 1.89×10$^{-5}$时，在升温 50℃后，最大谷索索力为 298kN，比基准谷索索力 324kN 减小了 26kN，变化幅度为 8.0%；如果选取编号为Ⅶ，即值为 1.2×10$^{-5}$时，在升温 50℃后，最大谷索索力为 322kN，与基准谷索索力减小了 2kN，变化很小。可见温度作用下，谷索索力在线膨胀系数和拉索选取不同时，索力变化较大，受温度作用影响敏感。所以在设计和施工中要注重温度作用对谷索预应力作用的影响。

为了避免温度的较大影响，预应力钢结构可以采取以下措施：①保证钢结构合拢和张拉时的环境温度，使其与设计取值一致；②结构张拉成形时考虑温度的影响对张拉力进行修正。

# 第四章

# 预应力钢结构施工技术

预应力钢结构一般结构跨度大、节点构造相对复杂，因此对结构的施工安装精确度提出了较高的要求，同时也增加了钢结构的施工难度。对于不同的预应力钢结构，需要根据结构本身的受力和构造特点，考虑质量、安全和经济等因素，并受施工工程现场所允许的条件限制，来选择不同的钢结构施工方法。

## 第一节　张弦梁结构施工方法

1. 钢结构施工方法

（1）平面型张弦梁结构。平面张弦梁结构中钢结构常用的几种施工方法、相应优缺点及注意事项如下：

1）拼装施工方法。大型钢结构的拼装按位置不同分为地面拼装和高空拼装，按拼装方式也可分为散件拼装和整体拼装。高空拼装施工法是通过搭设脚手架、脚手板在空中形成一个操作平台，在平台上进行构件高空拼装焊接、预应力拉索安装的施工方法。高空拼装法也可分为高空散件拼装和高空分段整体拼装。前者是将下好料的散件在高空操作平台上直接定位、对接拼装，现场工作量很大，脚手架数量大。后者是将已经预拼装好的单元吊至高空设计位置的拼装操作平台上，进行整体拼装，其对构件单元加工精度要求高，需要大型起重机，但脚手架用量相对较少。

2）滑移施工法。滑移施工是通过设置在结构下部的滑移轨道，利用牵引或者顶推设备将结构滑移到设计位置的一种施工方法。主要分两类：胎架滑移和结构主体滑移。结构主体滑移又可分为单片滑移、分段滑移和累积滑移等多种方法，或者按滑移轨迹分为直线滑移和弧线滑移，按轨道的位置又可分为地面滑移和高空滑移。滑移方案的选择必须基于结构体系、设备情况和现场条件等多种因素的综合比较和考虑。对于平面型张弦梁结构，常采用累积滑移的方法将每榀结构安装到位。累积滑移施工技术是将结构的单片滑移一个单元距离，然后在胎架上安装与其相联系的单片，再滑移一个单元，然后逐步累积，滑移到位，最后全部结构滑移到设计位置的一种施工方法。其特点是累积滑移能保证两边滑移量的同步性，整体稳定性好，但对滑移设备要求高。在滑移过程中，要在轨道边设置刻度尺作为同步滑移的辅助控制，测量人员应通过激光测距仪及钢卷尺配合测量各滑移点位移的准确数值，从而控制两榀钢结构的同步滑移。目前我国已建成的大型张弦梁结构，如广州国际会展中心和哈尔滨国际会展体育中心，都采用了滑移施工技术；山西寺河矿体育馆的单榀张弦梁是在地面组装进行预张拉，采用累积滑移的方法将每榀桁架安装到位的预应力施工技术。

3）整体吊装法。整体吊装施工法是将拼装好的结构构件采用吊车整体吊装至设计位置，结构构件组装和预应力拉索的安装、张拉均在地面完成。整体吊装可分为地面单榀拼装后整体吊装、地面多榀桁架及其联系构件拼装后整体吊装，多适用于跨度不大的张弦梁。在决定张弦梁结构的吊装方案时，吊点的选择和吊点的分布是首先要考虑的问题。吊点的选择要满足：吊件两端的轴向相对变形等于或接近零；吊件的变形和弯矩分布比较均匀，且数值最小，这样可以最大限度地保证吊装过程的安全进行。例如一平直的张弦梁结构，要将其吊装到设计标高与两柱头连接，其吊点的选择和吊点的分布要保证起吊后的梁在自重作用下两端的轴向相对变形等于或接近零，这样吊装到设计位置的梁就能准确地就位。在起吊时要注意重心起吊的控制与侧向稳定问题。如跨度较大的结构，起吊重量大，其重心可能会高于起吊平面很多。为了降低重心高度，可以尽量减少产生高重心的荷载。如果工程起吊属于高重心起吊，在地面拼装完毕后，起吊时有可能造成桁架的侧向倾覆，应考虑降低重心的方法，同时控制起吊机械同步精度来解决。在起吊过程中，需要采取严格的控制措施防止发生侧向失稳现象。在实际工程中，迁安文化会展中心采用了整体吊装法对每一榀张弦梁进行吊装就位；南山集团会议中心预应力张弦结构也采取钢桁架、撑杆与预应力拉索在地面拼装完毕后，整体吊装到支座就位，然后再进行张拉的方法。

4）整体提升法。整体提升法是采用液压提升设备或起重设备将结构的整体或一部分从下往上提升。常规其只能做垂直的起升，不能做水平移动或转动。整体提升法要使结构的整体或部分在地面或楼面拼装好后，再用液压提升设备辅之以起重设备，将其提升到设计位置就位。

5）整体顶升法。整体顶升法是将在地面或楼面上拼装好的结构，利用已建好的建筑物承重柱或其他辅助设施作为顶升的支承结构，用液压顶升系统将结构顶升至设计标高后就位。整体顶升法与整体提升法类似，即只能做竖直方向的运动；与整体提升法不同的是整体顶升法的起重设备在构件或结构的下面。

（2）平面组合型张弦梁结构。对于平面组合型张弦梁结构的施工，针对不同的工程及其特点，可采用的施工方案有：①结构的地面拼装、上弦钢架在地面散拼焊接、撑杆安装、钢索安装、张拉钢索至设计值、整体提升至标高；②搭设胎架、钢构件在胎架上于设计位置分段拼装成型、撑杆安装、钢索安装具、张拉钢拉索、檩条等的安装、滑移到位。对于平面组合型张弦梁结构，其钢结构的其他安装方法和平面型张弦梁结构的基本相同。

（3）不可分解的空间型张弦梁结构。张弦梁结构的施工离不开钢结构的施工工艺。不可分解的空间型张弦梁结构的钢结构安装方法有高空散装法、分条或分块安装法、高空滑移法、整体吊装法、整体提升法、整体顶升法等，见表 4-1。

**表 4-1　　常见钢结构安装方法**

| 施工方法 | 施工工艺 | 分类 | 工艺特点 | 适用范围 |
|---|---|---|---|---|
| 高空散装法 | 以散件或小拼单元（单根杆件及单个节点）直接在空中就位拼装的方法 | 全支架安装法（满堂红脚手架）和少支架悬挑法 | 施工简便，安装精度较高；不利于交叉施工，施工成本较高，工期长 | 全支架法：螺栓连接的网格，及小拼单元拼装方法。少支架悬挑法：三角形网壳 |

续表

| 施工方法 | 施工工艺 | 分类 | 工艺特点 | 适用范围 |
|---|---|---|---|---|
| 分条或分块安装法 | 将网格结构分割成条状或者块状单元，分别用起重机吊装至高空设计位置进行整体拼装成形的方法 | 无 | 在地面进行焊接拼装节省大量的拼装支架；分条或分块可按当地起重设备而定，有利于降低成本 | 中小型网格结构 |
| 高空滑移法 | 分条的网格结构单元在事先设置的滑轨上单条滑动到设计位置拼装成整体的安装方法 | 单条滑移法和逐条累积滑移法 | 网格结构安装与土建施工可平行立体作业，工期短；对起重设备、牵引设备要求低；只需搭设局部的拼装支架，有时可利用建筑平台而不用搭设脚手架 | 适用于大跨度网格结构，多边形建筑及条件恶劣地区 |
| 整体吊装法 | 钢结构在地面总拼后，用起重设备吊装就位的施工方法 | 无 | 在地面进行焊接拼装节省大部分拼装支架，但较依赖起重设备的能力 | 中、小跨度，特别是安装高度较小的屋顶 |
| 整体提升法 | 在结构柱上安装提升设备，将在地面上总拼好的钢结构提升就位的施工方法 | 单提法、爬升法、升梁抬网法、升网滑模法 | 可避免高空作业，对提升设备要求不高，一般利用结构柱，提升设备位于网格结构上端，但只能在设计坐标处置上升 | 大跨度、重型屋盖系统周边支承或点支承网格结构 |
| 整体顶升法 | 在设计位置的地面将网格结构拼装成整体，用千斤顶将网格结构提升到设计高度的施工方法 | 无 | 可避免高空作业，对顶升设备要求不高，一般利用结构柱，提升设备位于网格结构下端，但只能在设计坐标处置上升 | 大跨度、重型屋盖系统和支点较少的点支承网格结构 |

针对不同工程张弦梁结构施工的特点及要求，也有采用顶升外扩与高空散装相结合的综合安装法等。

2. 拉索张拉施工方法

(1) 平面型张弦梁结构。对于平面型张弦梁结构，施加预应力的方法主要有调节撑杆或者张拉钢拉索两种。前一种钢索长度固定不变，主要通过改变撑杆的长度施加预应力。其优点是只需改变较小的撑杆长度，便可使拉索产生较大的预应力，对于张拉设备和机械性能要求较低，施工效率较高。适合于曲线相对平直，撑杆数量较少，拉索张力较高的工程。缺点是撑杆的长度必须可调，索力的调整比较困难，不易控制，对撑杆和节点构造以及加工精度要求较高。后一种施工方法是利用张拉设备直接对索张拉建立预应力，该方法对索力的控制比较直接，易于控制，且索力调整方便，对构件的几何精度要求较低。实际工程中张拉钢拉索法用之较多，其具体过程如下。

1）钢拉索的安装。通常步骤为放索、索头安装和中间节点安装。即将钢拉索吊至放索盘上将钢索放开；索头安装过程中，使用导链等工具将索头位置吊起，微调至耳板孔内，同时使用另一个导链牵引索头，当索头孔与耳板孔重合时，将销轴插入并使用丝钉固定；然后将两端套筒拧紧，沿索体设置若干个导链，用导链将索吊起至各撑杆节点下，按索体上标识的位置进行索体就位并安装撑杆下节点。

2）预应力张拉设备选用。要根据仿真计算结果，得到拉索最大张拉力并确定完张拉步骤和顺序后，再确定张拉设备套数。张拉设备要采用预应力钢结构专用千斤顶和配套油泵、油压传感器、读数仪。根据设计和预应力工艺要求的实际张拉力对油压传感器及读数仪进行标定。

3）预应力控制原则。张拉时通常采取双控原则：索力控制为主，结构变形控制为辅。根据设计要求的预应力钢索张拉控制应力取值并对结构变形进行计算，预应力钢索张拉过程中，应随时测量校对。如发现异常，应暂停张拉，待查明原因，并采取措施后，再继续张拉。

4）张拉方法。对平面型张弦梁结构，张拉方式可以分为单端张拉和双端同步张拉。单端张拉的优点在于设备人员数量需求较少，施工组织协调方便，但不易控制撑杆的垂直度。双端张拉易于控制撑杆的偏移，但对人员设备需求量大，对双端同步张拉的组织协调要求较高。对于每个张拉点来说，可以分为单级张拉和多级张拉。拉索在地面拼装胎架上进行一次张拉到位，可减少高空张拉的工作量，张拉设备转移方便，施工速度加快，但安装成整体后预应力分布可能会不均匀。如果单级张拉不能满足要求，便需要对张弦梁结构分多级张拉，其方法是按照一定的张拉顺序，将设计张拉力分为若干阶段循环进行张拉，级数划分的越密集索力的控制越精确。

（2）平面组合型张弦梁结构。通常来讲，平面组合型张弦梁结构的预应力的施加都在钢结构制作完毕、拉索全部穿完后进行。另外，在张拉之前必须对索进行预张拉，即确定结构的初始状态，避免有些拉索在张拉时仍处于松弛状态，对以后的张拉不利。对于此类结构而言，其下部拉索相互交叉，索力相互影响较大，可选择的张拉方式较少，张拉比较困难，制定合理的张拉方案尤为重要。要针对不同特点的平面组合型张弦梁结构进行系统的仿真计算分析，得出拉索间索力的影响程度，为实际工程的张拉提供精确的数值参考，要以施工仿真计算结果为依据，使每个张拉步骤都在理论控制范围之内，否则将可能出现索力调整混乱的状况。施工过程中则要辅助以先进的监测手段，确保预应力施加的准确性。

对于平面组合型张弦梁结构，其预应力张拉方案一般为：一次张拉到设计值，或分步多次（如采用50%、80%、100%三次）张拉到设计值。拉索张拉的原则是同步、对称、均匀。从施工角度而言，拉索一次张拉到设计值可以缩短工期，也能够降低成本；其缺点是如果所有索都同时张拉，需要较多的张拉点，会给施工带来较大困难。针对上述情况，实际施工过程中一般采用分步张拉，即一次张拉某几根索，直到所有索张拉完毕；其缺点是由于索的分步张拉，各索索力在张拉过程中存在相互影响，导致索力最终值与理论设计值存在差异。

索力相互影响的程度主要取决于结构上弦的刚度，上弦刚度越小影响越明显。张拉方案选择的好坏对索力最终值有很大影响，因此张拉方案选择的原则是在分步张拉的前提下，尽量减小实际索力最终值与理论索力最终值的误差。对于平面组合型张弦梁结构的钢拉索的安装、张拉设备的选用和预应力控制原则等大都与平面型张弦梁结构的相类似。

（3）不可分解的空间型张弦梁结构。不可分解的空间型张弦梁结构是指不能分解为单榀平面型张弦梁结构，撑杆通过斜索和环索连接上部结构，成为整体空间受力体。

不可分解的空间型张弦梁结构是一种刚柔结合的预应力钢结构体系，除了常规的设计过程外，在设计阶段需要考虑施工顺序的安排和施工工艺的可行性。不可分解的空间型张弦梁结构中预应力张拉方法主要有三类：张拉径向索、顶升撑杆、张拉环索。张拉径向索指的是调整好环向索初始索长和撑杆长度后，直接对径向索张拉建立预应力。顶升撑杆指的是通过调节撑杆长度来间接施加预应力。张拉环索指的是对环向索施加作用力使其环向伸出建立预应力。而对于弦支筒壳和弦支网架等此类不可分解的空间型张弦梁结构，其张拉方式也有顶升撑杆法、拉索单端张拉和双端同步张拉三种。黄河口模型试验厅张弦梁结构的张拉便是采用拉索双端同步张拉方式，见图 4-1 和图 4-2。

图 4-1　索端张拉机具

图 4-2　黄河口模型试验厅

张拉方法的确定需考虑的各种施工要素主要有索（杆）调节节点数量、千斤顶及油泵数量、张拉力大小、预应力损失大小、索（杆）间相互影响程度、预应力损失可控性、同步张拉的可控性、施工周期、材料施工费用等。张拉径向索法主要适用于小型不可分解的空间型张弦梁结构，顶升撑杆法主要适用于中型不可分解的空间型张弦梁结构，而张拉环索法往往应用于大型不可分解的空间型张弦梁结构。需要索（杆）调节节点数量和千斤顶及油泵数量方面，张拉径向索法最高，顶升撑杆法次之，张拉环索法最少；施加相同的预应力时，张拉环索法需要的张拉力最大，张拉径向索法次之，顶升撑杆法最小；预应力损失方面，采用张拉环向索法时最大，顶升撑杆法次之，张拉径向索法最小；对于预应力损失和同步张拉目标的可控性方面，张拉径向索法最难，顶升撑杆法次之，张拉环索法最易；施工周期和材料等施工费用方面，张拉径向索法最高，顶升撑杆法次之，张拉环索最低；临时支撑对最终受力影响方面，顶升撑杆法最高，张拉径向索法次之，张拉环索最小。此外，采用张拉环索的施工方法时，根据钢结构施工和拉索的张拉施工的施工顺序的不同，可分为两种：在屋盖成形过程中张拉拉索及在屋盖成形后张拉拉索。上述两种张拉环索的施工方法的不同点见表 4-2。

表 4-2　不同的张拉环索施工工艺

| 张拉拉索时期 | 施工工艺 | 优　点 | 缺　点 |
|---|---|---|---|
| 屋盖成形中 | 网格结构中心区域安装完成后张拉内环拉索；外周区域安装完成后张拉外环拉索；两区域连成整体后，张拉中环拉索 | 内环索在顶升过程中张拉，操作高度较低；且拉索张拉穿插于钢结构安装中，可大大缩短工期 | 内外环拉索张拉时屋盖未合体，使整体结构受力状态与设计状态差别较大；中心区域提前张拉使得变形加大，不利于合拢 |
| 屋盖成形后 | 在屋盖形成整体时，再张拉拉索 | 保证在整体结构中建立预应力，便于施工控制 | 需搭设张拉操作平台，施工难度大；拉索张拉未能穿插于网壳安装过程中，工期较长 |

根据力的平衡条件，各环的环向索、径向索和撑杆的轴力成一定的比例关系。张弦梁结构中由于撑杆轴力往往较小，张拉撑杆时较小的绝对误差将在环向索、径向索中产生较大的绝对误差值，即撑杆张拉法导致环向索和径向索索力误差放大。同理，正好相反，环向索张拉方法将减小径向索和撑杆的轴力误差。

对于不可分解的空间型张弦梁结构，其撑杆下节点是保证环索实现预应力有效传递的关键技术，撑杆下节点及摩擦问题对结构整体的力学性能影响较大。因此，撑杆下节点形式要合理且加工必须精细，对其加工制作安装应进行全过程质量监控，尽量减少节点的预应力损失。撑杆下节点常采用的有非滑动型和滑动型两种。在非对称荷载作用下，若采用非滑动型撑杆下节点，则索力分布较不均匀，而采用滑动型撑杆下节点时，索力分布较均匀。实际工程中有时也可用布置润滑材料（如聚四氟乙烯等）来减小摩擦力。

## 第二节　弦支穹顶结构施工方法

1. 钢结构施工方法

弦支穹顶的施工离不开钢结构的施工工艺。常见的钢结构的安装方法有高空散装法、分条或分块安装法、高空滑移法、整体吊装法、整体提升法、整体顶升法等，参见表 4-1。

2. 拉索张拉施工方法

弦支穹顶结构是一种刚柔结合的预应力钢结构体系，除了常规的设计过程外，在设计阶段需要考虑施工顺序的安排和施工工艺的可行性。弦支穹顶结构体系预应力张拉方法主要有三类：张拉径向索、顶升撑杆、张拉环向索。张拉径向索指的是调整好环向索初始索长和撑杆长度后，直接对径向索张拉建立预应力。顶升撑杆指的是通过调节撑杆长度来间接施加预应力。张拉环向索指的是对环向索施加作用力使其环向伸长以建立预应力。

张拉方法的确定需考虑各种施工要素与不可分解的张弦梁结构基本相同。

此外，采用张拉环向索的施工方法时，根据钢结构施工和拉索的张拉施工的施工顺序的不同，可分为两种：在屋盖成形过程中张拉环向索及在屋盖成形后张拉环向索。张拉环向索如图 4-3 所示。

近年来，随着国内学术界对弦支穹顶的理论分析及试验研究的开展，也建设了许多的弦

图 4-3　张拉环向索

支穹顶结构。一些国内已建的弦支穹顶结构体系的施工过程综合对比分析，见表 4-3。

**表 4-3　　一些国内已建弦支穹顶施工技术综合对比**

| 名　称 | 网壳形式 | 张拉方法 | 张拉程序 | 网壳拼装方法 | 节点形式 |
|---|---|---|---|---|---|
| 武汉体育中心体育馆 | 扁平椭圆形网壳(双层) | 顶升撑杆 | 撑杆顶升基本顺序为：由外到内（外环→中环→内环）。同一环撑杆同步顶撑，且一次到位（预紧→100%顶撑力）。为保证撑杆顶撑的同步性和拉索索力的均匀性，各环同步顶撑时进行分级控制，即预紧→30%→70%→90%→100%顶撑力 | 顶升外扩与高空散装相结合 | 网壳节点主要采用焊接球节点，双层网壳下弦与撑杆相连的节点采用铸钢节点 |
| 常州体育馆 | 椭球形网壳 | 张拉环向索 | 环向索同步张拉程序分 4 级：0%→25%→50%→75%→100%。其中前 3 级以控制张拉索段长度为主；最后一级以控制环向索索力为主，必要时局部调整径向索索力。结构安装时支座滑动，在拉索张拉前落下 | 高空散装法（满堂红脚手架） | 网壳节点采用相贯节点，单层网壳中与撑杆相连的节点采用铸钢节点，撑杆下端与径、环向索相连节点采用铸钢机加工节点 |
| 济南奥体中心体育馆 | 球面网壳 | 张拉径向索 | 径向索分 2 级张拉。第 1 级：0%到50%初始预张力，由外环向内环进行；第 2 级：50%到 100%初始预张力，由内环向外环进行 | 高空散装法（满堂红脚手架） | 主要为铸钢节点和少量的插板式相贯节点；最外环支座节点为焊接球节点。撑杆上端与网壳连接为径向销轴式单向铰接，撑杆下端与索夹固接 |
| 2008 奥运会羽毛球馆 | 扁网壳 | 张拉环向索 | 环索张拉分三级进行：第 1 级张拉环向索到 70%设计张拉力（由外向里）；第 2 级张拉环向索到 90%设计张拉力（由外向里）；第 3 级张拉环向索到 110%设计张拉力（由里向外） | 高空散装法（满堂红脚手架） | 网壳节点主要采用焊接球节点，与撑杆连接部位采用铸钢球节点，节点与杆件的连接全部为刚性连接 |

续表

| 名　称 | 网壳形式 | 张拉方法 | 张拉程序 | 网壳拼装方法 | 节点形式 |
| --- | --- | --- | --- | --- | --- |
| 安徽大学体育馆 | 正六边形网壳 | 张拉径向索 | 拉索预应力的施加分为3级：第1级张拉到设计预应力状态下索力的30%；第2级张拉到70%；第3级张拉到100%，每级的张拉顺序为千斤顶由外圈往中间移动 | 分条或分块安装法 | 单层网壳中与撑杆相连的节点采用铸钢节点，撑杆上下端与耳板销轴铰接，拉杆与主梁连接也采用单耳板，环向索与径向索与撑杆下端的节点板相连接 |

## 第三节　索穹顶结构施工方法

索穹顶是现代空间结构中科技含量最高的结构形式之一，但该新型空间结构体系在我国的应用很少。目前我国在索穹顶结构受力特性分析、找形分析、几何构造等方面都做了许多工作，但是对索穹顶施工成形技术的研究很少，这实际上是索穹顶在我国得不到推广应用的关键原因。

索穹顶结构在预应力建立之前是一个机构，随着对索进行预应力张拉，索穹顶逐渐被赋予刚度，成为具有刚度和承载能力的索穹顶结构。索穹顶张拉成形过程体现在以下三个主要方面：一是索杆构件的安装就位方法，主要包括整体一次成形方法和分步提升成形方法；二是预应力导入方式，包括预应力索系设置、预应力张拉次序、预应力张拉批次及相互影响；三是预应力张拉方法，与索杆构件安装就位相对应，包括整体成形分步张拉法和分步提升整体张拉方法。

1. 索穹顶结构传统施工方法

所有索、杆构件以结构初始几何形态坐标值为基准，先将所有拉杆及拉索按原长且无预应力状态一次整体成形。同时通过施加初应变或输入负温度法张拉预应力索达到设定的预应力值，形成索穹顶结构。与整体结构设计计算力学模型对应的实际预应力施工成形方法就是整体成形分步张拉的预应力成形方法。该施工方法需搭设满堂临时支撑，将所有索杆构件以初始几何形态在高空连接就位，杆及非预应力索以结构初始形态尺寸下料，预应力索则以初始形态尺寸及设计预应力值为基准进行缩短下料，即预应力索的下料长度比初始形态尺寸要短，该缩短值可以通过设计预应力值确定。利用工装将预应力索与连接节点临时连接，在安装张拉时利用工装牵引逐步逐级张拉预应力索至节点后锁定就位。预应力索达到设计预应力值的同时索穹顶结构成形。

整体成形分步张拉预应力的索穹顶施工成形方法，与设计计算成形原理一致，预应力导入过程清晰。国外大量索穹顶工程采用该方法施工。但该方法需搭设满堂施工临时支撑或者利用大型吊车，预应力索需在高空分批次安装张拉。该方法施工占地面积大且费时费工，且带来很多高空作业安全隐患，因此需寻求技术含量更高更为简便安全的索穹顶张拉成形的创新方法。

2. 索穹顶整体张拉施工方法

对于索穹顶结构，当索及撑杆等构件的材料尺寸和结构几何形态确定后，采用不同的预应力索系布置方式均能达到预定的结构几何成形，且在预定几何成形态下，各构件的内力相同。另一方面，施工张拉方式和张拉顺序对张拉成形后的结构几何成形及其内力响应同样没有影响。

因此，依据上述几何力学特征并针对索穹顶构件纤柔、自重轻的特点，提出了索穹顶分步提升整体张拉的预应力成形方法。该方法中预应力索的下料长度比初始形态尺寸要短，将所有索、杆、节点按投影平面位置在地面进行组装，预应力索与节点之间直接利用牵引工装连接，牵引工装的设置仅起提升作用，预应力张拉时利用牵引工装及辅助设备将索穹顶逐步提升并最终将最外圈径向索锁定就位。由于预应力索在分布提升就位过程中得到拉伸实现设计预应力而不再对预应力索进行局部张拉，故将该法称为分布提升整体张拉预应力成形方法。

索穹顶结构分布提升整体张拉过程一般分为以下几步：

（1）内拉环放置于地面，放置位置通过全站仪准确定位，保证拉力环中心与整体结构中心相重合。

（2）除外斜索外，将所有拉索调整到初始状态，通过工装同步提升四周脊索，根据提升高度逐次安装中撑杆、内环索、内斜索及外撑杆、外环索、外斜索等。

（3）利用工装索将外脊索安装至外环梁。

（4）利用工装索将外斜索安装至外环梁。

（5）通过张拉外斜索使结构成形。

由此可见，分布提升整体张拉方法无须搭设满堂施工临时支撑或利用大型吊车，也避免了高空安装张拉，同时可以大大降低施工占地面积，节约工时。

3. 同步控制系统

如前所述，索穹顶结构为全柔性结构的特点决定了结构最终的形态和张拉顺序及张拉分级无关。但在结构提升机张拉过程中，由于提升及张拉的分级和顺序不同，将造成结构对外环梁的作用力具有众多偶然性。最显著的一点即各个位置的拉索拉力不均匀，这样可能会对边环梁稳定性造成不利影响，因此，必须制定合理的拉索提升和张拉方案，在施工过程中采用智能同步控制系统对整个施工过程进行控制，才能保证施工质量满足要求。

（1）同步控制系统简介。计算机控制液压同步提升技术是一项新颖的构件提升安装施工技术，它采用柔性钢绞线承重、提升油缸集群、计算机控制、液压同步提升新原理，结合现代化施工工艺，将成千上万吨的构件在地面拼装后，整体提升到预定位置安装就位，实现大吨位、大跨度、大面积的超大型构件超高空整体同步提升。计算机控制液压同步提升技术的核心设备采用计算机控制，可以全自动完成同步升降、实现力和位移控制、操作闭锁、过程显示和故障报警等多种功能，是集机、电、液、传感器、计算机和控制技术于一体的现代化先进设备。

（2）同步控制系统组成。计算机控制液压同步提升系统由钢绞线及提升油缸集群（承重部件）、液压泵站（驱动部件）、传感检测及计算机控制（控制部件）和远程监视系统等几个部分组成。其中，提升油缸及钢绞线是系统的承重部件，用来承受提升构件的重量。用户可以根据提升重量（提升载荷）的大小来配置提升油缸的数量，每个提升吊点中油缸可以并联使用。在内蒙古鄂尔多斯伊金霍洛旗全民健身体育中心索穹顶工程中采用的提升油缸有25t和60t两种规格，为穿心式结构。钢绞线采用高强度低松弛预应力钢绞线，公称直径为15.2mm和22mm，抗拉强度为1860MPa。钢绞线符合国际标准ASTM A416－87a，其抗拉强度、几何尺寸和表面质量都得到严格保证。液压泵站是提升系统的动力驱动部分，它的性能及可靠性对整个提升系统稳定可靠工作影响最大。在液压系统中，采用比例同步技术，这样可以有效地提高整个系统的同步调节性能。传感检测主要用来获得提升油缸的位置信息、载荷信息和整个被提升构件空中姿态信息，并将这些信息通过现场实时网络传输给主控计算机。这样主控计算机可以根据当前网络传来的油缸位置信息决定提升油缸的下一步动作，同时，主控计算机也可以根据网络传来的提升载荷信息和构件姿态信息决定整个系统的同步调节量。

(3) 同步提升控制原理。主控计算机除了控制所有提升油缸的统一动作之外，还必须保证各个提升吊点的位置同步。在提升体系中，设定主令提升吊点，其他提升吊点均以主令吊点的位置作为参考来进行调节，因而，都是跟随提升吊点。主令提升吊点决定整个提升系统的提升速度，操作人员可以根据泵站的流量分配和其他因素来设定提升速度。根据现有的提升系统设计，最大提升速度不大于1.5m/h。主令提升速度的设定是通过比例液压系统中的比例阀来实现的。主控计算机可以根据跟随提升吊点当前的高度差，依照一定的控制算法，来决定相应比例阀的控制量大小，从而，实现每一跟随提升吊点与主令提升吊点的位置同步。

泵站操作版面如图4-4所示，同步控制软件截面如图4-5所示。

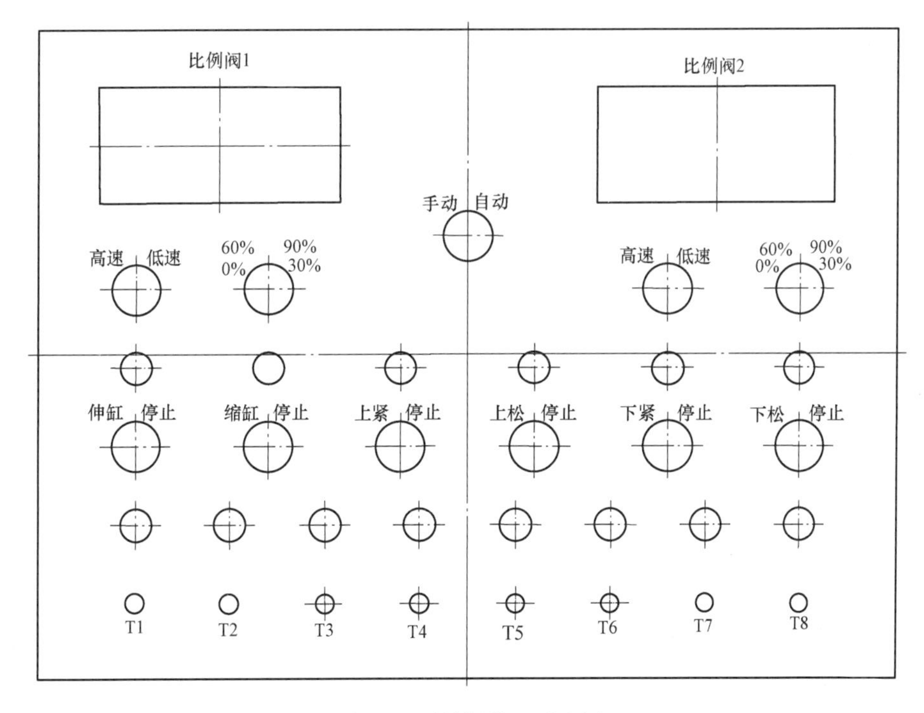


图4-4　泵站操作面示意图

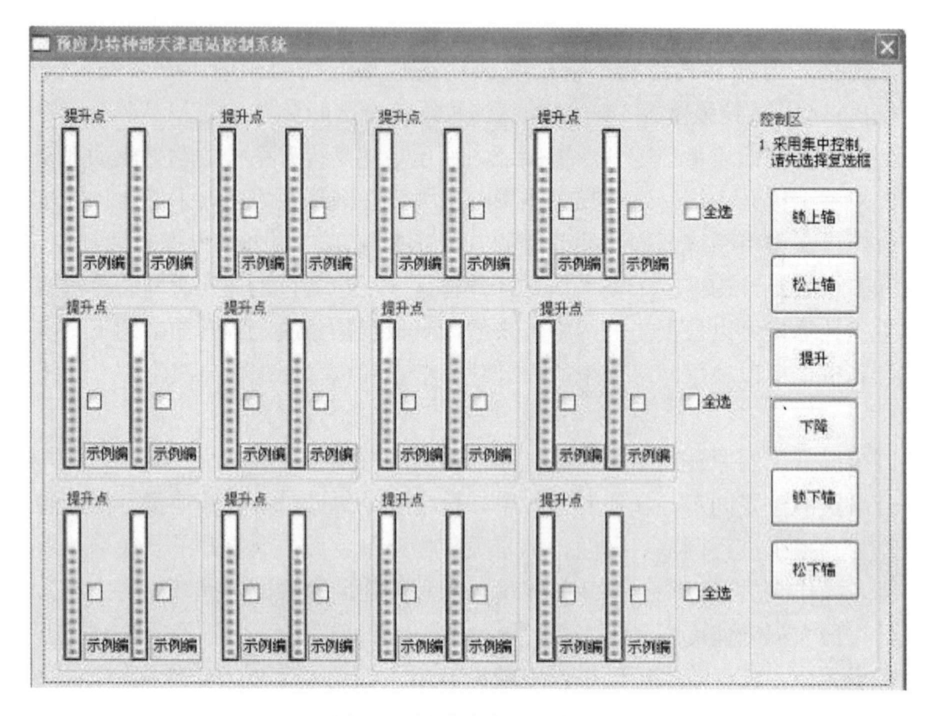


图 4-5　同步控制软件截面

## 第四节　柔性索网结构施工方法

柔性索网结构体系，由强大的外压环、内拉环和一系列的径向索组合而成，具有造型独特、跨度大、用钢量省等特点，主要用在大型公建或体育场馆屋盖上。根据内拉环采用的材料不同，将结构分为刚性内拉环和柔性内拉环。柔性索网结构跨度大，径向索数量比较多，而且成形后拉索索力比较大。在施工过程中，结构从组装到成形，刚度是从无到有，而且结构几何非线性极强，实际施工中对结构形状控制非常有难度，这就造成了施工难度特别大。各种不同的张拉方案都有其特点，成形方案的选取不仅涉及成形效率、可操作性等，而且还涉及成形过程中结构的安全性，因此合理结构成形方案的确定在工程中至关重要。

该结构形式通常的成形方法有张拉径向索、张拉环向索、顶升撑杆等方法，以上施工方法各有优缺点。

（1）张拉径向索：径向索索力相对较小，单径向索数量较大，需要张拉设备数量多，对设备数量要求较高。

（2）张拉环向索：环向索数量较少，需要的张拉设备数量较少，但环向索索力特别大（200m 以上的大型体育场屋盖张拉力在 1000～2000t），需要较大型号设备进行张拉，对张拉工装和张拉设备要求太高。

（3）顶升撑杆：撑杆长度比较长，在顶升过程中，对稳定措施和操作过程要求比较高，施工难度比较大。

综合以上施工方法的优缺点，提出了“地面组装、同步提升、整体张拉成形”的施工方法。该施工方法减少了高空作业，节约了施工工期和施工成本。

具体施工方法如下：

1. 技术准备

拉索地面安装前要进行以下主要技术准备：吊索提升操作平台搭设、环向索放索马道搭设、提升工装设计及设备选用和径向索耳板误差测量等。

（1）径向索提升操作平台。要满足径向索提升至对应耳板附近的操作空间要求，保证平面外稳定的要求，同时要有一定的承载能力。

（2）环向索放索马道搭设要求。合理布置环向索马道位置，准确测量定位；保证马道周长与环向索下料长度相同；满足马道承载力要求，保证整体稳定性；在环向索节点处要满足安装节点的要求。

（3）提升工装设计及设备要求。既要满足提升空间的要求，又要满足受力要求；保证耳板固定点、拉索及工装受力中心，三点一线，保证工装充分安全；提升千斤顶能够满足同步控制和提升力的要求，又要轻便方便操作。图 4-6 为实际工程工装设计三维示意图及实物照片。

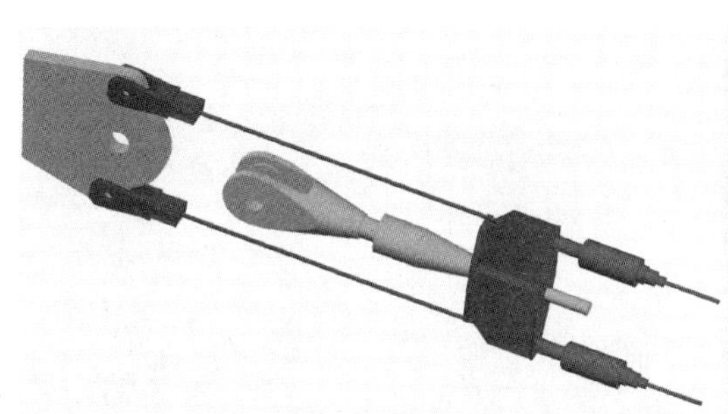
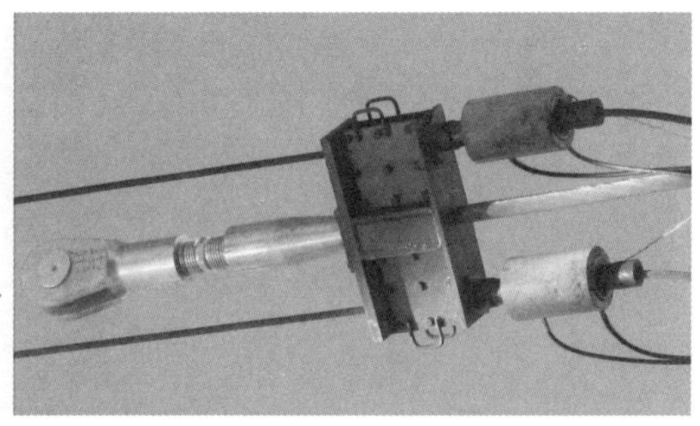

图 4-6 工装设计三维示意图和实物照片

（4）径向索耳板误差测量。使用高精度全站仪，将安装完成的所有径向索耳板进行复测，以测量结果为依据，调整所有径向索调节端，消除由于耳板误差引起索长变化，保证结构受力和位形准确性。

2. 环向索组装

先将成盘拉索吊至放索盘，并将二者固定在平板车上，地面放开环向索，然后将放开后的环向索分段放置放索马道；下层环向索放置完成后，进行节点安装，一定要按照标记点进行安装，最后进行上层索放开和节点安装；最后进行同一圈环向索连接。实际工程环向索放开和节点安装如图 4-7 所示。

3. 径向索（吊索、脊索和谷索）组装

将成盘径向索放置放索盘，使用履带吊将径向索放开，然后借助履带吊将径向索完全提直，先将固定端与环向索节点连接起来，并轻轻将径向索放置于看台，另一端与四周钢结构暂时固定连接。图 4-8 为实际工程放置完成的环向索和径向索。

4. 整体提升与张拉成形

前期技术准备中已经根据耳板测量误差调整了吊索和谷索调节端，因此，提升与张拉是同一过程，即吊索和谷索提升到位，安装完成后结构成形完成。具体过程如下：将第 1 批吊索与提升设备、工装等连接完成后，并将吊索调节螺杆调整至要求位置，进行整体提升；前

图 4-7　环向索放开和节点安装

图 4-8　环向索和径向索放置完成

期提升过程中，由于提升力不大，以结构位形控制为主，吊索索头孔中心离对应耳板孔中心距离约 0.5m 时，张拉力迅速变大，此时以索力控制为主，结构位形控制为辅；工装转移至第 2 批吊索，并安装完成；最后将 72 根谷索安装完成。图 4-9 为实际工程提升过程中的实物照片。

地面组装

环向索提升至 10m

图 4-9　提升张拉过程（一）

环向索提升至20m

吊索和谷索全部安装完成

图 4-9　提升张拉过程（二）

## 第五节　斜拉结构施工方法

斜拉结构中的前索布置在钢结构的上方，为钢结构提供弹性上支撑点，平衡竖向荷载，从而改善结构内力状况，减少变形和支座弯矩，实现更大跨度，减少用钢量；而背索和桅杆或塔柱为前索提供上支点，并平衡前索索力。由于独立的悬挑钢结构会失稳倾覆，因此拉索是斜拉挑篷结构的必要构件，其预应力可调控悬挑刚构的内力和形状。斜拉索的空间姿态为直线形斜索，位于钢结构（优先安装）的上方，索长，质量大，上索头位置高。

1. 钢结构施工方法

根据斜拉结构结构形式，钢结构施工主要分为两大部分：桅杆柱（钢柱或梭性柱）的安装和屋盖钢结构（钢梁、钢桁架或钢网架等）的安装。

（1）桅杆柱安装。一般是在地面将桅杆柱在地面组装，并完成焊接，包括拉索耳板等相关节点焊接。根据桅杆柱的重量选择合适吊机，进行吊装并安装到位。为保证桅杆柱的稳定性，根据桅杆柱的高度，确定稳定钢丝绳的数量和布置位置。图 4-10 为某工程钢柱吊装示意图。

（2）屋盖钢结构安装。斜拉结构屋盖钢结构安装通常采用如下方法：

1）悬挑端部位置搭设支撑胎架，根据悬挑长度和桁架重量，确定搭设胎架的排数和位置，并采取措施保证胎架稳定性。

2）钢结构安装可采用高空散装、地面组装和吊装等方法进行安装。

3）拼装过程中，采取措施，保证拼装完成部分的稳定性。图 4-11 为某实际工程支撑胎架及吊装示意图。

2. 拉索施工方法

（1）拉索安装方法。斜拉结构拉索通常包括三种类型：与柱子相连接的拉索（前、后上拉索）、后拉索及抗风索（前下拉索）。图 4-12 为三类拉索的分布位置。

1）与柱子相连接的拉索，通常有两种安装方法：

方法一：在柱子吊装之前，在地面将与柱子相连拉索的一端与柱子相连，另一端临时与柱子固定，进行整体吊装；柱子吊装到位后，将拉索另一端与相应耳板连接并固定完成。图

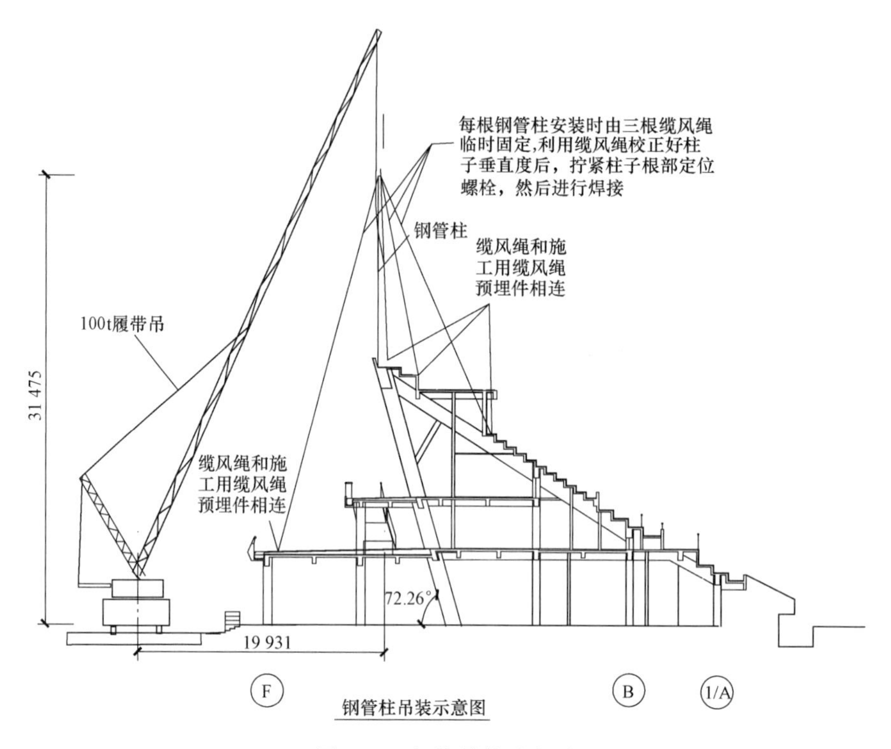


图 4-10　钢柱吊装示意图

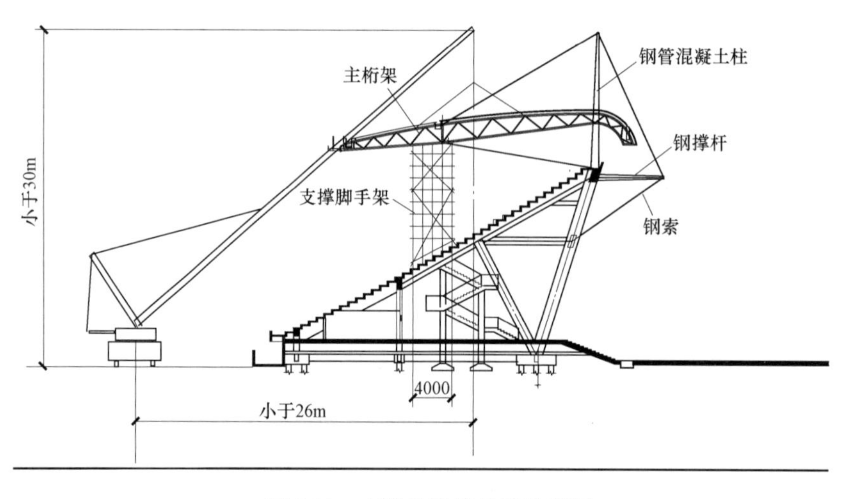


图 4-11　支撑胎架及吊装示意图

4-13 为实际工程带索吊装照片。该方法挂索难度比较小，但是对整体吊装和拉索另一端放开要求较高。

方法二：柱子安装完成后，高空安装拉索，图 4-14 为实际工程高空安装拉索照片。该方法均需要高空作业，风险较高。

2）后拉索和抗风索的安装相对比较简单，在拉索耳板处搭设操作平台，借助吊机高空安装完成即可。图 4-15 为实际工程拉索安装照片。

3）斜拉索具体安装方法。由于斜索位于钢构的上部，两端高差大，上索头位置高，且

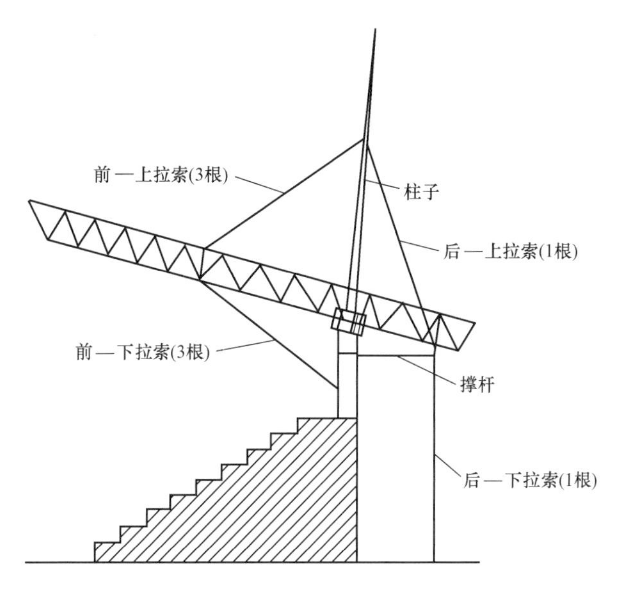


图 4-12　三类拉索分布位置图

图 4-13　带索吊装图

图 4-14　高空安装拉索图

图 4-15　实际工程拉索安装图

为直线索。因此，斜索安装工艺与平索有所不同。由于斜索位于钢构上部，斜索不能在地面上展开后再安装，直接在钢构上也难以进行展开作业，长而重的斜索安装难度大。在工程实践中，根据结构形式，采用了天轮循环和一端牵引的安装工艺，以实现无支架、少占用起重机、快速、方便地安装拉索。

（2）拉索张拉方法。斜拉结构中悬挑钢结构的纵向联系一般较强，以保证较好的整体性，因此均在钢结构整体安装完成后进行拉索张拉。单根斜拉索仅需一端张拉，张拉调节端设置在低端便于张拉作业。

桅杆底部为铰接支座，前索和背索的索力相互平衡，因此单桅杆上的斜拉索系一般采用被动张拉技术；考虑张拉作业的安全性和方便性，一般选择背索作为主动张拉索，而前索精确组装、被动张拉。塔柱底部为固定支座，因此单塔柱上的斜拉索系均需主动张拉，且宜同批次协调同步张拉。同一结构上的各桅杆或塔柱的索系，一般对称分批次张拉。图 4-16 为实际工程张拉照片。

图 4-16　实际工程张拉图

# 第五章

# 施工过程监测

## 第一节　施工监测概述

1. 施工监测重要性和意义

（1）施工监测的重要性。在大跨度预应力钢结构的初期使用阶段及在结构的施工过程中存在着许多不确定因素，因而在结构的施工过程中需对结构进行全过程的变形与应力监测和评估，观测各个阶段结构的变形和应力是否符合设计要求，对施工工艺和方法进行完善，并对出现的异常情况做出调整计算或者进行加固补强，以便有效地指导施工，保证施工安全。因此，施工监控主要是在建筑结构施工过程时，对建筑结构的变形和工作应力等各种影响结构安全和使用的因素进行实时监测，并根据现场监测的结果对施工过程中可能出现的问题进行处理，从而合理地指导施工全过程。

监测与分析在保证工程安全上的作用主要体现在如下三个方面：

1）实时掌握被监测体的工作状态，评估其安全性。在施工期将监测信息与结论反馈给设计、施工部门，验证设计、施工方案，在出现异常情况时及时指导、调整施工；在运行期间将监测信息、结论反馈给管理、生产部门，以便根据被监测体的状态调度生产、运行，从而确保安全。

2）根据已测资料预测被监测体下一步或近期工作状态，并给出安全评价，对可能的不安全情况给以预警，从而借以调整施工步骤和方式、运行模式的关与停，并在出现不良后果之前采取补救措施。

3）以实测状态检验、提高现有设计、施工水平。监测资料包含被监测体的变形、应力、索力等监测项目的真实信息，而现有水平下的设计计算结果由于包含有假定、不确定因素及简化计算等影响导致了与真实情况有所出入，甚至会因为大的疏漏或不合理的假设而出现大的偏差。借助实测信息发现这些问题，分析重要力学参数来改善计算理论、设计方法、施工措施等，从而提高工程建设质量及安全性。

（2）施工监测的目的和意义。大型钢结构一般都是公共标志性建筑，一般投入大量的人力和物力，其施工过程是否合理、安全以及施工后能否达到正常使用状态的设计要求是一项艰巨而有挑战性的任务。再者施工过程中结构受力比较复杂，与实际力学模型计算有很大的差异，而合理的施工过程监测成为保证结构安全施工以及正常运营使用的保障，所以需要在施工过程中对大型钢结构进行健康监测（包括应力、位移、施工环境、振动监测），监测结构关键部位的应力、位移等指标在施工阶段的变化规律，为结构施工的各个阶段提供准确可靠的监测数据，正确评价各施工阶段的受力状态和结构性能，并及时诊断结构构件施工过程中出现的破坏、变形过大、局部出现塑性区等异常情况，及时采取有效的修复手段，避免安全隐患，从而保证构件符合正常使用条件下的设计要求。预应力钢结构跨度比较大，施工难度大，尤其在拉索张拉阶段，难度更大。为了确保工程在整个施工过程中的安全性以及考察施工过程中结构的变形和内力变化规律，需要对结构进行现场施工监测。通过施工监测，可指导施工过程的安全及精确进行，并积累预应力工程施工数据资料。

1）施工监测归结起来主要有以下几个目的：

①监测结构响应信息，为结构的安全、精确成形服务。

②通过实际监测结果与仿真计算结果的比较，验证仿真计算的准确性。

③由于在未施工完成之前，结构刚度较差，结构竖向挠度变化比较大，因此在张拉过程中一定要进行施工监测，防止出现张拉不同步，导致结构受力和变形不均匀，以保证张拉过程的安全进行。

2）对钢结构进行施工过程健康监测技术研究意义如下：

①体现国家以人为本的方针。土木工程施工作为事故多发项目，每年都有一定数量的人员遇险，监测和预警技术的研究能够及时了解施工过程中结构的警情以便做好对应措施，减少人员伤亡。

②为大型钢结构的施工监测提供方便、快捷、高效、准确的监测系统。

③实时掌握结构的工作状态，评定其安全性，为建筑工程的顺利完成提供保障。

④以实测状态检验、提高现有设计和施工水平。

⑤为施工完成后的长期监测、使用寿命评估提供依据。

⑥钢结构监测理论与技术的研究进一步完善整个土木结构健康监测领域。

⑦钢结构健康监测设备与技术的研究为其他行业，如机械、医疗、军事、农业、商业等，提供了借鉴。

2. 施工监测的要求

（1）除设计文件要求或其他规定应进行施工期间监测的预应力钢结构外，满足下列条件之一时，预应力钢结构应进行施工期间监测：

1）跨度大于50m的大跨度预应力钢结构。

2）结构悬挑长度大于30m的预应力钢结构。

3）受施工方法或顺序影响，施工期间结构受力状态或部分杆件内力或位形与一次成形整体结构的成形加载分析结构存在显著差异的预应力钢结构。

（2）预应力钢结构施工监测的要求如下：

1）施工过程中监测是施工监控的关键内容之一，它能为施工提供及时准确的信息，有利于做到安全文明施工，克服盲目性。同时将监测获取的数据与理论计算值相比较，以判断原施工参数取值是否合理，以便调整下一步有关施工参数，做到信息化施工。

2）通过对加卸载整个施工过程的实时监测，准确把握主要构件的受力及变形情况，是保证信息化施工的重要手段，是分析加卸载施工过程结构安全性的量化指标。将监测结果信息反馈优化设计，使之更符合实际，使施工更加经济和安全。

3）监测过程不断的进行信息反馈，是整个监测活动正常进行的基础和前提条件。将获取的大量监测数据有序地存放于数据库中，有利于积累大跨度预应力施工、设计优化的实际资料，用以指导今后的设计和施工。

4）施工前应编制切实可行的监测方案，监测方案应包括监测布置图、仪器的选择、监测对象的确定、监测点的布置、监测起止时间、监测频率、监测异情的处理、监测制度与管理体系的建立与运行、监测的记录、监测信息反馈及监测总结与评估等内容。监测实施时应严格按照监测方案执行。

5）好仪器仪表等监测设备的检测鉴定、埋设、安装、调试与保护工作，确保监测数据真实、可靠、连续、完整。要求安排专人进行监测，加强对测点进行保护。

6）在施工监测过程中，应建立严格的安全操作规程并严格执行。首先，应对可能出现的安全问题要事先做好防范措施，同时应明确安全责任，项目负责人应负责该项目的安全工作，安全工作力求突出重点，具有前瞻性和针对性。其次，应加强仪器仪表的管理与维护工作，避免由于仪器仪表的带病工作而导致安全问题。

7）施工期间的监测频次应符合下列规定：①每一个阶段施工过程应至少进行一次施工期间监测；②由监测数据指导设计与施工的工程应根据结构杆件应力或变形速率实时调整监测频次；③复杂工程的监测频次，应根据工程结构形式、变形特征、监测精度和工程地质条件等因素综合确定；④停工时和复工时应分别进行一次监测；⑤当监测数据达到或超过预警值、结构受到地震、洪水、台风、爆破、交通事故等异常情况影响时，应提高监测频率。

8）监测报告的一般要求。施工期间的监测报告宜分为阶段性报告和总结性报告。阶段性报告应在监测期间定期提交，总结性报告应在监测结束后提交。监测报告应满足监测方案的要求，内容完整、结论明确、文理通顺；应为施工期间工程结构性能的评价提供真实、可靠、有效的监测数据和结论。

3. 施工监测的原则

施工监测应遵循以下几条原则：

（1）重点突出的原则。监测工作面大量广，必须有针对性地进行，特别是要根据工程特点和监测要求综合考虑，力求目标明确、突出重点、少而精、适用性强，同时统筹安排，全面兼顾。设置的监测点应能充分体现整体结构的应力与变形特征，起到以点带面的效果。若不分主次盲目进行，会致使一些重要信息被遗漏，导致事倍功半。

（2）测点布置方便的原则。测点布置一方面应能有效地反映建筑结构的实时信息和满足监测资料分析的需要，另一方面，为减少监测与施工之间的相互干扰，监测系统的安装和测读应尽量做到方便实用。对工程安全起关键作用而实施人工获取数据较为困难时，可借助自动化的传输系统进行采集和传输。

（3）经济合理与可靠的原则。监测系统设计时，在满足监测安全可靠的前提下，应结合工程实际情况，尽可能采用直观、简单、有效的监测方法，仪器选择要求实用而价廉，以降低成本。在一些特别重要的测点上，为防止监测设备出现故障和便于测点的相互校核，可考虑布置两套不同的监测设备。监测频率应符合设计及规范要求，能及时、准确地提供数据，满足信息化施工的要求。

（4）及时性原则。监测工作是一个动态的过程，不同时点对应不同的监测数据。为客观全面掌握结构受力与变形情况必须及时准确记录，监测资料的整理和提交应能满足施工进度、施工工况的要求；同时要有利于及时发现问题，积极采取应对措施。

（5）多层次监测原则。监测过程是一个系统的过程，应进行多项目和多层次的监测，在监测仪器选择上以机械式仪器为主，电测式仪器为辅；在监测方法以仪器监测为主，目测为辅；在监测对象上以构件应力应变及变形监测为主，以其他物理量监测为辅；以监测桁架关键部位及邻近受影响较大的部位为主，其他部位为辅。在施工过程必须进行连续测试，确保数据的连续性；利用系统功效减少测试点布设，节约成本。

（6）与施工相协调的原则。结合施工实际使监测仪器的布设、数据的采集与施工进度相协调，确保监测记录数据真实可靠；结合施工实际确定测试方法、测试组件的种类、测试点的保护措施；结合施工实际调整测试点布设位置，尽量减少测试组件的埋设对施工质量的影响；结合工程进度实际确定测试频率。

## 第二节　施工监测内容和方法

1. 施工监测内容及相关规定

施工控制中的主要工作由两部分组成：一部分是根据选定的施工方案对施工的每一阶段进行仿真分析，得到施工控制参数的理论计算值，形成施工控制文件；另一部分是对构件施工过程中结构状态的实测值与理论值之间的误差进行分析比较，并采用一定的方法进行调整。预应力钢结构施工期间的监测项目一般包括结构变形监测、应力应变监测、拉索索力监测、温度湿度监测及振动监测等。施工监控主要有以下内容和规定：

（1）结构变形监测。不论采用什么施工方法，复杂建筑结构在施工过程中总要产生变形，并且结构的变形将受到诸多因素的影响，极易使结构在施工过程中的实际位置状态偏离预期状态，产生安装误差。所以必须对复杂建筑结构的施工过程实施监测，使其在施工中的实际位置状态与预期状态之间的误差在规范和设计允许误差之内。变形监测可分为水平位移监测、垂直位移监测、三维位移监测和其他位移监测。根据监测仪器的种类，监测方法可分为机械式测试仪器法、电测仪器法、光学仪器法及卫星定位系统法。施工期间变形监测可包括构件挠度、支座中心轴线偏移、最高与最低支座高差、相邻支座高差、杆件轴线、构件垂直度及倾斜变形；竖向位移监测时，预应力钢结构的支座、跨中、跨间测点间距不宜大于30m，且不宜少于5个点；预应力钢结构临时支撑拆除过程中，应对结构关键点的应力及变形进行监测；结构滑移施工过程中，应对结构关键点的变形、应力及滑移的同步性进行监测。

（2）结构应力监测。复杂建筑结构在施工过程中的受力情况是否与设计相符合是施工控制要明确的重要问题。通常通过结构应力的监测来了解实际应力状态。若发现实际应力状态与理论（计算）应力状态的差别超限就要进行原因查找和调控，使之在允许范围内变化。结构应力监测的好坏不像变形控制那样易于发现，若应力监测不力将会给结构造成危害，严重者将发生结构破坏，所以必须对结构应力实施严格监控。应力监测可选用电阻应变计、振弦应变计、光纤光栅应变计等应变监测元件进行监测。施工安装过程中，应力监测应选择关键受力部位，连续采集监测信号，及时将实测结果与计算结果做对比，发现监测结果或量值与结构分析不符合时应进行预警；监测膜结构膜面预张力时，应根据施工工序确定监测阶段，各膜面部分均应有代表性测点，且应均匀分布。

（3）拉索索力监测。拉索索力是预应力钢结构最关键监测参数之一。监测方法可包括压力表测定法、千斤顶油压法、拉压传感器测定法及振动频率法。索力监测的测点应具有代表性，且均匀分布；单根拉索或钢拉杆的不同位置宜有对比性测点，可监测同一根钢索不同位置的索力变化；横索、竖索、张拉索与辅助索应布设测点。

索力监测应符合下列规定：

1）应确保锚索计的安装呈同心状态。

2）采用振动频率法监测时，传感器安装位置应在远离拉索下锚点而接近拉索中点，量测索力的加速度传感器的布设位置宜距离索端大于 0.17 倍索长。

3）日常监测时宜避开不良天气影响，且宜在一天中日照温度差最少的时刻进行测量，并记录当时的温度与风速。

（4）温湿度监测。温湿度监测可包括环境及构件温度监测和环境湿度监测。温度监测精度宜为±0.5℃，湿度监测精度宜为±0.2%$RH$。

1）环境及构件温度监测应符合下列规定：

① 温度监测的测点应布置在温度梯度变化较大位置，宜对称、均匀，应能反映结构竖向及水平向温度场变化规律。

② 相对独立空间应设 1 ～3 个点，面积或跨度较大时，以及结构构件应力及变形受环境温度影响大的区域，宜增加测点。

③ 大气温度仪可与风速仪一并安装在结构表面，并应直接置于大气中以获得有代表性的温度值。

④ 监测整个结构的温度场分布和不同部位结构温度与环境温度对应关系时，测点宜覆盖整个结构区域。

⑤ 温度传感器宜选用监测范围大、精度高、线性化及稳定性好的传感器。

⑥ 监测频次宜与结构应力监测和变形监测保持一致。

⑦ 长期温度监测时，监测结果应包括日平均温度、日最高温度和日最低温度；结构温度分布监测时，宜绘制结构温度分布等温线图。

2）环境湿度监测应符合下列规定：

① 湿度宜采用相对湿度表示，湿度计监测范围应为（12%～99%）$RH$。

② 湿度传感器要求响应时间短、温度系数小、稳定性好以及湿滞后作用低。

③ 大气湿度仪宜与温度仪、风速仪一并安装；宜布置在结构内湿度变化大，对结构耐久性影响大的部位。

④ 长期湿度监测时，监测结果应包括日平均湿度、日最高湿度和日最低湿度。

（5）振动监测。振动监测应包括振动响应监测和振动激励监测，监测参数可为加速度、速度、位移及应变。监测的方法可分为相对测量法和绝对测量法。振动监测前，宜进行结构动力特性测试。动态响应监测时，测点应选在工程结构振动敏感处；当进行动力特性分析时，振动测点宜布置在需识别的振型关键点上，且宜覆盖结构整体，也可根据需求对结构局部增加测点；测点布置数量较多时，可进行优化布置。动应变监测设备量程不应低于量测估计值的 2～3 倍，监测设备的分辨率应满足最小应变值的量测要求，确保较高的信噪比。振动位移、速度及加速度的精度应根据振动频率及幅度、监测目的等因素确定。

振动监测数据采集与处理应符合下列规定：

1）应根据不同结构形式及监测目的选择相应采样频率。

2）应根据监测参数选择滤波器。

3）应选择合适的窗函数对数据进行处理。

（6）结构稳定监测。结构存在稳定问题一般是在大型复杂钢结构的安装过程或者复杂钢结构的局部构件中，在一般的混凝土结构和组合结构中不存在此问题。复杂钢结构的稳定性关系到结构的安全，它与结构的强度有着同等的甚至更重要的意义。世界上曾经有过不少钢结构在施工过程中由于失稳而导致整体结构破坏的例子。因此，在复杂钢结构施工过程中不仅要严格监测变形和应力，而且要严格地监测施工各阶段结构构件的局部和整体稳定。目前，钢结构的稳定性已引起人们的重视，但主要注重于结构建成后的稳定计算，对施工过程中可能出现的失稳现象还没有可靠的监测手段，尤其是对承受动荷载或突发情况，还没有快速反应系统。目前主要是通过稳定分析计算（稳定安全系数），并结合结构应力、变形情况来综合评定、监测其稳定性。

（7）结构安全监测。复杂建筑结构施工过程安全监测是施工监测的主要内容，只有保证了施工过程中的安全，才谈得上其他监测。其实，结构施工安全监测是上述变形监测、应力监测、稳定监测的综合体现，上述各项得到了控制，安全也就得到了控制。由于结构形式不同，直接影响施工安全的因素也不一样，在施工过程中需根据实际情况，确定其安全监测重点。

2. 施工监测工艺

监测与分析工作贯穿工程的设计、施工、运营全过程，根据目前监测工作开展过程可归纳为以下几个步骤。

首先是监测方案设计与监测仪器选定。根据工程规模、特点及功能等要素，设计监测系统总体布置方案，制定能达到监测精度指标和技术要求的仪器清单，提出合理的监测工况及频率，提交监测工程的仿真计算等。在此基础上应考虑监测设备布置的合理性和监测数据的可利用性，以保证能监测到被监测体的状态，提供可供分析用的数据。

其次是传感器与观测标志的埋设安装。此阶段首先是传感器的标定和量程的合理性，然后是现场埋设、安装、调试与维护等工作。在埋设时一定要保证位置准确，并采用一些合理的避让措施，从而确保传感器和观测标志的埋设安装有较高的成活率。由于传感器和观测标志的埋设是与工程施工同步进行的，施工现场工作条件复杂，传感器和观测标志埋设有时会与工程施工相冲突，所以应充分做好准备与协调工作。

接着是观测阶段，观测阶段通常按工程进展分为施工期与运营期监测。此阶段的主要任务是利用相关的采集仪和观测仪器来获取已埋设好的传感器和观测标志的实测数据。

最后就是分析与反分析，监测的目的是为了掌握被监测体的状态，及时发现可能现存在或可能下一步存在的问题，并将有用的信息加以反分析。评价分析工作是监测工作获得数据之始就开始，一定要保证实时性、延续性。此阶段主要是对被监测体状态的识别、评价、未来状态预测、一些力学参数的反演及对施工、设计合理性和相关理论的验证等。

## 第三节　施工监测系统

施工监测是指通过监测技术手段对施工过程的主要结构参数进行实时跟踪，掌握其时程变化曲线，以便掌握控制施工质量、影响施工安全的关键因素在施工过程中的发展变化状态，并对下一步施工方案进行预判和调整，以保证整个施工过程的顺利完成。施工过程监测的流程如图 5-1 所示。

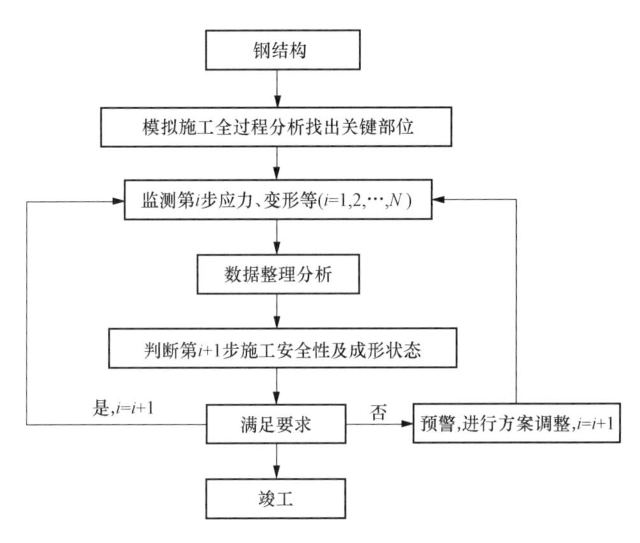


图 5-1　施工过程监测流程图

钢结构施工过程监测按照监测范围可以分为局部监测和整体监测。前者是指对结构重要部位（关键杆件和节点等）进行监测；后者是指对于大型的重要结构，既需要监测对结构安全敏感的部位或子结构（如局部的应力应变、位移和加速度等），也需要即时监测结构的整体健康状况（内力、挠度及振型和频率的变化）。

（1）按监测方式可以分为：①人工监测，主要是利用简单的仪器，用人工定期进行监测和检测。该方法成本较低且不需要高新的技术，但费时、费力，准确性不高，适合短期监测；②自动监测，采用各种传感器和监测设备，利用系统平台对结构进行实时在线的监测。该方法一般适用于特大或重要的结构监测，自动化程度高，适合长期监测；③联合监测，将上述两个方法结合起来，用各种小型的自动化程度较高的仪器，配合人工监测。该方法比较适合一般结构，具有广泛的应用前景。

（2）按照监测的状态可分为：①静态监测，对结构的静态几何和力学参数进行监测，可以比较直观地反映结构的工作状态；②动态监测，在结构运营情况下，基于人为激励或环境激励，监测结构的动态几何和力学参数。

图 5-2 为施工过程监测技术的分类。

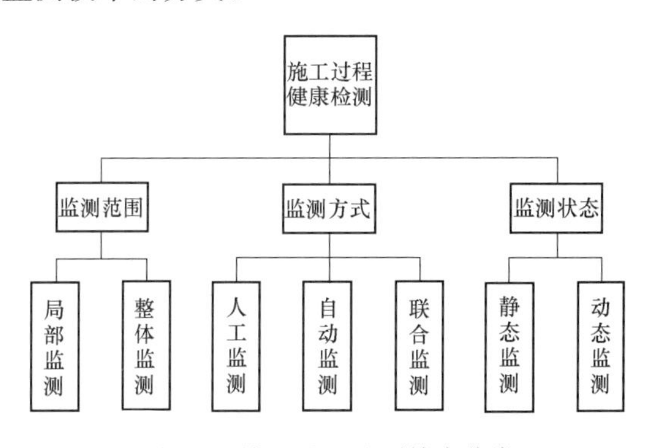


图 5-2　施工过程监测技术分类

（3）钢结构施工过程监测的结构参数主要包括以下几种：

1）位移：包括绝对位移和相对位移，静位移和动位移。

2）变形：如静动挠度、静动应变等。

3）内力：如杆件、索的拉力等。

4）动力参数：如速度、加速度等。

5）环境：如风速、风压、温度、噪声、雨量等。

（4）一个完整的施工过程监测系统应包括下列几部分（图5-3）：①传感器系统，包括传感器元件的选择和传感器网络在结构中的优化布置方案；②数据采集和分析系统，一般由强大的采集仪器和计算机系统组成；③监控中心，实现诊断功能的各种软硬件，包括结构中损伤位置、程度类型识别的最佳判据。传感器监测的实时信号通过信号采集装置送到监控中心，进行处理和判断，从而对结构的健康状态进行评估。若出现异常，由监控中心发出预警信号，并由故障诊断模块分析查明异常原因，以便系统安全可靠地运行。只有不断完善和提高施工监测系统的科技含量，才能为结构的健康监测工作提供一个有效的武器，保障工程结构建设的安全。

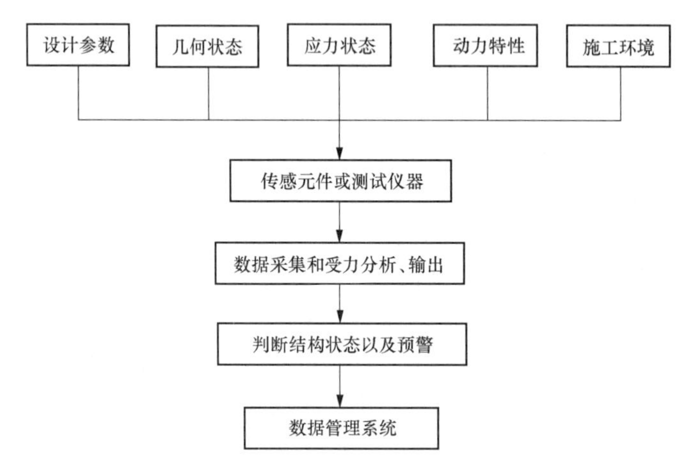


图5-3　施工过程监测系统示意图

# 第六章

# 张弦梁结构——国家体育馆

## 第一节 工 程 概 况

国家体育馆是2008年奥运会包括鸟巢、水立方在内的三大场馆之一，由比赛馆和热身馆两部分组成。两个馆的屋顶平面投影均为矩形，其中比赛馆平面尺寸114m×144m，热身馆平面尺寸为51m×63m，整个屋顶投影面积约为23 700m$^2$。屋面结构为双向张弦空间网格结构，其上弦为由正交桁架组成的空间网格结构，下弦为相互正交的双向拉索（图6-1）。

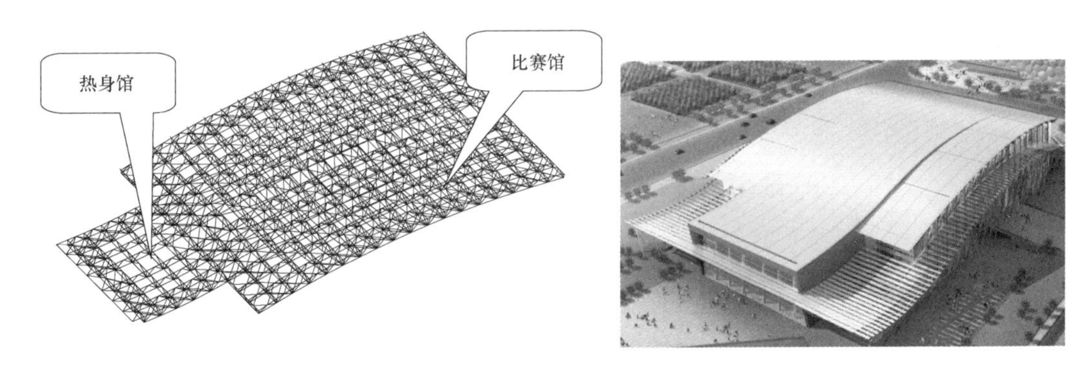


图6-1 屋面钢结构轴测及效果图

钢屋架的结构形式为“单曲面双向张弦桁架预应力钢结构”。上弦为纵横正交的平面管桁架；下弦的预应力张拉索穿过钢撑杆下端的双向索夹节点，形成双向张拉空间索网。其结构形式新颖，双向跨度大，为当时世界上同类型结构跨度最大的一个，具有技术发展的创新性。

比赛区屋盖结构的下弦每跨横向（114m跨）和大部分纵向（144.5m跨）布置钢索，通过中间的撑杆与上层网格结构共同形成了具有一定竖向刚度和竖向承载能力的受力结构，以此构成了屋盖的整体空间结构体系。

下弦拉索的平面布置图如图6-2所示，横向拉索从9轴到22轴，共14榀，纵向拉索从E轴到M轴，共8榀。结构的横向为主受力方向，因而横向索采用双索，纵向索采用单索（图6-3），网格平面尺寸8.5m。图中钢索的预张力由设计院提供，为预应力施工完成后钢索的拉力。

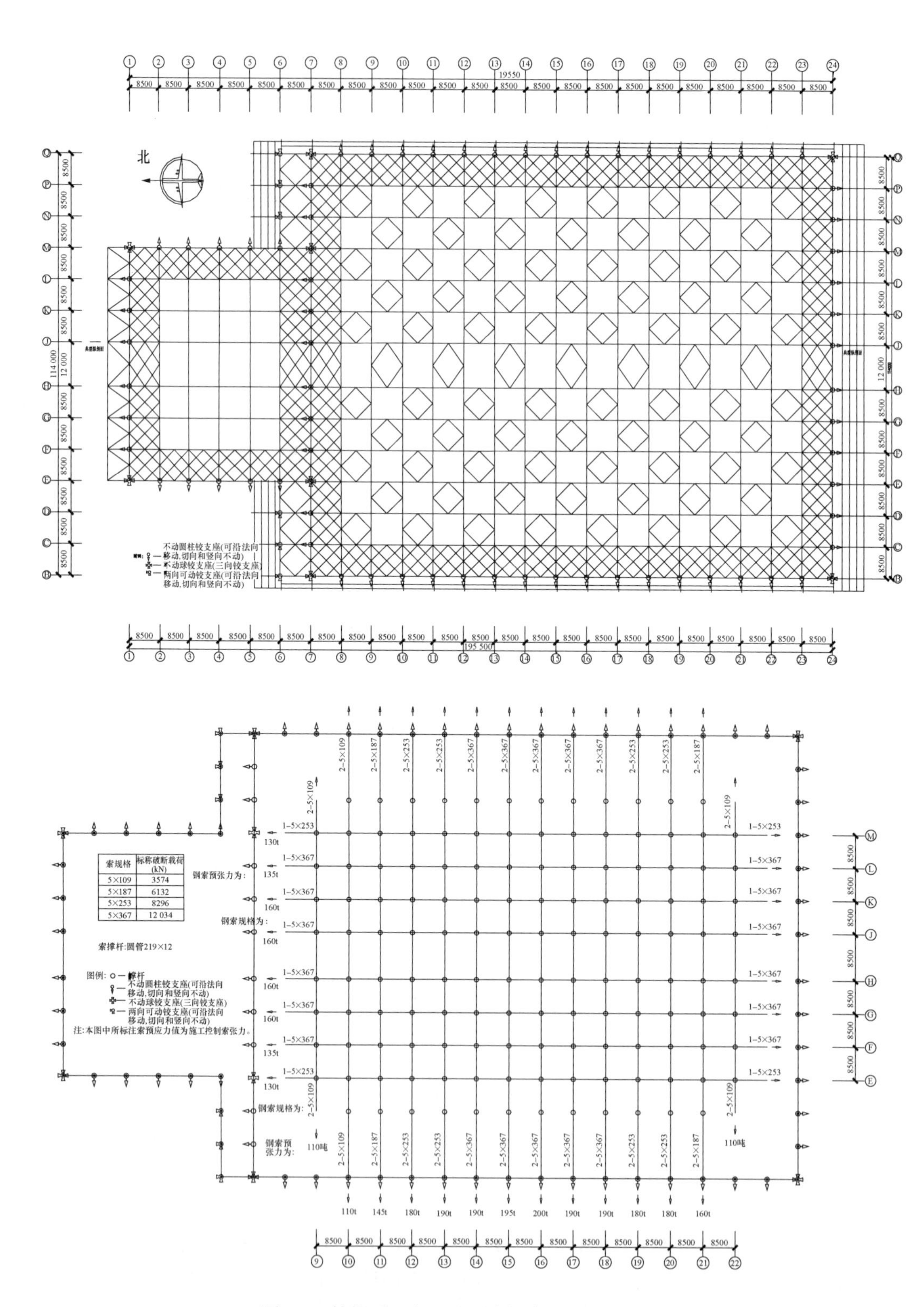


图 6-2 结构平面布置及下弦钢索及预张力分布图

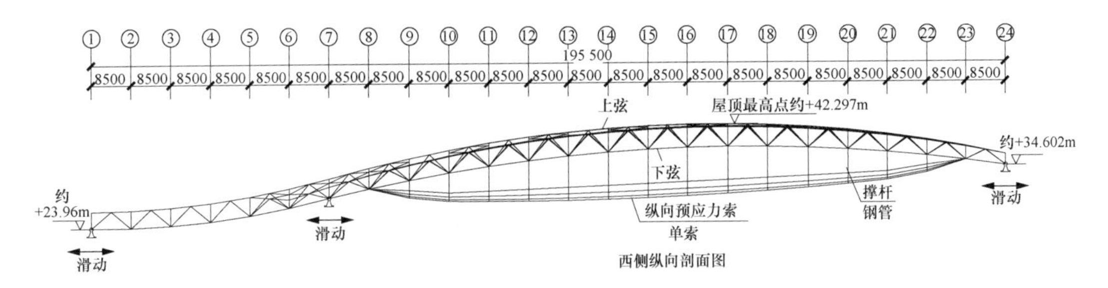


图 6-3　西侧纵向张弦梁剖面图

国家体育馆所采用的双向张弦结构是一种新型的结构形式，其受力性能与单向张弦结构有很大不同，空间作用明显。在预应力施工过程中，钢索之间的张拉力会互相影响，因而预应力施工的复杂性和难度均比以前的单向张弦结构有所提高。

## 第二节　施工深化设计

张拉工装指预应力施工时所采用的一些张拉机具和设备。张拉工装的设计须考虑索具的形式和索端铸钢结构的形式，结合张拉力的大小进行设计。其设计的合理与否直接影响预应力施工的效率和质量。国家体育馆拉索索体如图 6-4 所示。

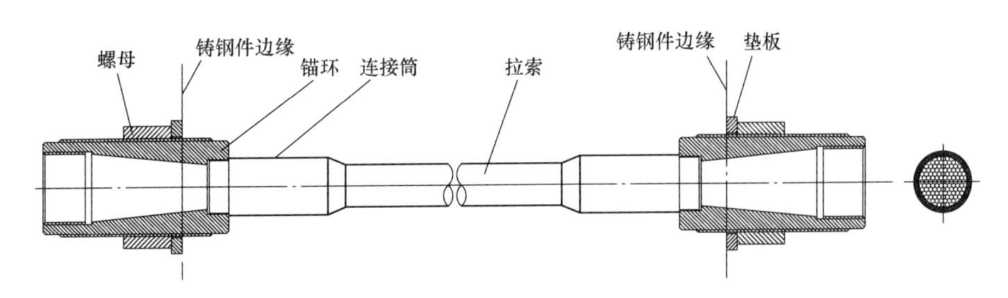


图 6-4　索体示意图

根据索具形式和横向双索索端铸钢节点形式，按照施工仿真计算所提供的拉索张拉力的大小，所设计的张拉工装如图 6-5 所示。

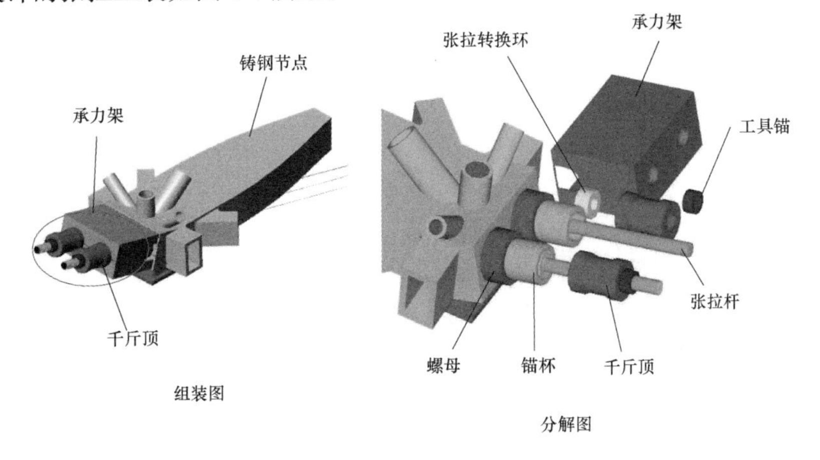


图 6-5　张拉工装（一）

图 6-5　张拉工装（二）

可以看出，张拉工装主要由承力架、千斤顶和张拉杆组成。其受力原理为：千斤顶支承在承力架上，通过千斤顶对张拉杆施加拉力，而张拉杆则通过一个张拉转换环（具有内螺纹和外螺纹）与拉索端部索具相连，这样张拉杆中的拉力就可以传递到索端，从而实现对拉索的张拉。本张拉工装的设计充分考虑了索具和铸钢节点的形式，传力过程明确，安装和操作方便。

## 第三节　施　工　方　案

1. 张拉方案的确定

预应力施工的目的是利用特定的张拉设备，按照一定的施工顺序，通过张拉钢索对结构施加预应力，使结构在承受外荷载之前达到设计要求的预应力状态。在施工过程中，可以同时张拉所有钢索对结构施加预应力，也可以按照一定的顺序分批张拉钢索对结构施加预应力。

对于单向张弦结构来说，由于各榀拉索之间互相作用比较小，同时张拉或者分批张拉对最终的预应力状态影响比较小。但是对于双向张弦结构来说，由于各榀拉索之间空间作用明显，后批张拉的钢索会对先前张拉的钢索的内力产生影响，所以最好所有钢索同步进行张拉。但是在实际施工中，由于受到张拉设备及其他施工条件的限制，对所有钢索同时进行张拉不太容易实现，一般采用分批张拉的方式。这样为了保证张拉完成后的预应力状态与设计要求的预应力状态一致，需对每一步的张拉力进行精确的模拟计算，并在施工过程中进行严格的控制。

国家体育馆采用对钢索分批进行张拉的方式。预应力施加分两级，第一级张拉到控制应力的 80%，第二级张拉到控制应力的 100%，达到设计要求的预应力状态。

张拉过程考虑了两种方案。方案 1：第一级张拉千斤顶由两边往中间移动，对称张拉，前四步每次同步张拉 4 根索（2 根横向索，2 根纵向索），在第 4 步张拉完成后，纵向索张拉完毕，5、6、7 步分别张拉两根横向索；第一级张拉完成后，此时千斤顶移到结构中部，然后进行第二级张拉，第二级张拉千斤顶由中间往两边移动；方案 2 与方案 1 相反，第一级张拉千斤顶由中间往两边移动，第二级张拉千斤顶由两边往中间移动。通过比较分析，本工程通过方案 1 来实现张拉过程的。

具体的张拉过程见表 6-1。

**表 6-1　　张拉过程方案表**

| 类别 | | 张拉步骤 | | | | | | | | | | | | | |
|---|---|---|---|---|---|---|---|---|---|---|---|---|---|---|---|
| | | 第一级张拉 | | | | | | | 第二级张拉 | | | | | | |
| | | 1 | 2 | 3 | 4 | 5 | 6 | 7 | 8 | 9 | 10 | 11 | 12 | 13 | 14 |
| 轴线号 | 方案 1 | 9 | 10 | 11 | 12 | 13 | 14 | 15 | 15 | 14 | 13 | 12 | 11 | 10 | 9 |
| | | 22 | 21 | 20 | 19 | 18 | 17 | 16 | 16 | 17 | 18 | 19 | 20 | 21 | 22 |
| | | E | F | G | H | | | | H | G | F | E | | | |
| | | M | L | K | J | | | | J | K | L | M | | | |
| | 方案 2 | 15 | 14 | 13 | 12 | 11 | 10 | 9 | 9 | 10 | 11 | 12 | 13 | 14 | 15 |
| | | 16 | 17 | 18 | 19 | 20 | 21 | 22 | 22 | 21 | 20 | 19 | 18 | 17 | 16 |
| | | H | G | F | E | | | | E | F | G | H | | | |
| | | J | K | L | M | | | | M | L | K | J | | | |

2. 张拉过程的同步性控制

根据上文所描述的张拉顺序，每次同时张拉 4 榀拉索（2 榀横向索，2 榀纵向索，共 6 根拉索），共有 12 个千斤顶同时工作，如果千斤顶的工作不同步，可能会造成预应力施工完成后撑杆不垂直地面或者结构受力不均匀。因此张拉过程的同步控制是保证预应力施工质量的重要措施。控制张拉过程同步可采取以下措施：

首先，在张拉前调整索体锚杯露出螺母的长度，使露出的长度相同，即初始张拉位置相同。

其次，在张拉过程中，将第一级张拉再细分为 10 小级，第二级张拉再细分为 4 小级，在每小级中尽量使千斤顶给油速度同步。在张拉完成每小级后，所有千斤顶停止给油，测量索体的伸长值。如果同一索体两侧的伸长值不同，则在下一级张拉的时候，伸长值小的一侧首先张拉出这个差值，然后另一端再给油。如此通过每一个小级停顿调整的方法来达到整体同步的效果。

## 第四节　施　工　仿　真

如上所述，国家体育馆双向张弦结构空间作用大，各榀钢索的张拉力互相影响，施工过程复杂。为了保证预应力施工的质量，需对张拉过程进行精确的施工仿真模拟计算。对于本工程来说，施工过程模拟计算可达以下目的：

（1）验证张拉方案的可行性，确保张拉过程的安全。

（2）给出每张拉步钢索张拉力的大小，为实际张拉时的张拉力值的确定提供理论依据。

（3）给出每张拉步结构的变形及应力分布，为张拉过程中的变形及应力监测提供理论依据。

（4）根据计算出来的张拉力的大小，选择合适的张拉机具，并设计合理的张拉工装。

（5）对两种张拉方案进行比较，确定合理的张拉顺序。

根据上文所描述的张拉顺序，对两种张拉方案进行了模拟计算。计算软件选用结构分析与设计软件 MIDAS/gen。MIDAS/gen 由韩国钢铁公司-POSCO 开发，成功应用于韩日世界杯体育场及多个大型工程项目中。MIDAS/gen 中文版界面友好，其单元库包含索单元、杆单元、梁单元、板单元及实体单元，各种单元可以联合计算，可以进行几何非线性和材料非线性分析，能够满足本工程施工模拟计算的需要。

现将部分计算结果列出如图 6-6～图 6-8 所示。

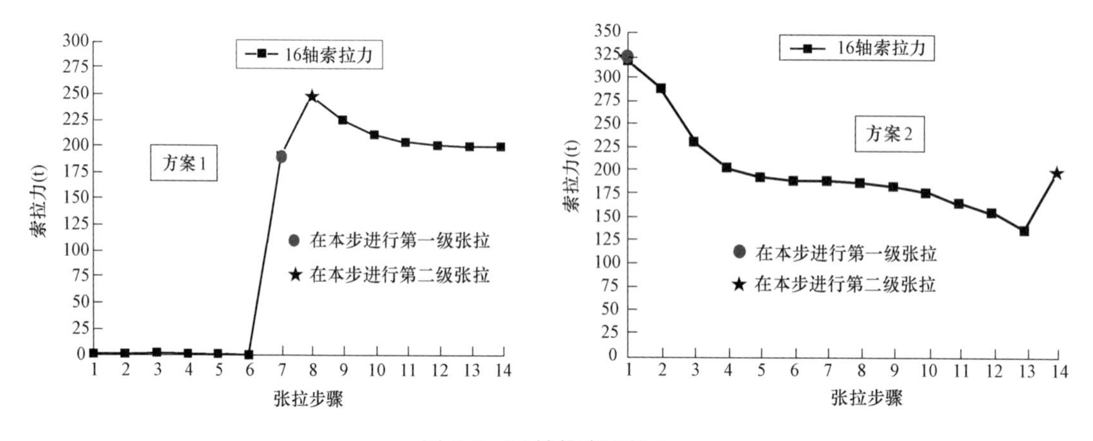


图 6-6　16 轴拉索张拉力

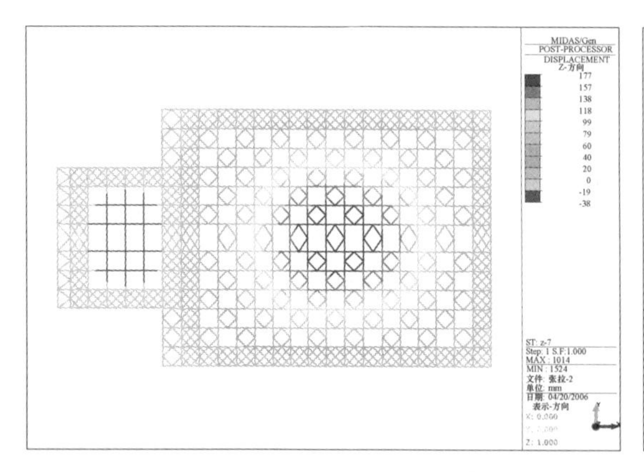


图 6-7　张拉完成后位移等值线图

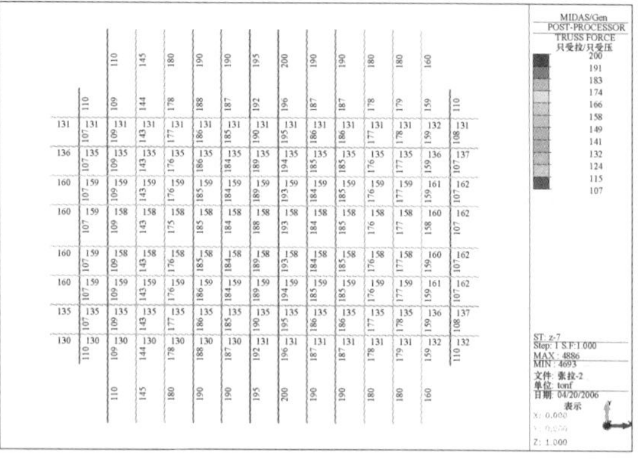


图 6-8　张拉完成后索力分布图

对计算结果进行分析和总结，可得以下几点结论：

（1）张拉完成后，结构中部向上竖向位移 177mm。

（2）张拉过程中，方案 1 的最大拉应力为 193MPa，最大压应力为 128MPa，方案 2 的最大拉应力为 199MPa，最大压应力为 128MPa，结构应力均在弹性范围之内，两种方案均满足安全要求。

（3）张拉过程中，方案 1 的横向双索最大张拉力为 273t，纵向单索最大张拉力为 185t；方案 2 的横向双索最大张拉力为 320t，纵向单索最大张拉力为 205t。方案 2 的张拉力比方案 1 大得多，对千斤顶及张拉设备的要求更高。

（4）根据张拉过程曲线，由于方案 2 首先张拉中部钢索，在后续的张拉步骤中先张拉的钢索的应力会受到较大的影响，变化幅度也较大，对索力的控制难度也会相应增加。

综合以上各种因素，选择方案 1 作为最终的张拉方案。

## 第五节　施　工　监　测

1. 施工监测目的

通常预应力钢结构，是从确定的一个初始状态开始的，习惯上是根据建筑要求和经验使结构曲面具备一定的初始刚度。但是仅此而获得的结构刚度是不够的，这就必须对柔性的预应力钢索施加预应力，使结构进一步获得刚度，以便在荷载状态对各种不同的荷载条件下结构任何段索的任一单元均满足强度要求及稳定条件。

本工程为含有索单元的双向张弦结构，也存在一个这样的问题。在未施加预应力之前，结构还不具有足够的刚度。为达到结构受力均匀的目的，并且满足设计要求，必须在张拉过程中进行施工监测。对预应力张拉过程中进行监测的目的有以下几点：

（1）由于在未施加预应力之前，结构刚度还是比较小的，因此在张拉过程中一定要进行施工监测，防止某根杆件出现破坏，甚至出现整体结构受到很大的影响的后果，以保证张拉过程的安全进行。

（2）为保证桁架杆件应力能够在设计允许的范围内，并且满足整体结构的起拱要求，不至于出现个别杆件应力过大或者整体结构变形过大的情况，必须对构件应力比较大，起拱值比较大的部位进行应力监测和变形监测。

2. 监测点布置

根据张拉施工要求将监测内容包含三部分：拉索索力监测、钢结构应力监测和变形监测（竖向起拱和支座水平位移）。对钢索拉力的监测采用与油泵相连的油压传感器，部分张拉端位置采用双控措施，油压传感器和压力传感器共同使用。监测仪器如图 6-9 所示，具体监测点布置如图 6-10 所示。对钢结构应力的监测采用振弦式应变计（图 6-11），具体监测点布置如图6-12 所示。对变形的监测采用全站仪（图 6-13），具体变形监测点布置如图 6-14 所示。

图 6-9　油压传感器和压力传感器

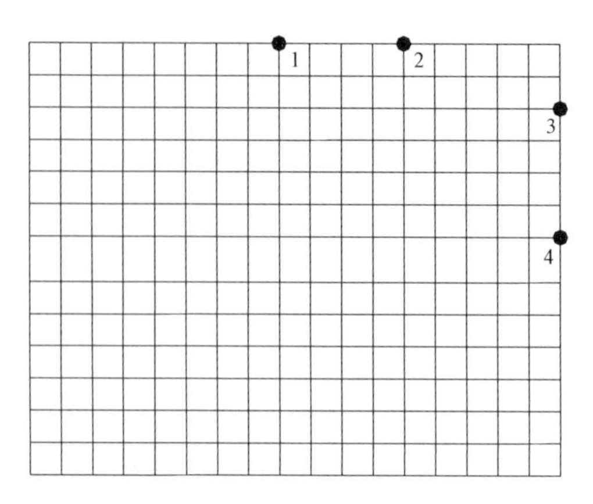


图 6-10　索体压力传感器布置图

图 6-11　振弦应变计图

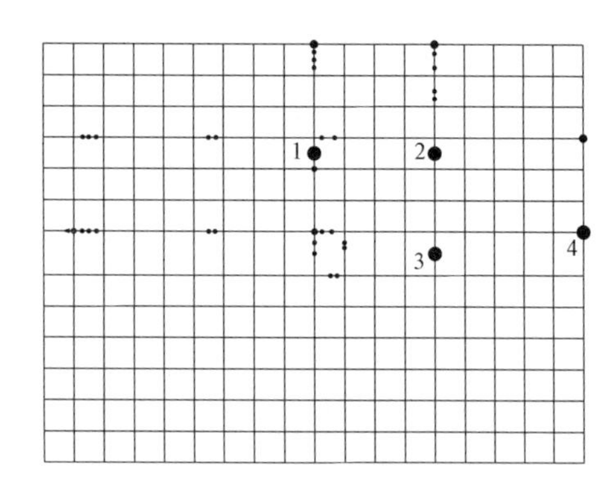


图 6-12　钢结构应力监测点布置

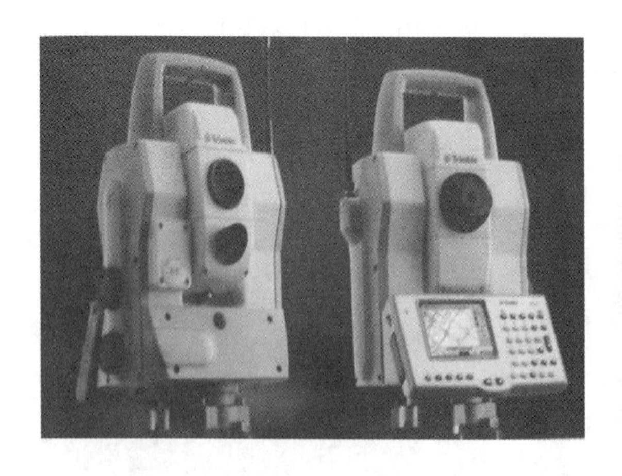

图 6-13　全站仪和百分表

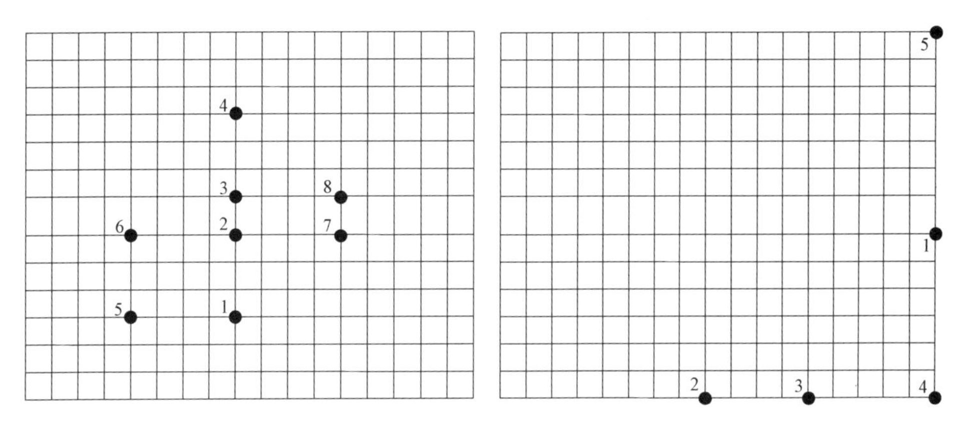


图 6-14　竖向变形和支座水平位移监测位置布置图

在预应力施工过程中，根据监测结果，如果发现结构的变形、应力出现异常，应立即停止张拉。对出现异常的原因进行分析，对结构进行检查，找出问题并解决后才可继续张拉。

3. 监测结果

张拉过程进行监测，实际油压传感器和压力传感器读数跟理论张拉力相差很小，都控制在 5%之内。油压传感器读数跟张拉完成后监测结果如图 6-15～图 6-17 所示。

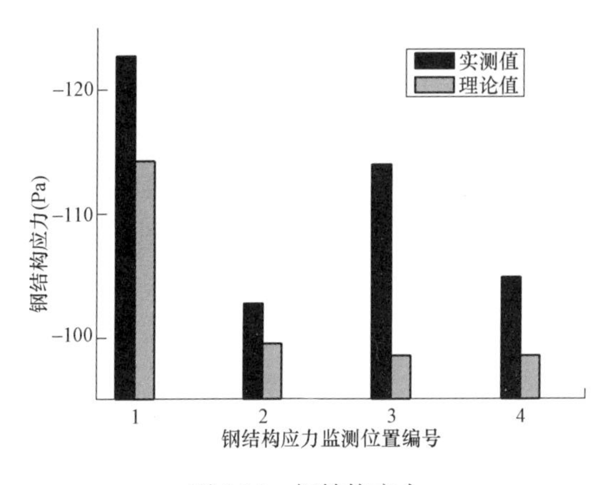


图 6-15　钢结构应力

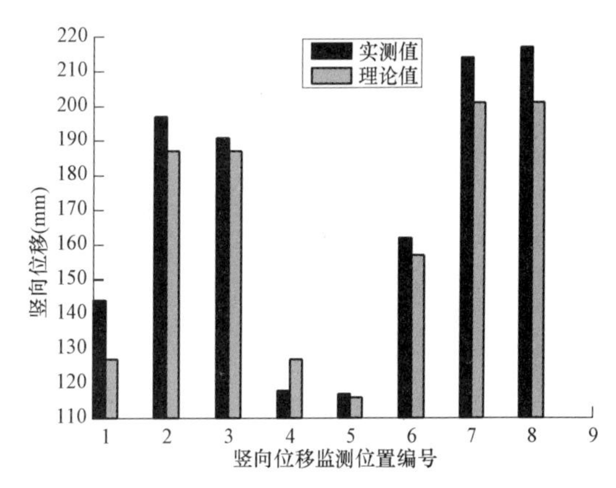


图 6-16　结构竖向位移

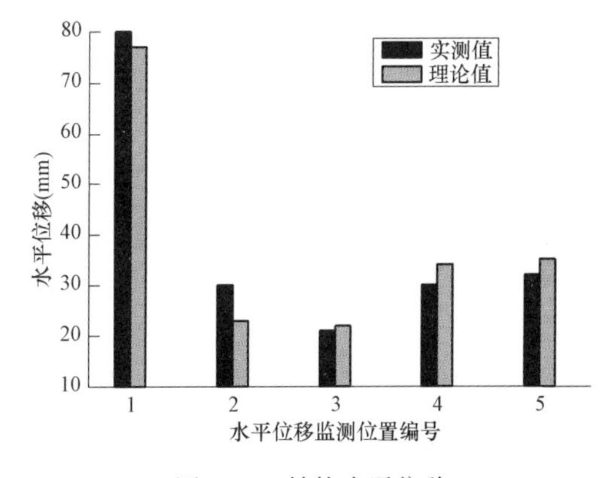


图 6-17　结构水平位移

由图 6-15～图 6-17，可以看出：

（1）总体上钢结构实测应力值在理论计算附近变化，大部分实测应力值比理论计算应力值大。

（2）结构竖向位移和水平位移实测值在理论计算值附近变化，实测值跟理论计算值变化都在 15％以内，满足规范和设计要求。

第七章

# 弦支穹顶结构——北京工业大学奥运会羽毛球馆

## 第一节 工 程 概 况

2008 年奥运会羽毛球馆位于北京工业大学校内，总建筑面积 24 383m²，屋盖最大跨度 93m，矢高 9.3m，其结构形式为下部钢筋混凝土框架结构，上部采用新型空间结构体系——弦支穹顶结构。建筑效果如图 7-1 所示。

图 7-1 2008 年奥运会羽毛球馆效果图

该比赛场馆屋顶钢结构形式为弦支穹顶结构，结构形式如图 7-2 所示。弦支穹顶结构上层为单层网壳，下部为索杆结构。本工程下部结构部分主要由两部分组成：环向索和径向拉杆。环向索采用预应力钢索，规格为 $\phi7\times199$、$\phi5\times139$、$\phi5\times61$ 三种类型，缆索材料采用包双层 PE 保护套，锚具采用热铸锚具的索头和调节套筒，调节套筒的调节量不小于±300mm；钢索内钢丝直径 7mm、5mm，采用高强度普通松弛冷拔镀锌钢丝，抗拉强度不小于 1670MPa，

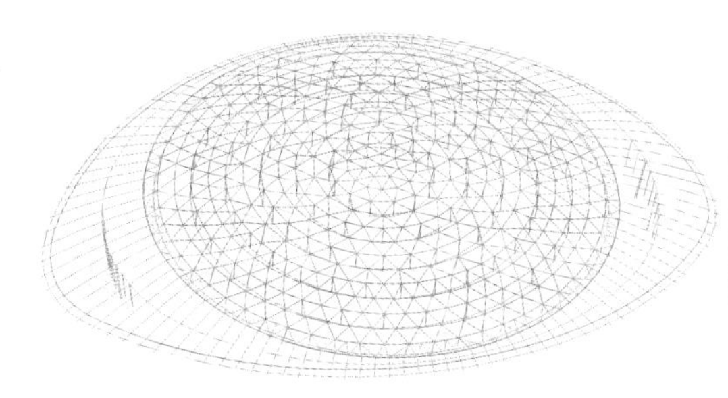

图 7-2 羽毛球馆结构三维图

屈服强度不小于1410MPa，钢索抗拉弹性模量（$E$）不小于$1.9\times10^5$MPa。径向索采用钢拉杆规格为$\phi60$和$\phi40$，屈服强度不小于835MPa，抗拉强度不小于1030MPa，理论屈服荷载1775kN。

## 第二节　施工深化设计

1. 节点深化设计

撑杆上、下节点采用铸钢节点形式，如图7-3和7-4所示。

（1）撑杆上端节点。图7-3（a）为撑杆上端节点示意图，为满足上节点的转动要求，设计了如图7-3（b）所示的节点形式，采用此节点可以满足端头沿环向杆所在圆的径向360°范围内可随意转动，切线方向为14°，都可以满足要求。由此看来，上端采用这种节点形式，满足了撑杆良好的转动性。

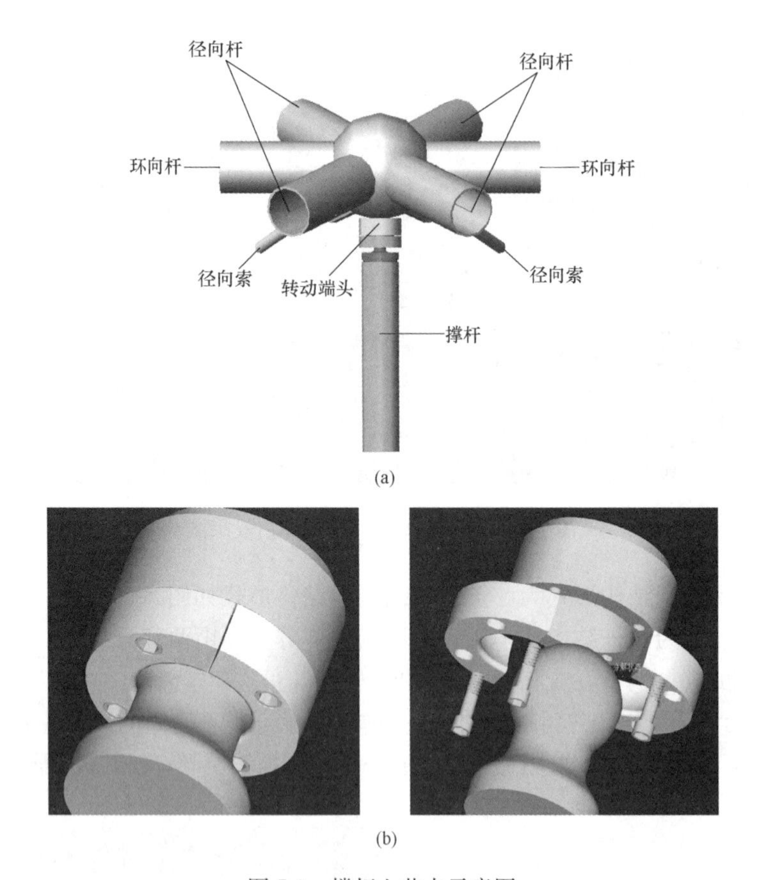


图7-3　撑杆上节点示意图

（2）撑杆下端节点。在张拉过程中，环向索是可滑动的，张拉结束后将环向索锁定，使其不可滑动。为满足以上要求，采用图7-4所示的节点形式，在环向索与节点之间垫上一层聚四氟乙烯板（10mm厚），保证环向索可滑，侧向板保证可以聚四氟乙烯板在节点内；张拉结束后通过节点侧向两个螺母将环向索固定，使其不可滑动。

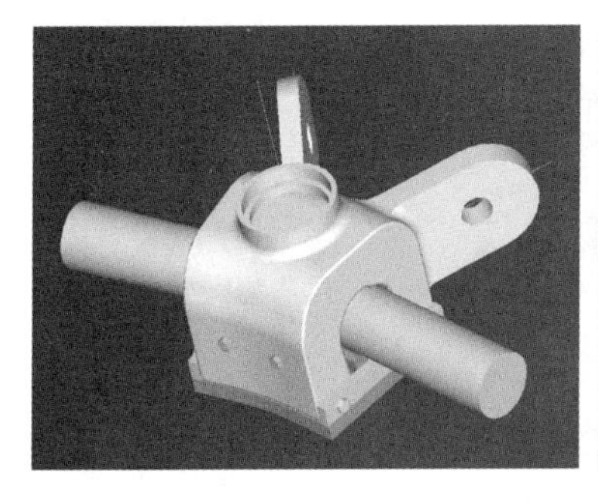

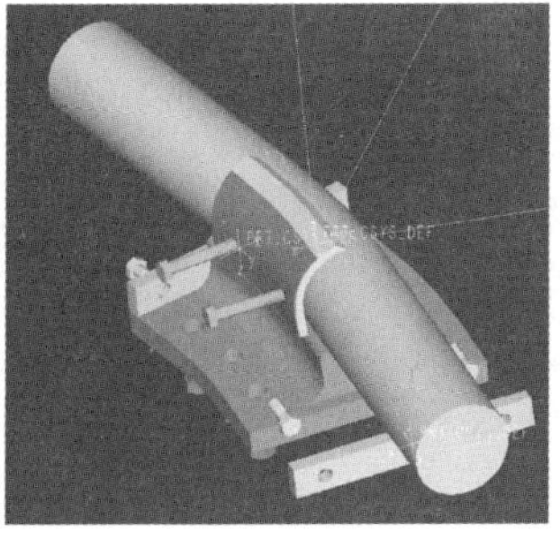

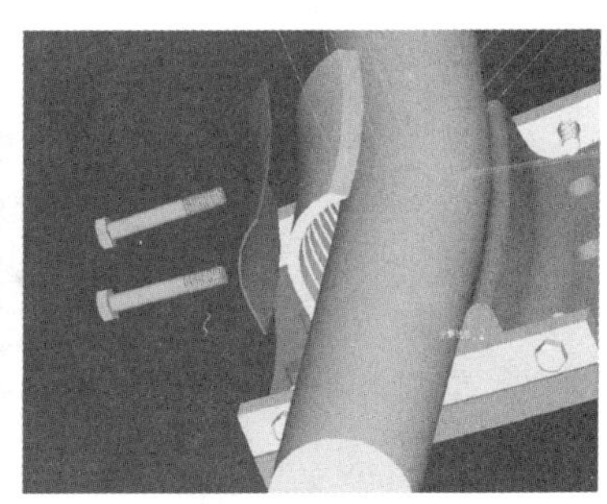

图 7-4　撑杆下节点示意图

2. 节点有限元计算分析

奥运会羽毛球馆采用张弦单层网壳，在节点处相交的杆件数量较多，节点构造复杂。如果在节点处有拉索通过，采用普通的焊接节点处理起来将会比较困难，而采用铸钢节点则可以使这些问题得到比较合理的解决。

对于本工程，铸钢节点主要位于撑杆上下与钢索相连的节点处。我们拟通过对这些铸钢节点进行有限元分析，通过分析对节点的承载性能进行评价，充分了解节点的受力性能，对节点的外形及构造的改进提出科学、合理的建议。

以下是对撑杆上下节点所作的一些初步分析，在分析中采用的荷载组合为 1.2 恒荷 +1.4 活荷。分析软件为由美国 ANSYS 公司开发的大型通用有限元分析程序 ANSYS，选用的单元为 ANSYS 程序单元库中的三维实体单元 SOLID45，每个单元有 8 个节点，每个节点有 3 个自由度。分析时采用的单位制为国际单位制，力的单位：N，长度的单位：m。网格划分采用的是 ANSYS 程序的单元划分器中的自由网格划分技术，自由网格划分技术会根据计算模型的实际外形自动地决定网格划分的疏密。

(1) 撑杆上部节点。撑杆上部与钢索相联系的节点有两种类型，计算结果如图 7-5 和图 7-6 所示。

1) 第一种类型。

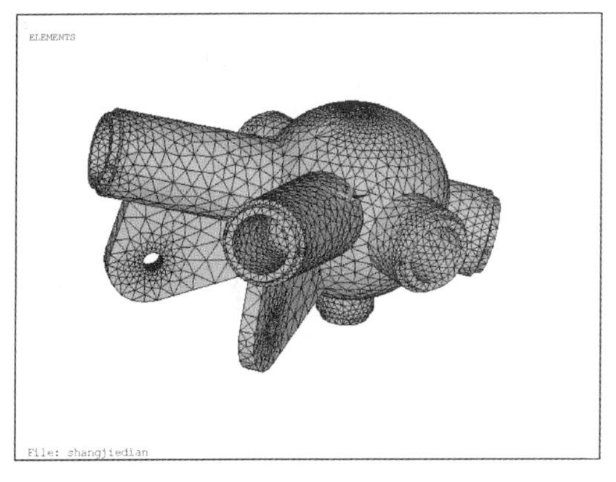


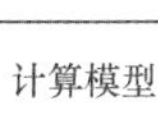

计算模型

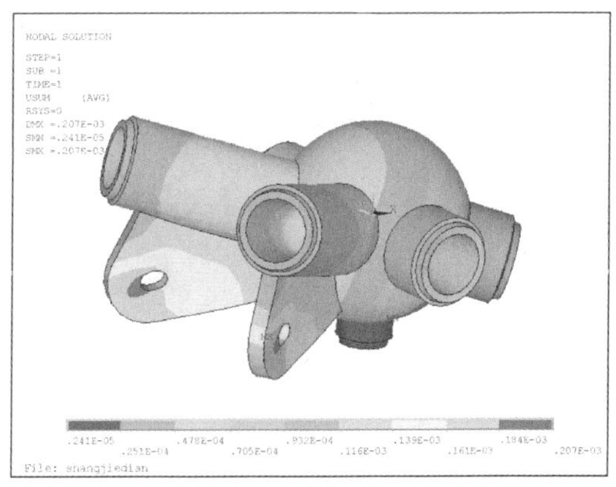


节点位移

图 7-5　第一种类型（一）

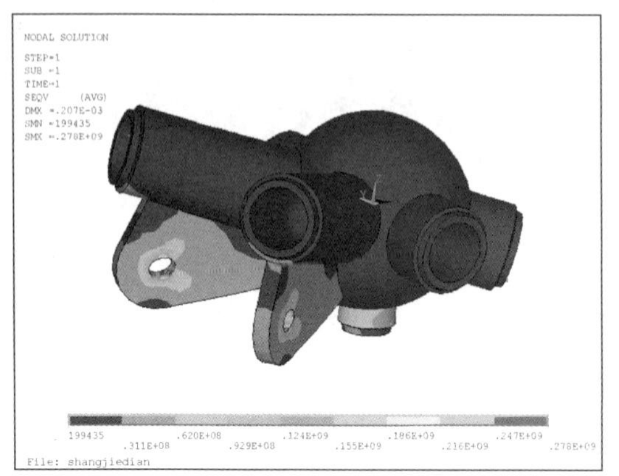


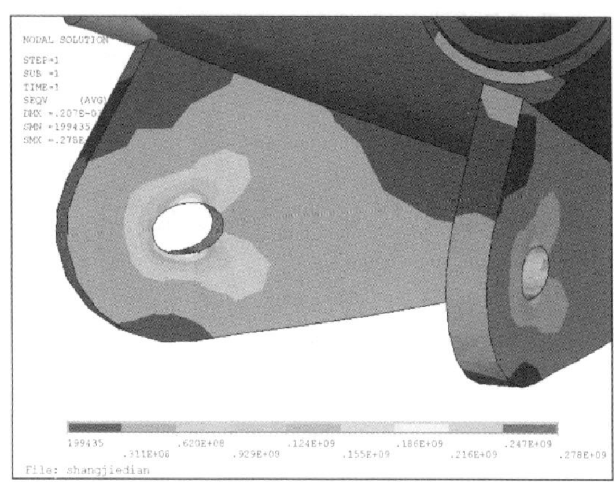


von-mises 等效应力

图 7-5　第一种类型（二）

2）第二种类型。

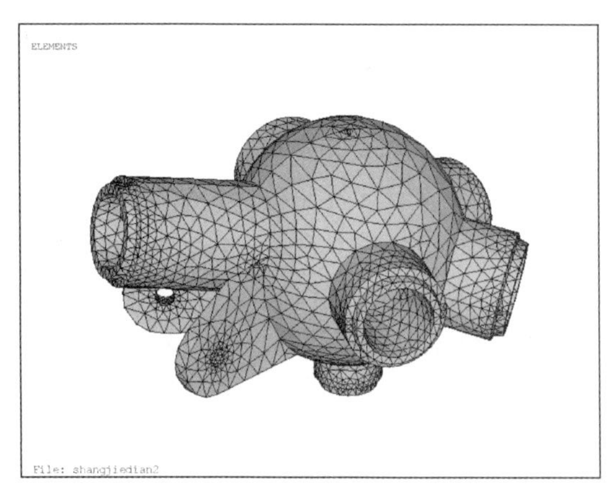


计算模型

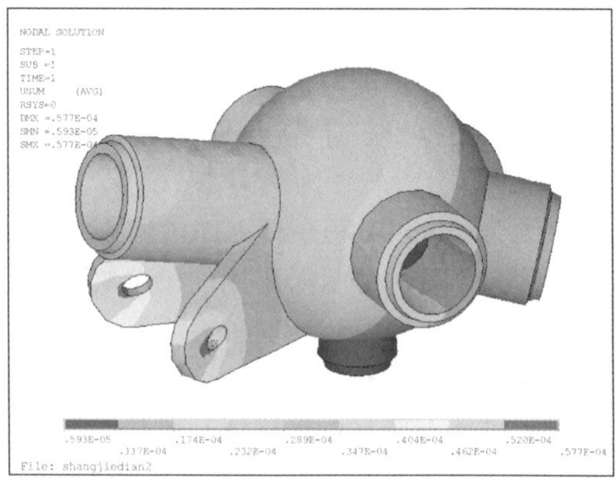


节点位移

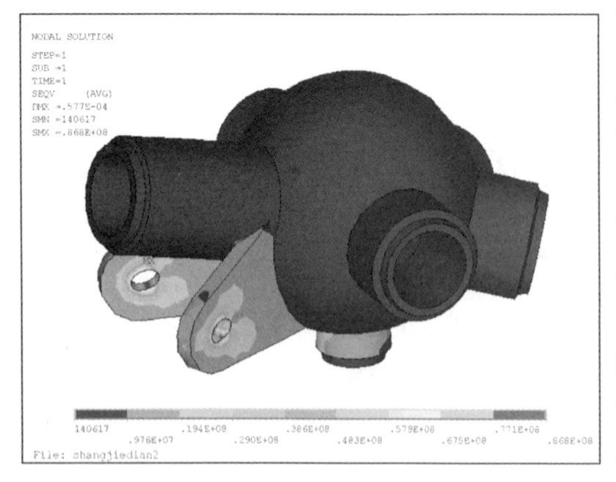


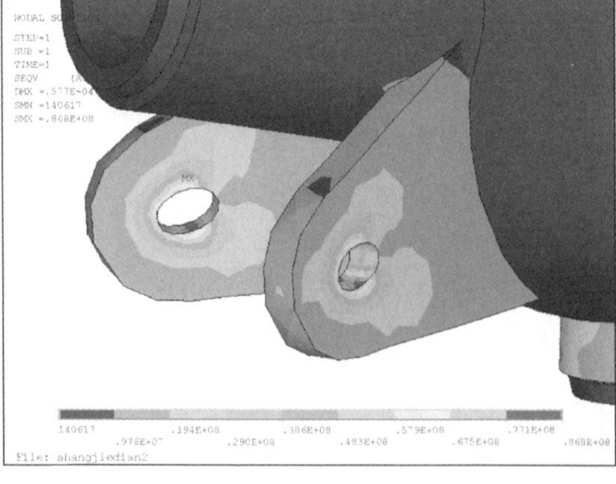


von-mises 等效应力

图 7-6　第二种类型

（2）撑杆下部节点。计算结果如图 7-7 所示。

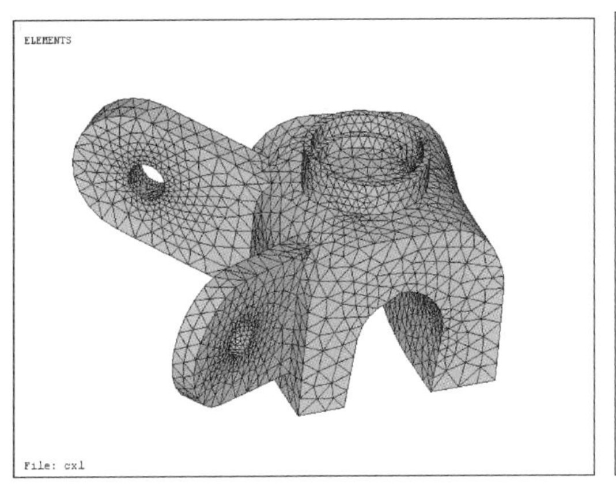


计算模型

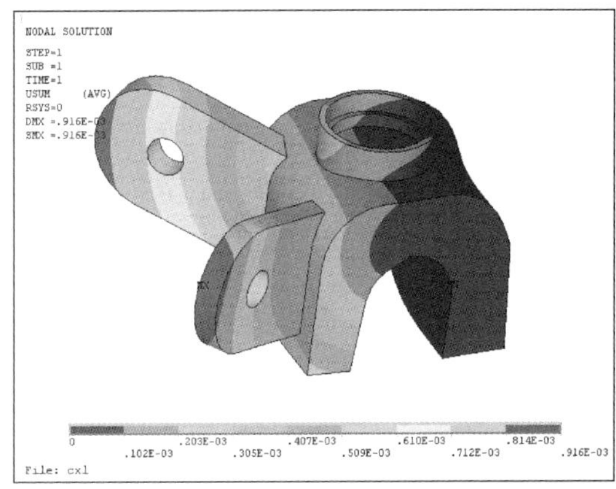


节点位移

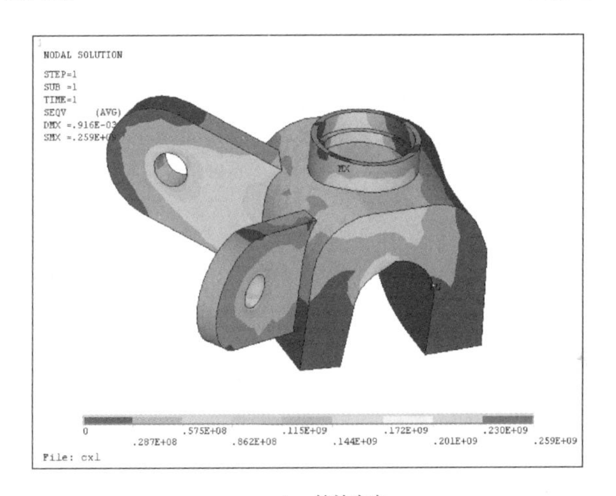


von-mises 等效应力

图 7-7　撑杆下部节点

节点计算时，钢索索力取值设计荷载作用时的索力，由于计算模型即施加约束的形式跟实际有差别，因此产生了应力集中，实际上节点应力要小于计算结果。

## 第三节　施　工　方　案

1. 总体安装顺序

总体安装顺序为：先搭设满堂脚手架，安装上层单层网壳，后安装环向索和钢拉杆。具体施工流程如图 7-8 所示。

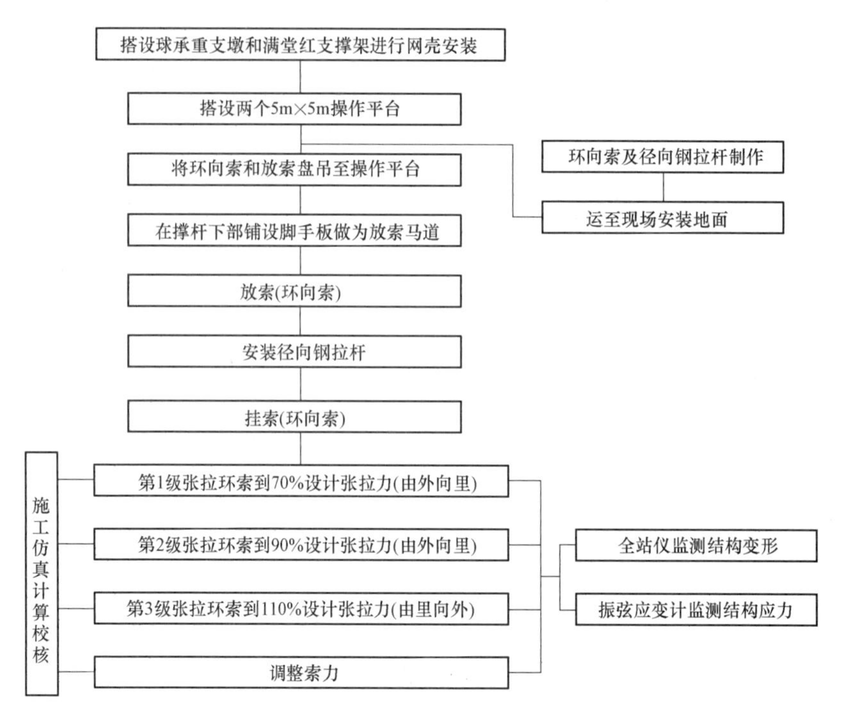


图 7-8　施工流程图

具体的施工步骤如图 7-9 所示。

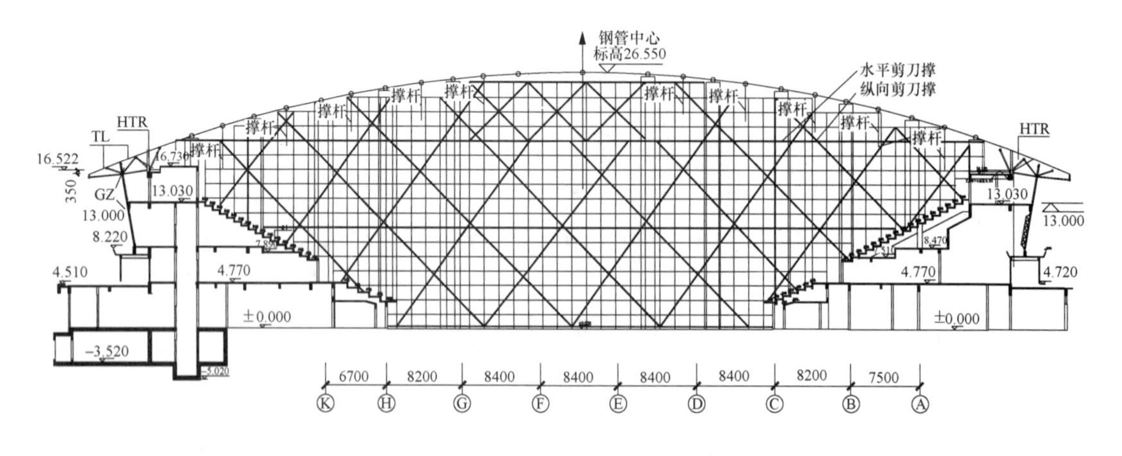


第一步：搭设球承重支墩和满堂红支撑架进行网壳安装

图 7-9　具体施工步骤（一）

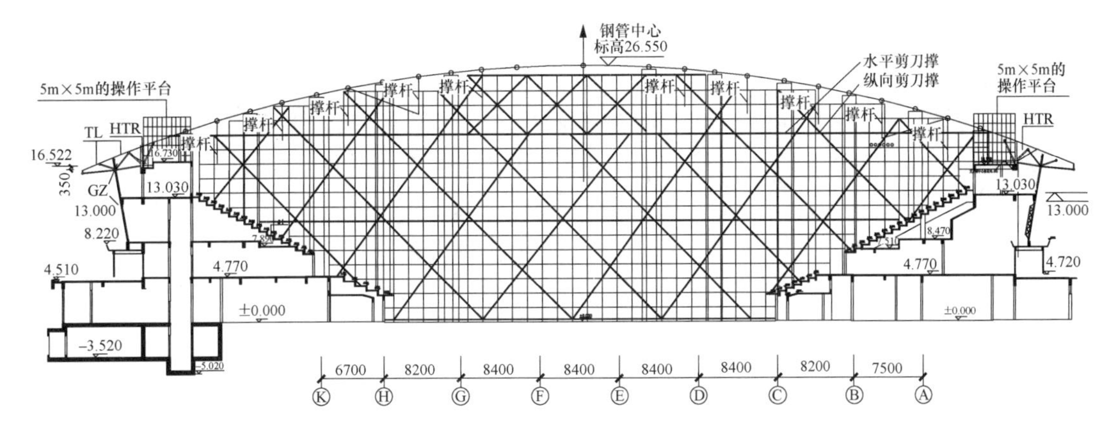


第二步：搭设两个5m×5m操作平台

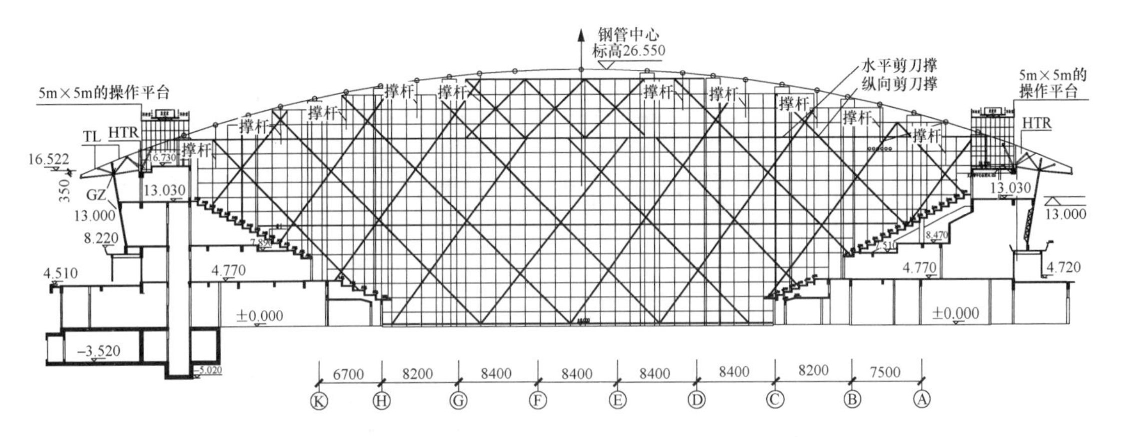


第三步：将环向索和放索盘吊至操作平台

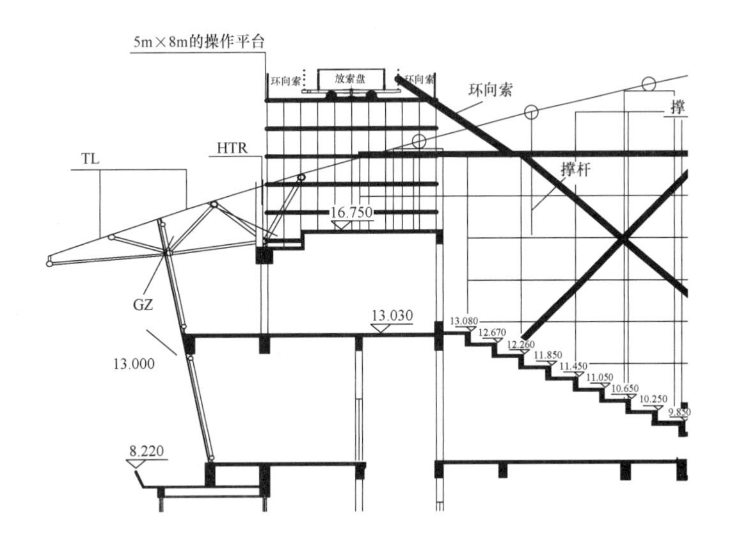


第四步：将环向索放置在铸钢节点下方平台

图 7-9　具体施工步骤（二）

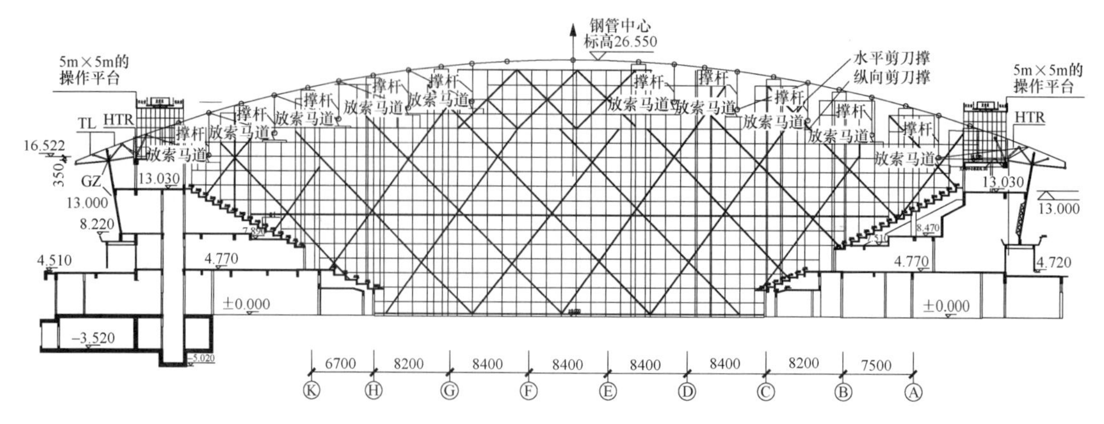


第五步：拆除撑杆下端脚手架平台(下方5m)，安装撑杆和铺设放索马道

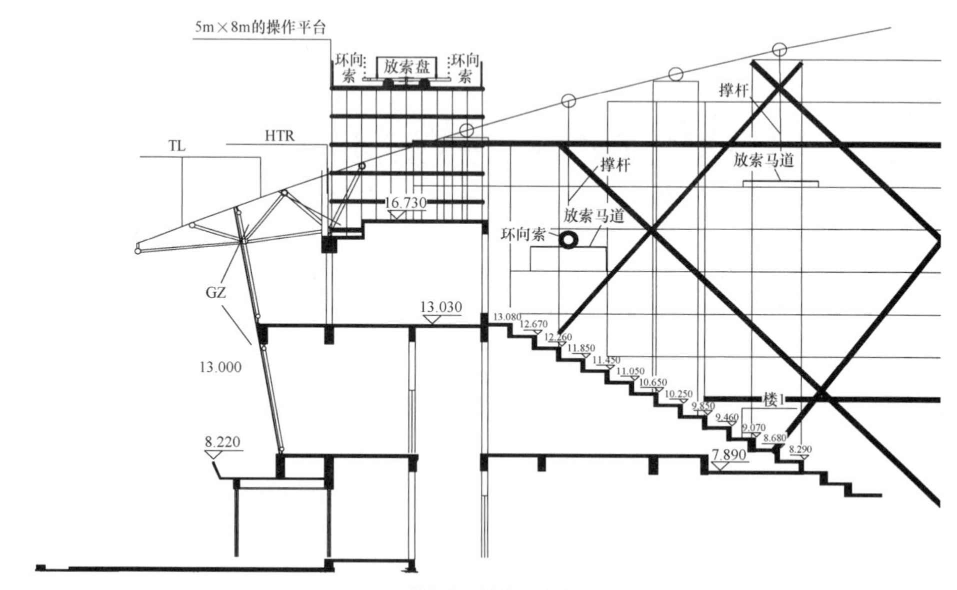


第六步：放索(环向索)

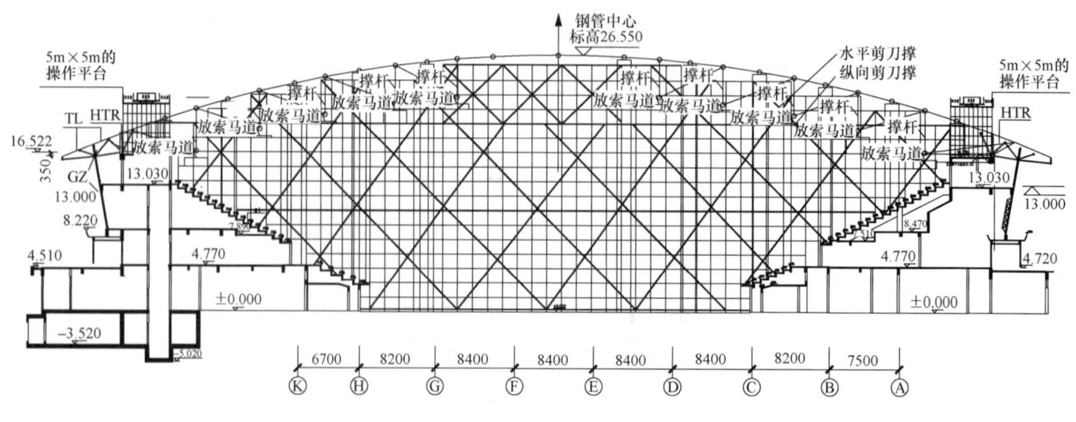


第七步：挂索(环向索和径向钢拉杆)

图 7-9　具体施工步骤（三）

2. 预应力施加方案

弦支穹顶结构拉索预应力的建立通常有三种基本方法，即

(1) 通过径向索施加预应力。调整好环向索初始索长和撑杆长度后，直接对径向索张拉建立预应力。本工程径向钢拉杆轴力适中，伸长量也较小，因此对张拉设备要求不高。但是，径向钢拉杆数量比较多，若每环同步张拉，需要多套张拉设备，若受张拉设备数量限制，采取拉索对称循环张拉与调整，则工作量很大，工期比较长，且钢拉杆轴力不易控制。

(2) 通过调节撑杆长度施加预应力。通过调节撑杆长度来建立预应力是一种间接施加预应力的方法。本工程撑杆数量比较多，其需设备较多，并且该种方法要求拉索预先精确确定初始索长，并根据现场钢结构安装误差，确定拉索初始预应力长度，技术难度也比较高。

(3) 通过环向索施加预应力。对环向索施加预应力使其环向伸长。通过环向索来施加预应力可以保证施工进度，通过对撑杆下节点进行处理后，能够保证环向索索力很好传递，使环索索力尽量均匀。

通过对比，本工程弦支穹顶拉索预应力建立采用张拉环向索的方法来建立预应力。

3. 预应力钢索及钢拉杆的吊装与放索

(1) 针对索盘内径、外径、高度、重量等参数提前加工放索盘并运到现场。

(2) 为了现场施工方便，在索体制作时，每根索体都单独成盘，在加工厂内将索体缠绕成盘，到现场后吊装到事先加工好的放索盘上。放索盘示意图如图 7-10 所示。

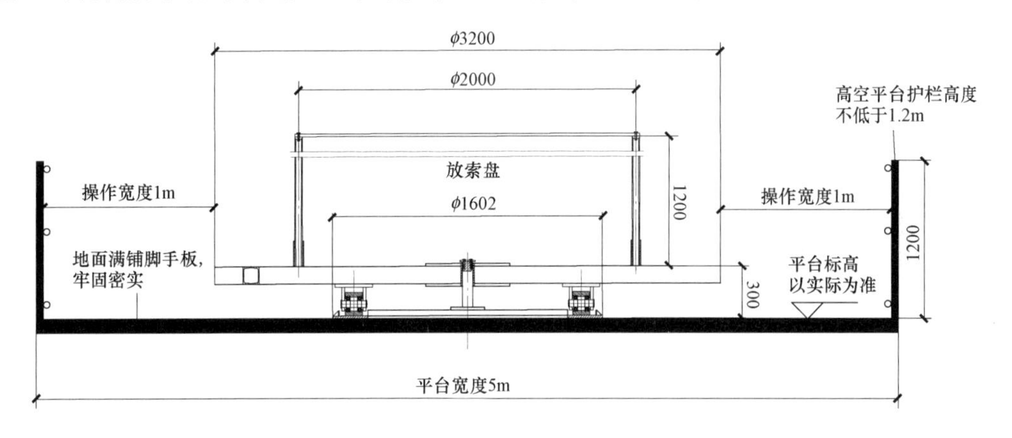


图 7-10 放索盘示意图

(3) 将放有钢索的放索盘吊至已经搭设好的放索操作平台上。

(4) 本工程预应力环向索较长，环向索最长达 62m (分为四段后)，重达 5t 左右 (包括索头)，考虑到现场搭设满堂脚手架，所以空间比较小而且放索马道不是很平整，因此在放索时将索头置于平板车，并固定，如图 7-11 所示。采用 4 个导链通过吊装带牵引平板车，4～10 个导链牵引已放索体，将钢索慢慢放开置于现有平台上，为防止索体在移动过程中与脚手板接触，索头用布包住，在沿放索方向铺设一些滚子，以保证索体不与平台接触，将钢索通过吊装带绑在焊接后的网壳上，同时将有撑杆的环向杆下方平台拆至下方 5m 处，最后将钢索慢慢放置放索马道上。

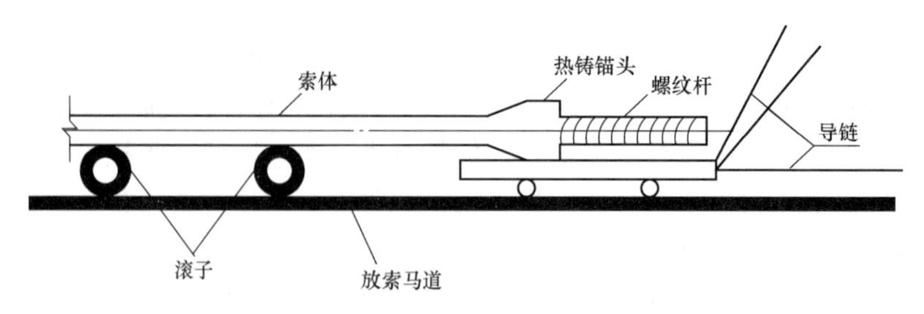


图 7-11 索头置于平板车示意图

（5）径向钢拉杆长度比较短，重量比较小，采用汽车吊吊装或者人工方式搬运的方式安装就位。若通过吊装方式时，吊装时采用至少三个吊点并且使用钢管作扁担辅助吊具。

4. 预应力张拉工艺

（1）张拉前撑杆初始位置。张拉前撑杆都是向外偏斜的，具体偏斜角度如图 7-12 所示。

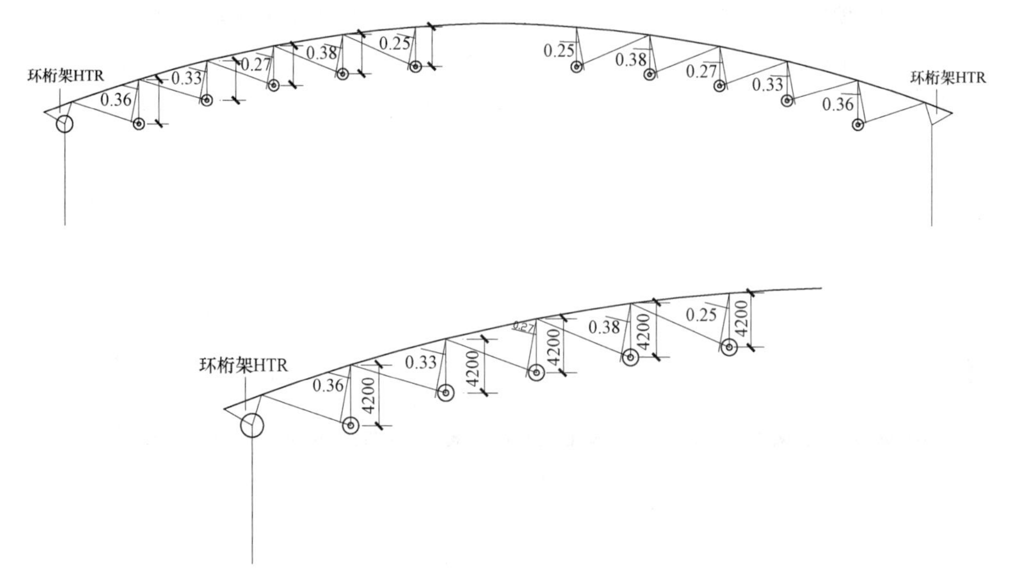


图 7-12 撑杆偏移方向示意图（红色为撑杆张拉前状态，张拉结束后撑杆竖直）

（2）张拉技术要点。经过计算，环向索最大张拉力约 245t 左右，需要两台 150t 千斤顶，并且同一圈环向索四段同时张拉，故选用 8 台 150t 千斤顶，即同时使用 4 套张拉设备。合理设计张拉工装，张拉过程中合理分级，使张拉完成后满足设计要求。

张拉前将各圈环向索进行预紧，然后进行正式张拉。总体张拉过程分为 3 级完成，分别为：张拉到设计张拉力的 70%、张拉到设计张拉力的 90%、张拉到设计张拉力的 110%。总体张拉顺序为：前 2 级张拉都是由外圈向内圈依次张拉，第 3 级是由内圈向外圈依次张拉完成。张拉过程中，索力控制为主，索伸长值控制为辅，同时考虑网壳变形。

本工程是通过环向索施加预应力的，经过仿真计算，环向索最大张拉力约 266t 左右，因此需要两台 150t 千斤顶，并且同一圈环向索有 4 个张拉端，故选用 8 台 150t 千斤顶，即同时使用 4 套张拉设备。张拉设备如图 7-13 所示。

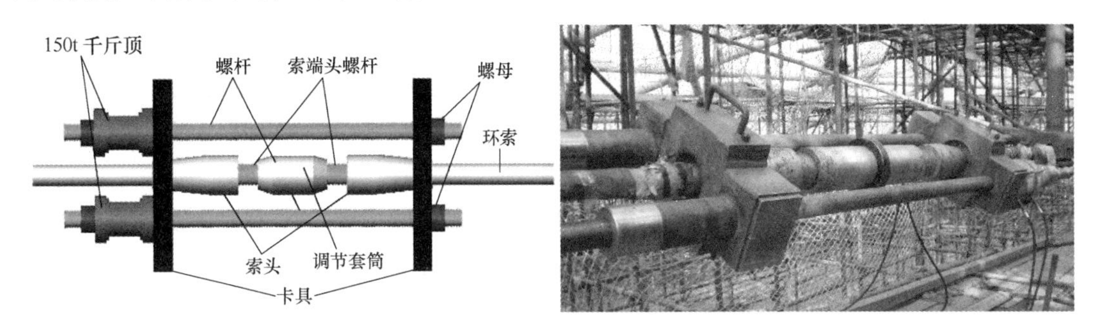


图 7-13　张拉设备

张拉设备采用预应力钢结构专用千斤顶和配套油泵、油压传感器、读数仪。根据设计和预应力工艺要求的实际张拉力对油压传感器及读数仪进行标定。标定书在张拉资料中给出。

由于本工程张拉设备组件较多，因此在进行安装时必须小心安放，使张拉设备形心与钢索重合，以保证预应力钢索在进行张拉时不产生偏心；预应力钢索张拉开始要保证油泵启动供油正常后，开始加压；张拉时，要控制给油速度，给油时间不应低于 0.5min；每圈环向索在张拉过程中要保证同步性。

## 第四节　施　工　仿　真

1. 施工仿真计算目的

由于在预应力钢索张拉完成前结构尚未成形，弦支穹顶的结构整体刚度较差，因此必须应用有限元计算理论，使用有限元计算软件进行预应力钢结构的施工仿真计算，以保证结构施工过程中及结构使用期安全。与施工过程相对应，施工仿真计算分为以下两个过程：安装完上层网壳（包括悬挑部分）、张拉过程，其中在进行第 2、3 级张拉过程中将脚手架拆掉。

2. 施工仿真计算结果

本工程采用大型有限元计算软件 ANSYS 为计算工具，对该结构张拉过程进行仿真计算，计算模型如图 7-14 所示。张拉完成后结构竖向变形、钢索和钢拉杆轴力、钢结构应力分别如图 7-15～图 7-17 所示。

根据张拉过程仿真计算，确定环向索预应力张拉值见表 7-1。

**表 7-1　　环向索预应力张拉值**

| 环向索张拉力（kN） | | | | | |
|---|---|---|---|---|---|
| 位　置 | 第 1 圈环索 | 第 2 圈环索 | 第 3 圈环索 | 第 4 圈环索 | 第 5 圈环索 |
| 张拉到设计张拉力的 70% | 1693 | 860 | 534 | 249 | 118 |
| 张拉到设计张拉力的 90% | 2177 | 1106 | 687 | 320 | 152 |
| 张拉到设计张拉力的 110% | 2661 | 1351 | 839 | 391 | 185 |

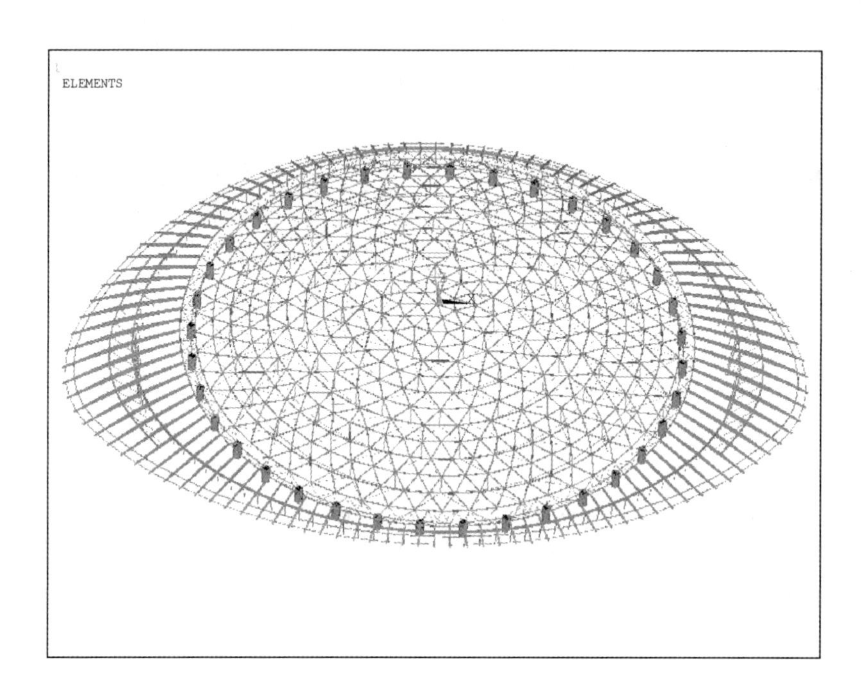


图 7-14　有限元计算模型

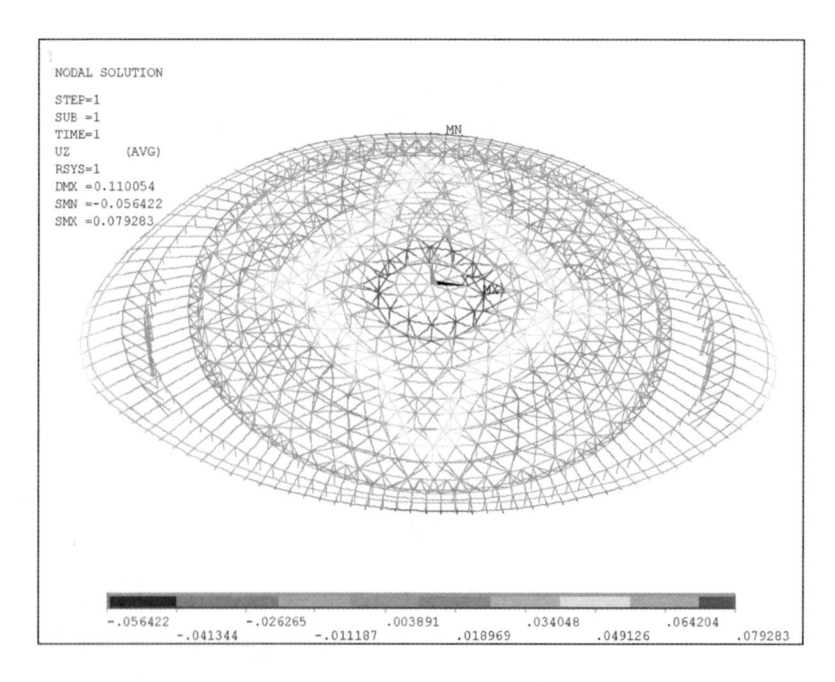


图 7-15　结构竖向位移（最大起拱值为 79mm）

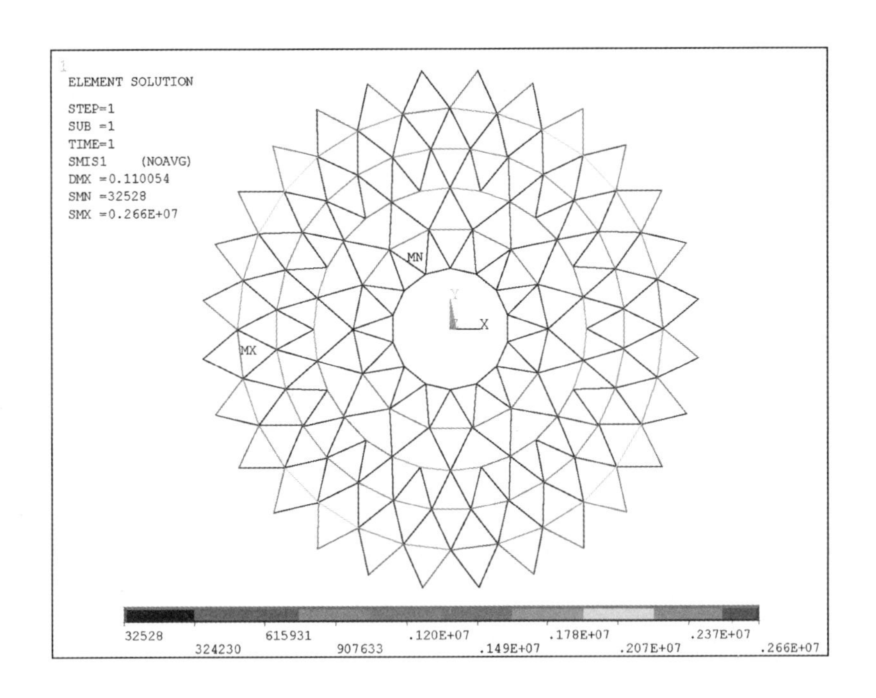


图 7-16　钢索及钢拉杆轴力

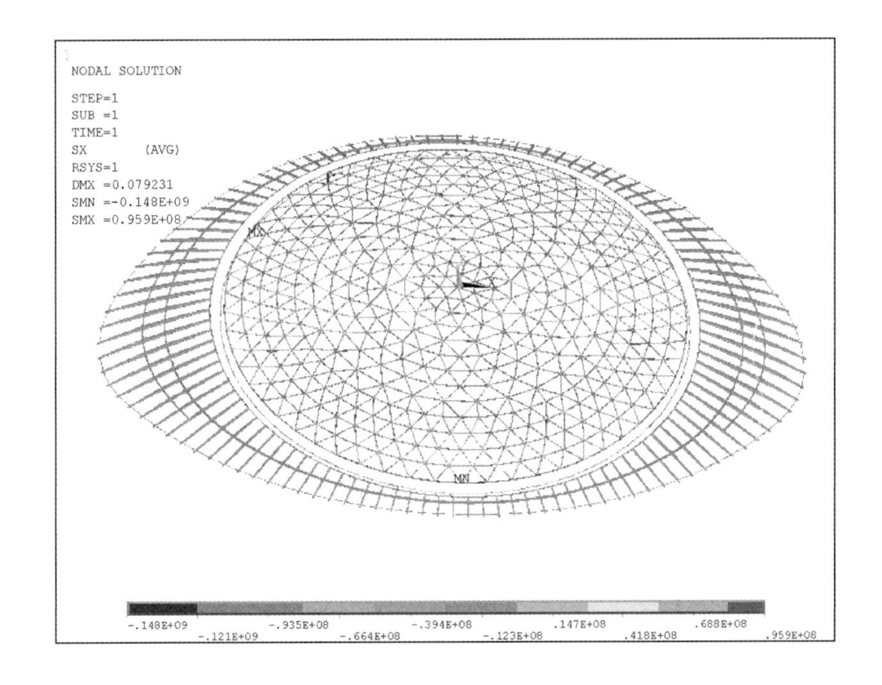


图 7-17　钢结构应力

由仿真计算可以看出，结构拱起的值不断增大，并且由外向里逐渐增大，最终的起值为 81mm；在张拉过程中，最外圈环索索力最大为 2661kN，并且环索和径向钢拉杆的应力最大为 503MPa，钢结构最大压应力为 149MPa，最大拉应力为 96.9MPa。由仿真计算还可以看出，在第 1 级张拉完成后，部分临时脚手架始终持力，但是支撑力不是很大，再进行第 2 级张拉前将其拆掉。通过以上仿真计算结果可以看出，此种张拉方案是合理的。

## 第五节　施　工　监　测

1. 施工监测目的

在未施加预应力之前，结构还不具有稳定的刚度。为达到结构受力均匀的目的，并且满足设计要求，使得同一圈的每段环向索都能够施加上相同的预应力值，必须在张拉过程中进行施工监测。

2. 监测点布置

本工程主要有索力监测和起拱值监测两部分。其中，索力监测点布置张拉端的油压传感器、径向钢拉杆、撑杆三种监测索力的方法同时使用。使用全站仪监测结构变形，应力和变形监测点布置如图 7-18～图 7-21 所示。

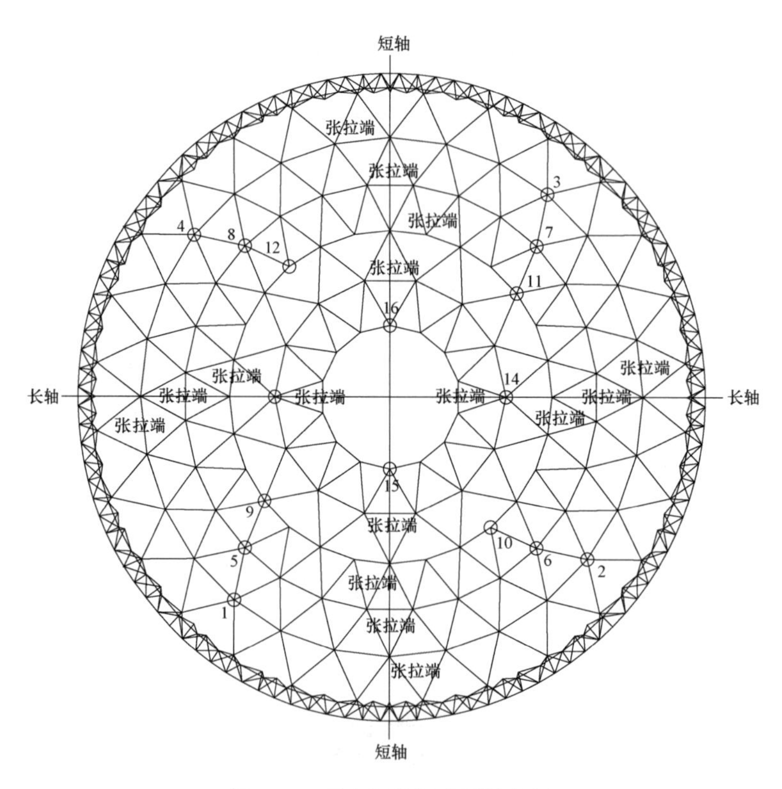


图 7-18　径向钢拉杆监测位置图

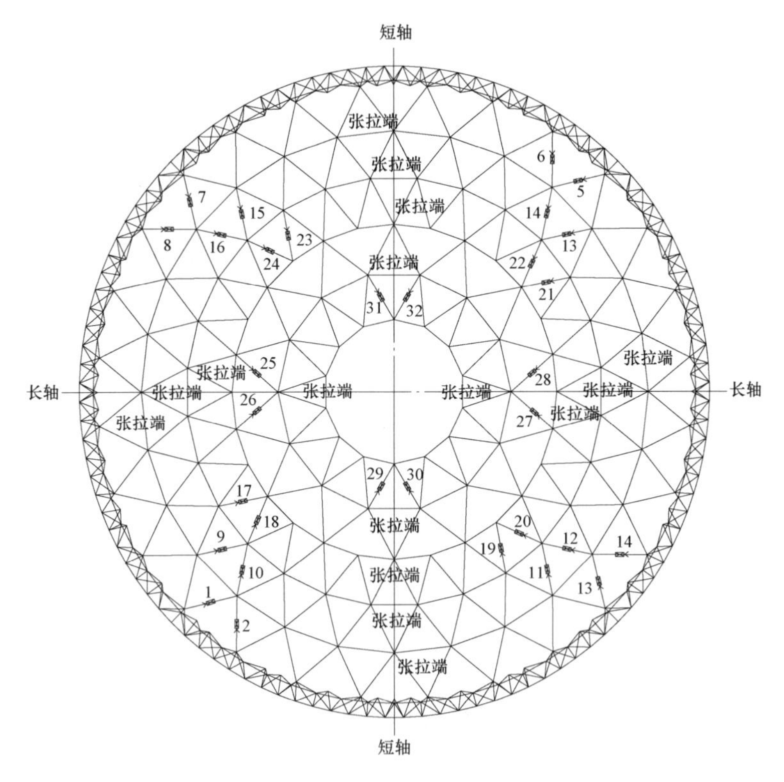


图 7-19　撑杆监测位置

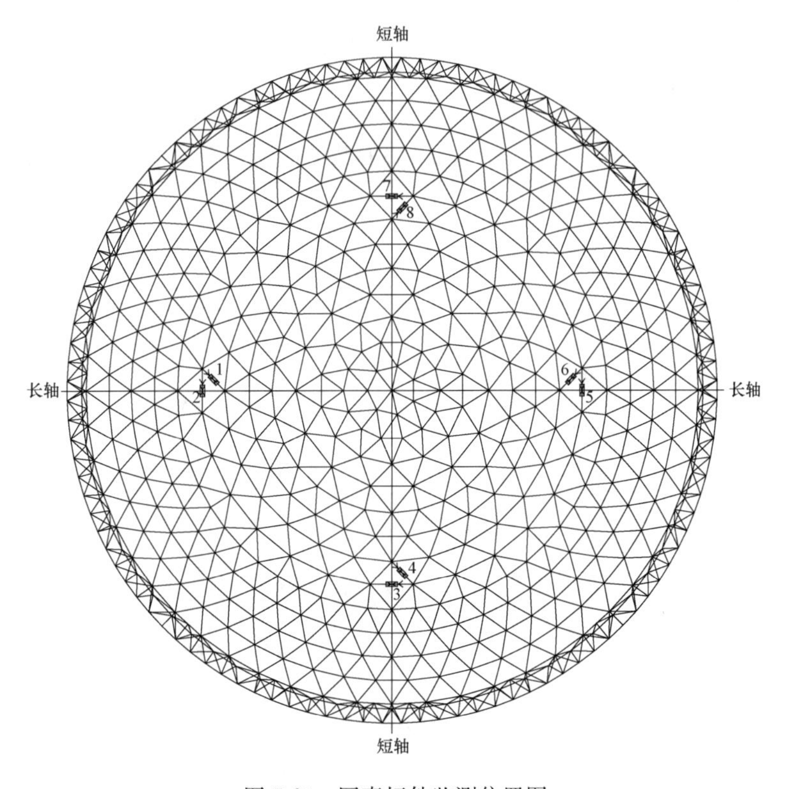


图 7-20　网壳杆件监测位置图

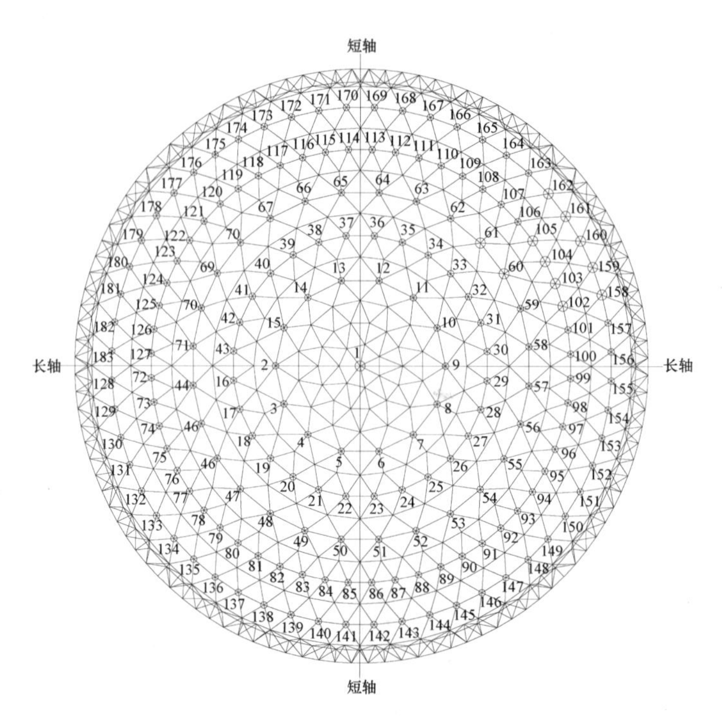


图 7-21　起拱值监测位置

3. 监测结果

在张拉过程及完成后对布置监测点进行了监测，实测结果如图 7-22～图 7-25 所示。起拱值是从设计张拉力 70%张拉到设计张拉力 110%的起拱变化量，其中图 7-22 中起拱值编号跟图 7-25 对应编号见表 7-2。

**表 7-2　　　　图 7-22 和图 7-25 位置编号对应**

| 图 12 和图 16 位置编号对应 | | | | | | | | | | | |
|---|---|---|---|---|---|---|---|---|---|---|---|
| 图 12 编号 | 1 | 2 | 5 | 16 | 22 | 44 | 50 | 72 | 85 | 128 | 141 |
| 图 16 编号 | 1 | 2 | 3 | 4 | 5 | 6 | 7 | 8 | 9 | 10 | 11 |

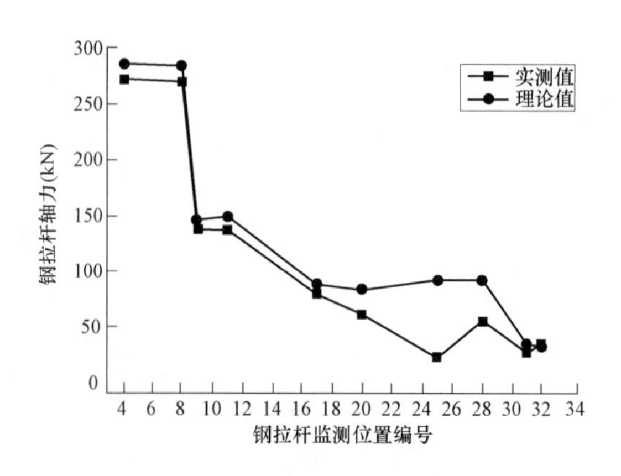


图 7-22　张拉完成后监测钢拉杆的轴力

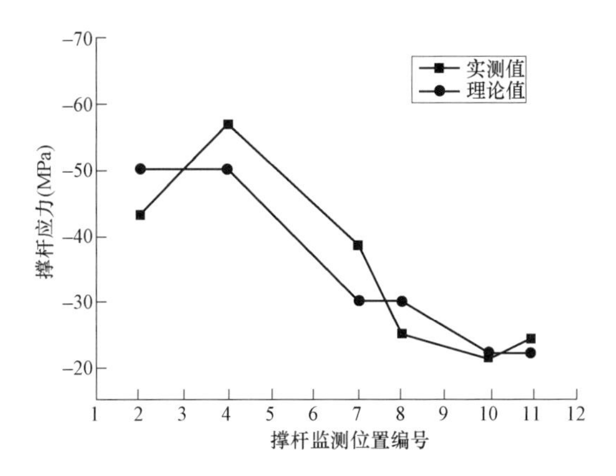


图 7-23　张拉完成后监测撑杆的应力

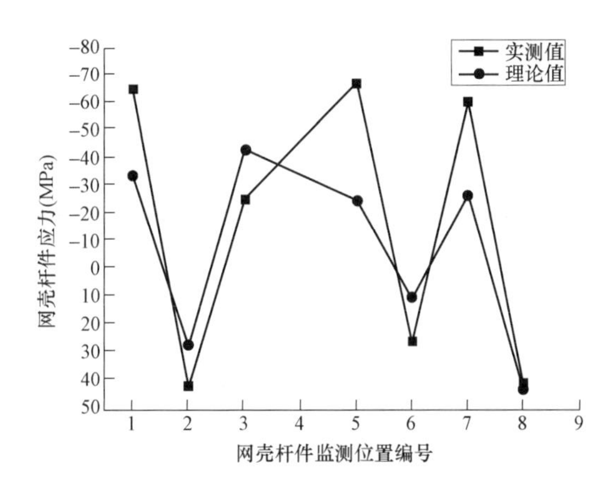


图 7-24　张拉完成后监测网壳杆件的应力

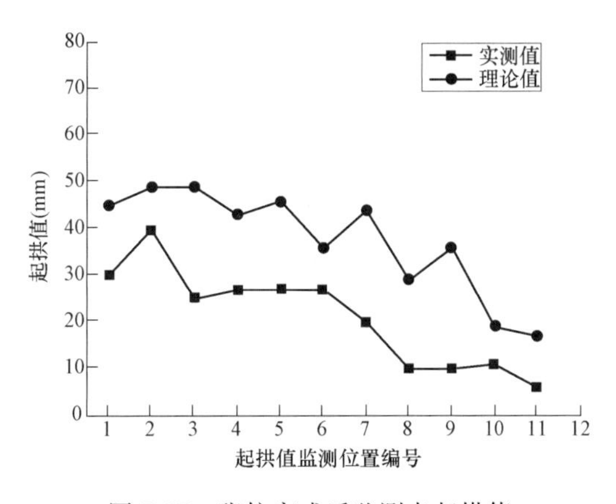


图 7-25　张拉完成后监测点起拱值

从图 7-22～图 7-25 可以看出，钢拉杆实测轴力值比理论计算值小，撑杆和网壳杆件实测应力在理论计算值附近，起拱的实测值比理论计算值要小。其中，主要原因是撑杆下节点存在索力损失，理论计算模型刚度小于实际网壳刚度等。

# 第八章

# 索穹顶结构——鄂尔多斯索穹顶

## 第一节 工 程 概 况

索穹顶体系由受拉的钢索和少量的受压撑杆组成，能充分利用钢材的抗拉强度，并使用薄膜材料作屋面，结构自重很轻，非常适合超大跨度建筑的屋盖设计。

目前在国外已经有多座建筑采用了索穹顶结构，但国内直到内蒙古伊旗索穹顶建成之前，一直没有真正意义的索穹顶问世。主要原因是没有掌握索穹顶结构的关键施工技术。尽管国内很早就有学者在关注索穹顶并展开研究，但主要集中在索穹顶结构的力学性能研究以及模型试验研究方面，对施工技术的研究较少。

鄂尔多斯伊旗索穹顶是目前我国第一个大型索穹顶结构工程，屋盖建筑平面呈圆形，设计直径为 71.2m，屋盖矢高约为 5.5m。由外环梁、内拉环、环索、斜索、脊索及两圈撑杆组成，表面覆盖膜结构。结构三维图如图 8-1 所示，剖面图如图 8-2 所示。钢索长度及相关技术参数见表 8-1。钢索形式如图 8-3 和图 8-4 所示。

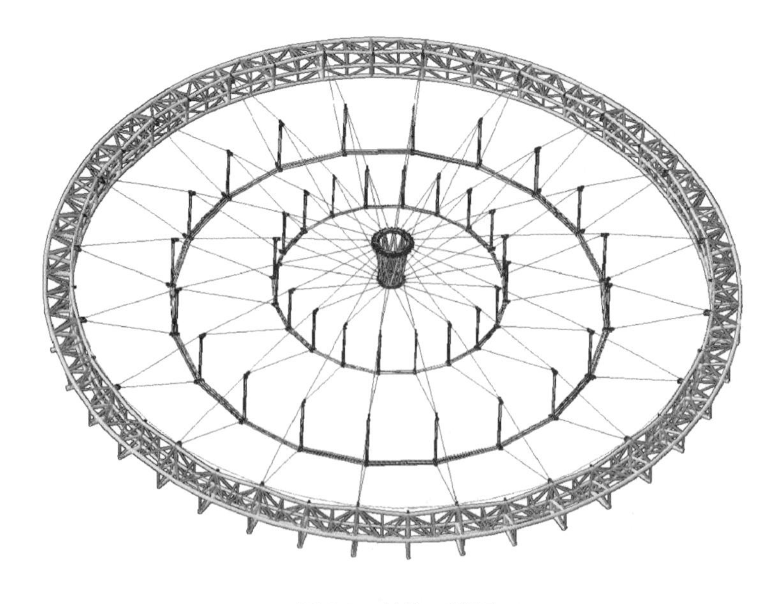

图 8-1　结构三维图

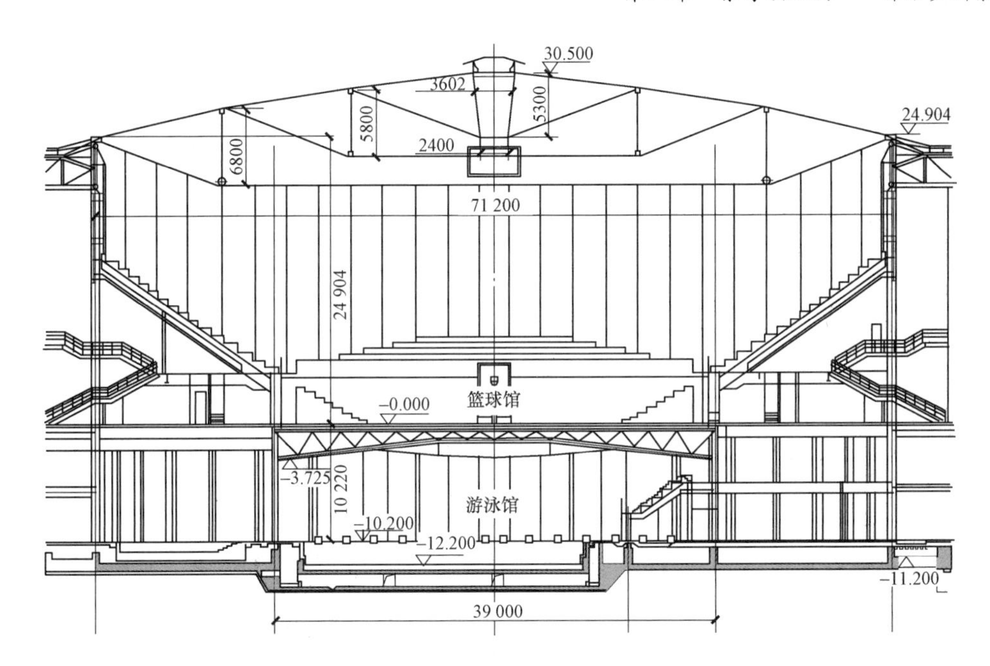


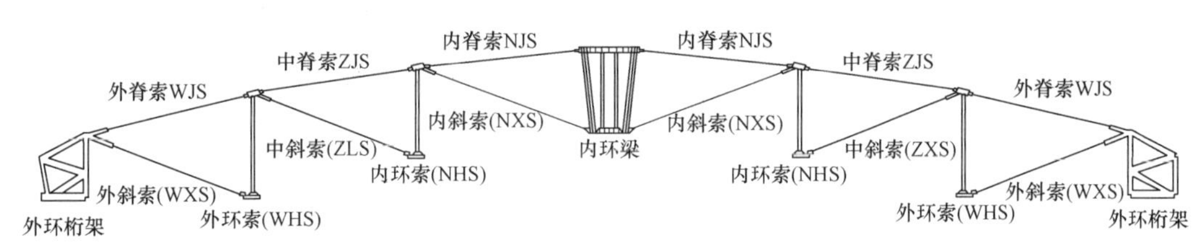


图 8-2　结构剖面图

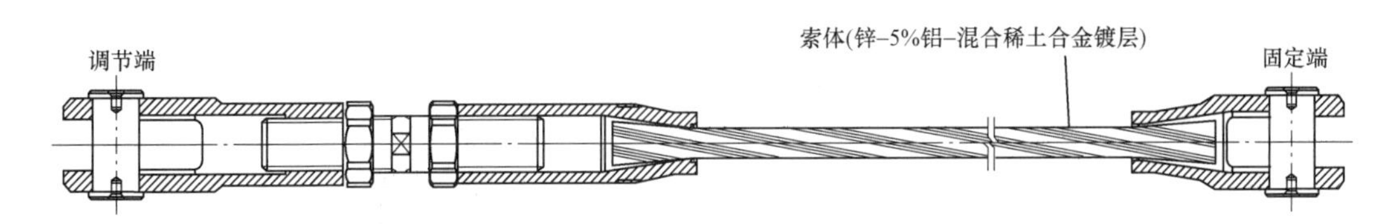


图 8-3　斜索、脊索示意图

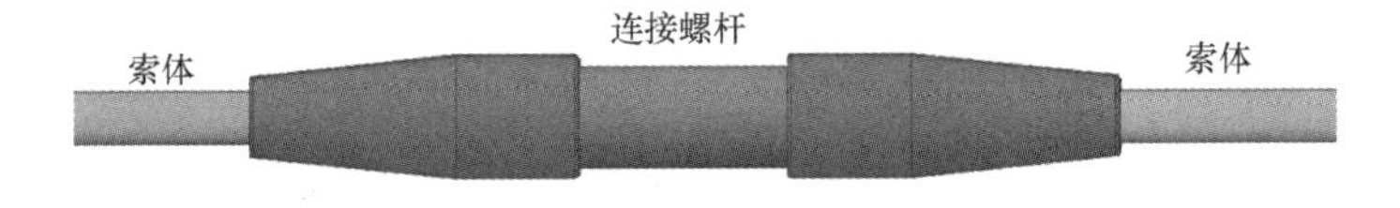


图 8-4　环向索示意图

**表 8-1**　　**结构构件尺寸及相关技术参数**

| 杆件 | 位置 | | 数量 | 规格 | 单根长度(mm) | 钢索破断力(kN) | 材料类型 |
|---|---|---|---|---|---|---|---|
| 斜索 | WXS | 外圈 | 20 | f65 | 12 030 | 3533 | 碳钢高帆钢索强度：1670MPa |
| | ZXS | 中圈 | 20 | f38 | 11 300 | 1197 | |
| | NXS | 内圈 | 20 | f32 | 11 735 | 848 | |

续表

| 杆件 | 位置 | | 数量 | 规格 | 单根长度（mm） | 钢索破断力（kN） | 材料类型 |
|---|---|---|---|---|---|---|---|
| 脊索 | WJS | 外圈 | 20 | f56 | 10 835 | 2618 | 碳钢高帆钢索强度：1670MPa |
| | ZJS | 中圈 | 20 | f48 | 10 736 | 1932 | |
| | NJS | 内圈 | 20 | f38 | 10 425 | 1197 | |
| 环索 | WHS1 | 外圈 | 2 | f65 | 76 640 | 3533 | |
| | WHS2 | | 2 | f65 | 75 820 | 3533 | |
| | WHS3 | | 2 | f65 | 74 990 | 3533 | |
| | NHS1 | 内圈 | 2 | f40 | 40 730 | 1342 | |
| | NHS2 | | 2 | f40 | 40 260 | 1342 | |
| | NHS3 | | 2 | f40 | 39 780 | 1342 | |
| 撑杆 | WCG | 外圈 | 20 | f219×12 | | | 钢管 Q345B |
| | NCG | 中圈 | 20 | f194×8 | | | |
| 内环梁 | | 上环 | 1 | 300×300×20 | | | 焊接方钢管 Q345B |
| | | 下环 | 1 | 300×300×20 | | | |
| | | 腹杆 | 10 | f194×8 | | | |

## 第二节 施工深化设计

1. 索穹顶节点设计

（1）撑杆上节点（图 8-5）。

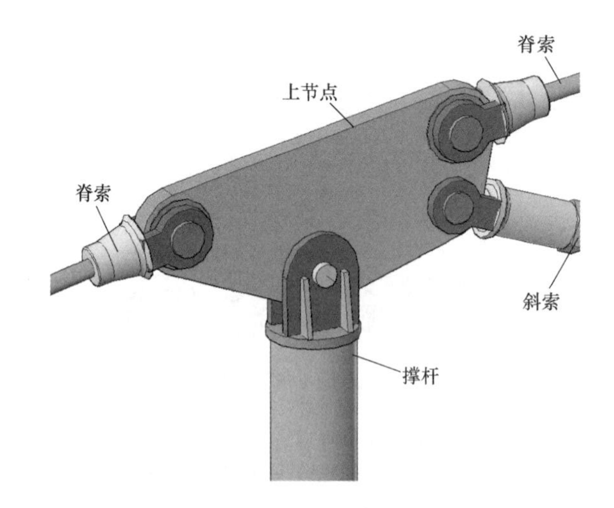


图 8-5 撑杆上节点

（2）撑杆下节点（图 8-6）。

（3）外环梁节点（图 8-7）。

（4）内环梁节点（图 8-8）。

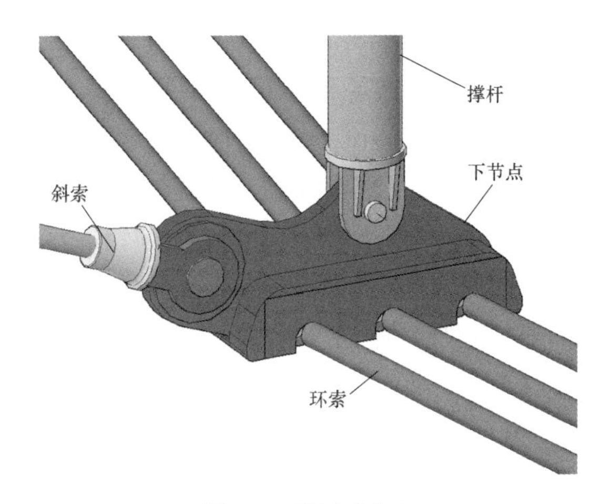


图 8-6　撑杆下节点

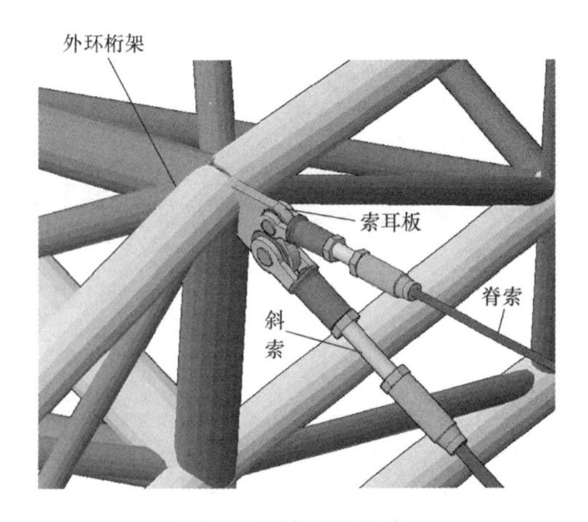


图 8-7　外环梁节点

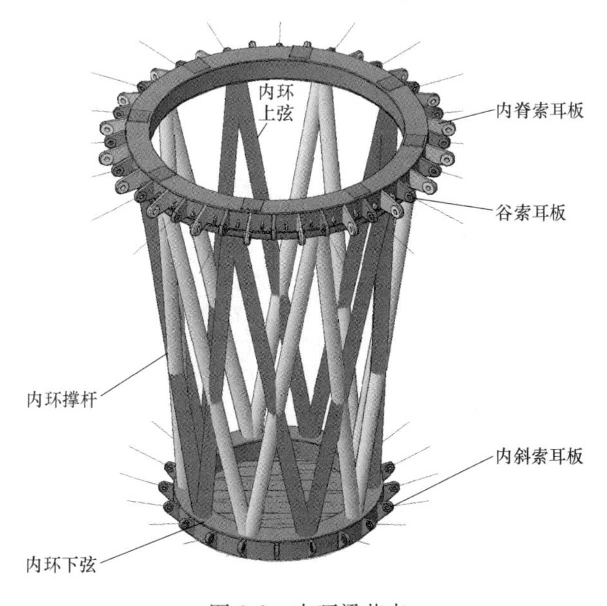


图 8-8　内环梁节点

2. 节点有限元分析

鄂尔多斯伊旗索穹顶结构的撑杆下节点处相交的杆件数量较多，节点构造复杂，受力比较大。在节点处有拉索通过，采用普通的焊接节点处理起来将会比较困难，而采用铸钢节点则可以使这些问题得到比较合理的解决。铸钢节点一般处于受力比较复杂且关键的部位，对于铸钢节点的承载能力必须进行细致而准确的有限元分析与计算。

以外圈环向索之间连接的铸钢节点分析为例，在分析中采用的荷载是 $\phi$65 斜索破断力的 0.4 倍，即 1413kN 轴力。计算模型如图 8-9 所示，计算结果如图 8-10～图 8-12 所示。

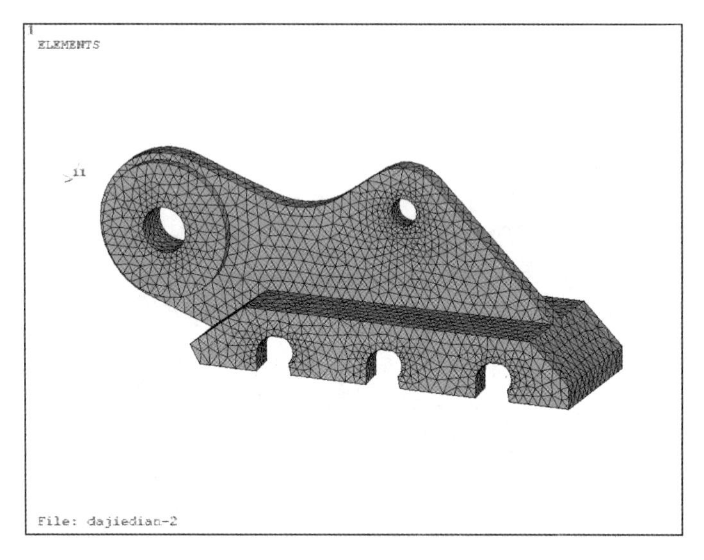


图 8-9　铸钢节点计算模型

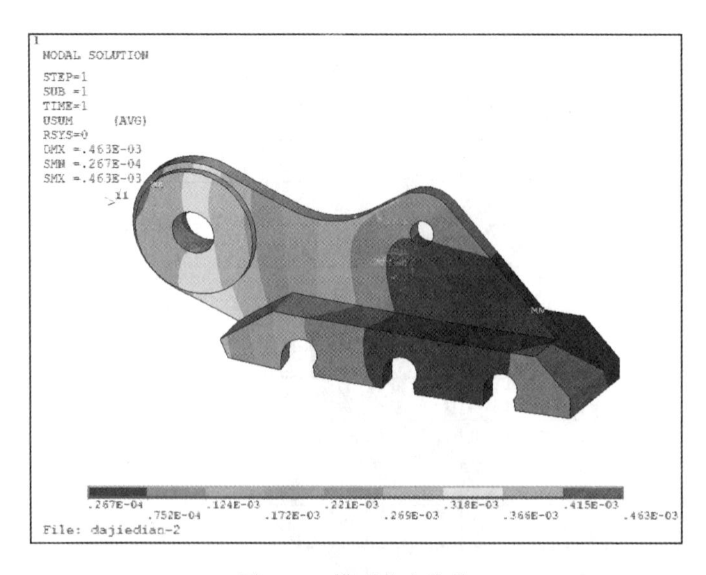


图 8-10　模型节点位移

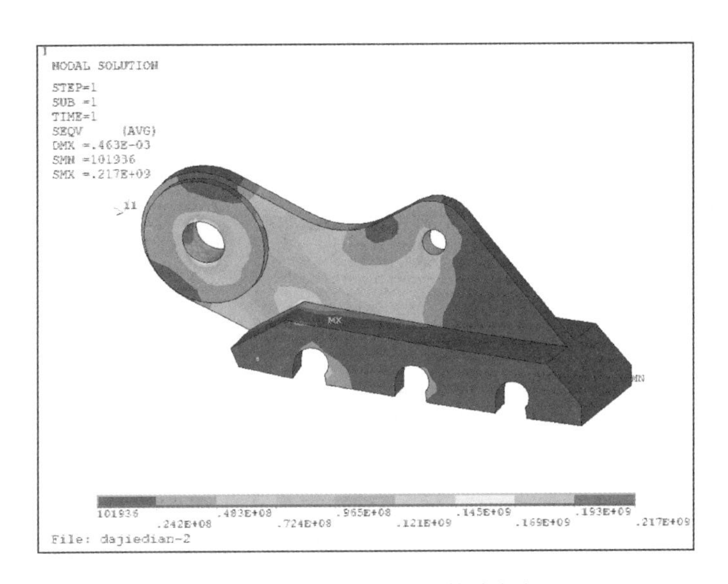


图 8-11　模型 von-mises 等效应力

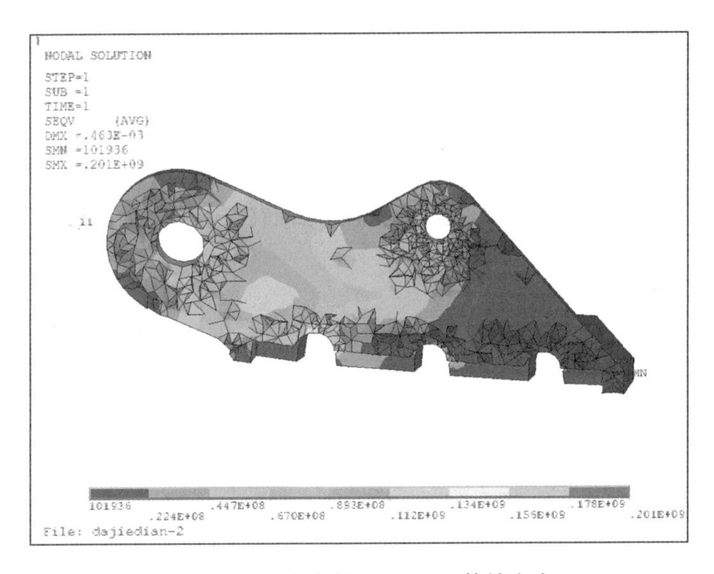


图 8-12　节点内部 von-mises 等效应力

根据计算结果可以看出，铸钢节点应力不是很大，最大等效应力为 217MPa 左右，满足要求。由于计算模型即施加约束的形式跟实际有差别，因此产生了应力集中，实际上铸钢节点应力要小于该计算结果。

## 第三节　施　工　方　案

鄂尔多斯伊旗索穹顶结构总体施工顺序为：利用工作索连接脊索、利用工装索提升整体结构，根据提升高度安装中间的撑杆、环索、斜索及脊索等，最终先将所有外脊索安装到位，再将所有外斜索安装到位，完成结构张拉成形。具体安装及张拉过程如下：

第一步：进行施工前的准备工作，主要包括放置中间拉力环、并放开脊索和环索，示意图如图 8-13 所示。

（1）测量放线：使用全站仪、钢卷尺等测量设备，确定中心拉力环、内外圈环索、索夹及撑杆的位置，按索系在场馆内地面（±0.00）的水平投影位置进行测量放线，确定索系地面组装的定位位置。

（2）定位出场地中心，即内拉环的放置位置。

（3）搭设脊索放索马道，宽度为 0.8m。

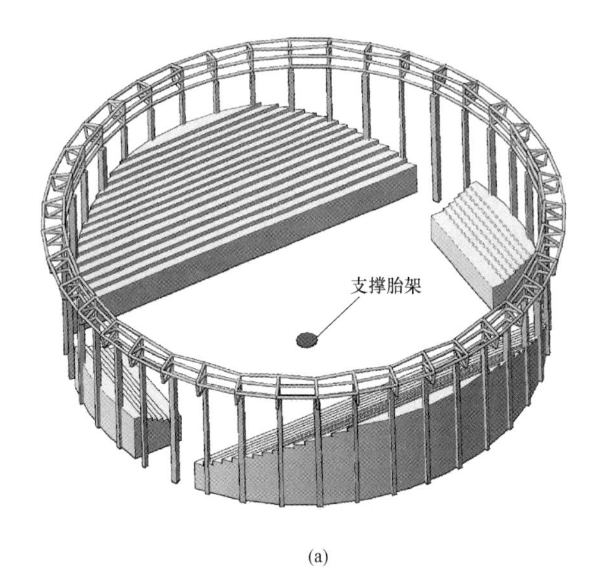


(a)

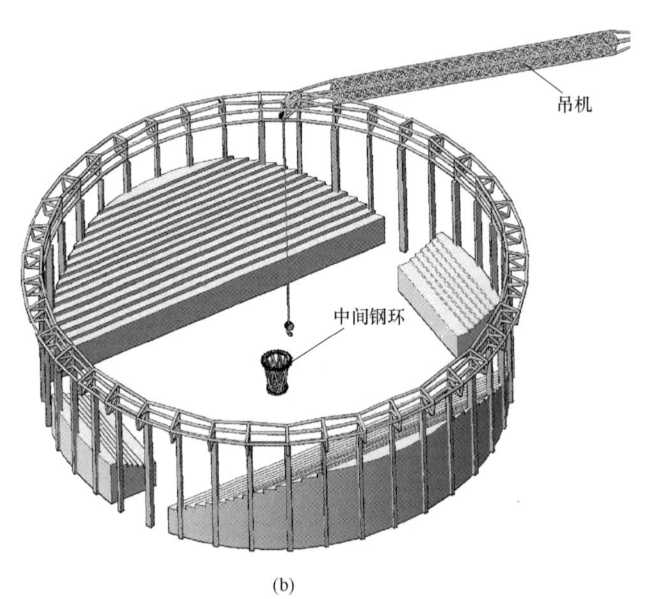


(b)

图 8-13　第一步施工示意图（一）

(a) 中心拉力环胎架搭设示意图；(b) 安装内拉力环

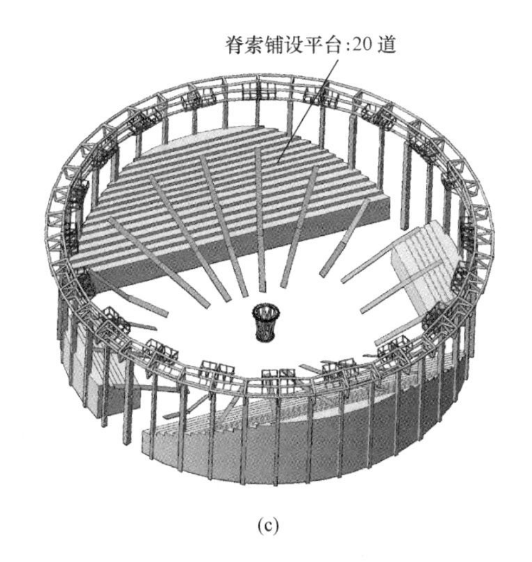


(c)

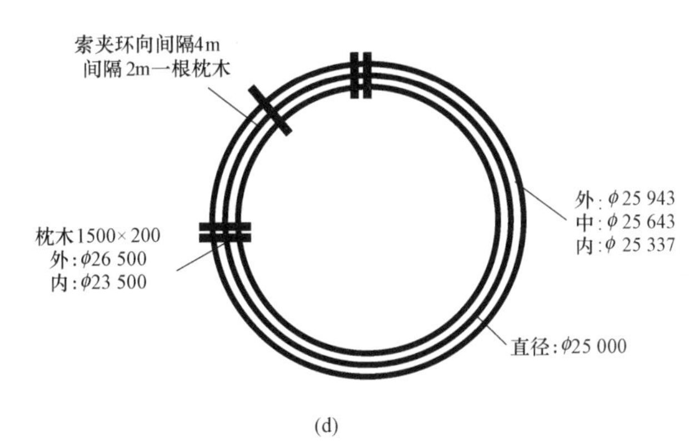


(d)

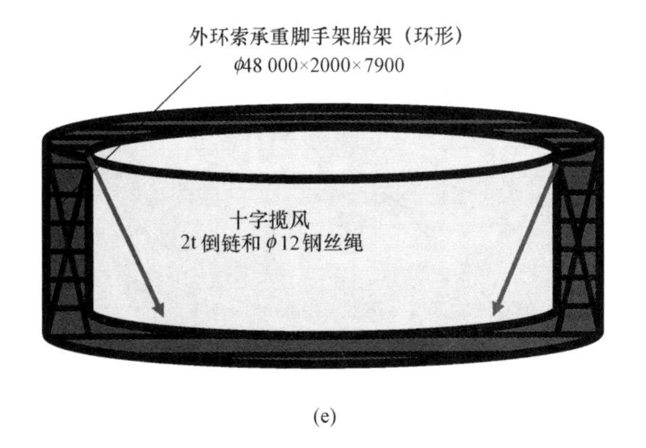


(e)

图 8-13　第一步施工示意图（二）
（c）搭设脊索放索马道；（d）内环索胎架搭设平面布置示意图；
（e）内环索胎架搭设整体布置示意图

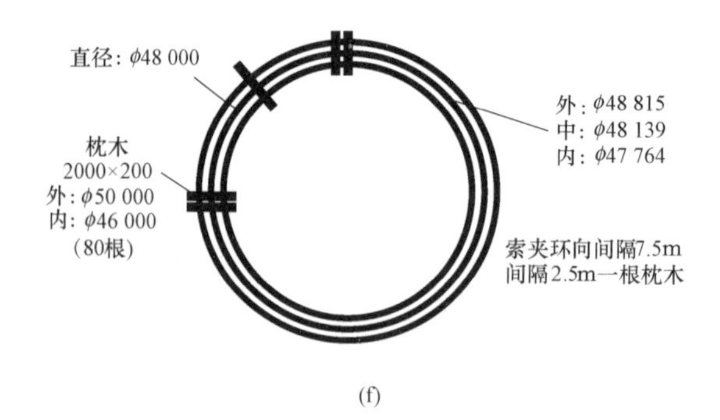


(f)

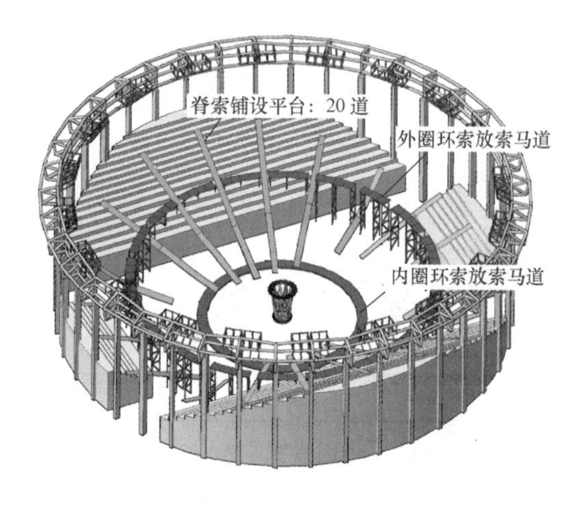


(g)

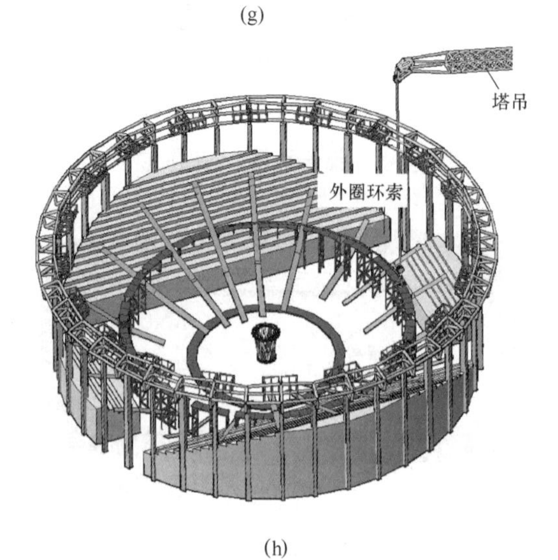


(h)

图 8-13　第一步施工示意图（三）
(f) 外环索胎架平面布置示意图；(g) 内外圈放索马道搭设完成；
(h) 放开外圈环索

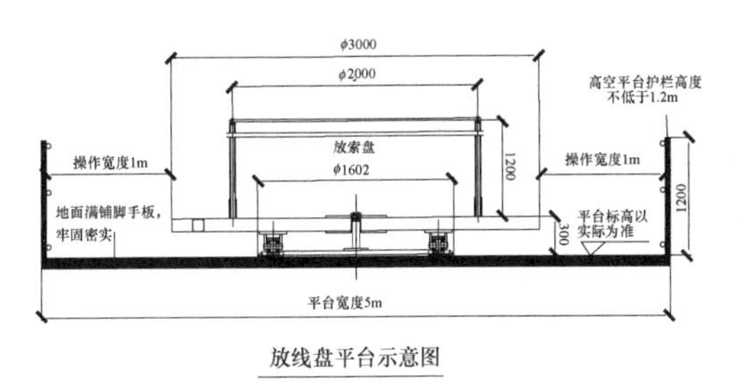

(i)

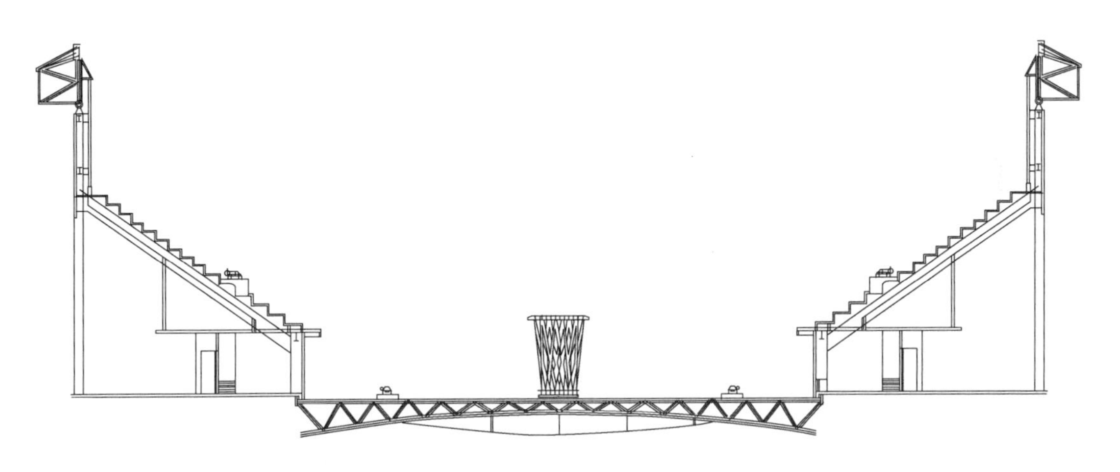

(j)

图 8-13　第一步施工示意图（四）

(i) 放索盘示意图；

(j) 内外圈环索全部放开

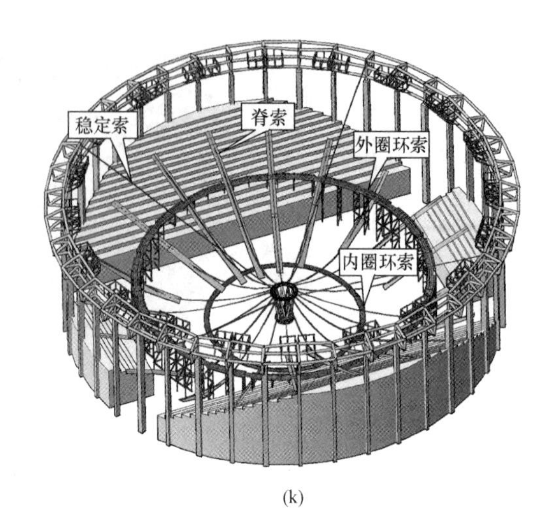


(k)

图 8-13　第一步施工示意图（五）
(k) 脊索及连接节点铺设完成

（4）搭设内外圈环索铺设平台。

（5）将内外圈环索在平台上放开。

（6）沿脊索沿铺设 20 道放索平台，保证钢索不受损伤。

（7）可借助放索盘将所有脊索放开，将 20 根脊索、20 根中脊索、20 根外脊索通过 40 个节点板连接起来，并将内圈脊索一端与内圈环梁上节点相连接。

（8）连接脊索过程中，使用倒链、吊装带等辅助工具。

（9）四周环桁架下搭设 20 个提升及张拉吊架，沿着环梁一周搭设行走马道，并设置竖向爬梯通至地面。

第二步：安装 20 根内圈斜索，内圈三角形安装施工，如图 8-14 所示。

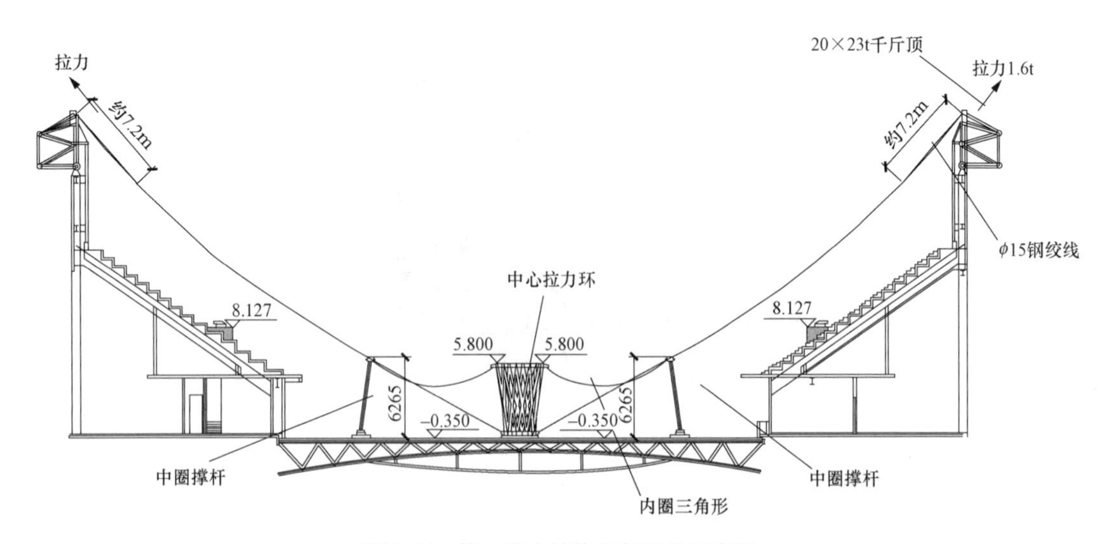


图 8-14　第二步中结构几何形状示意图

(1) 通过牵引工装索及千斤顶将外圈脊索与外环梁相连接。

(2) 使用同步控制设备，使 20 套（20 个 23t 千斤顶）牵引设备同步牵引。

第三步：安装 20 根中圈斜索，如图 8-15 所示。

(1) 将四周外脊索工装索放松至 10.2m，同时使用 40 根缆风绳将中圈撑杆暂时固定，防止倾倒。

(2) 借助倒链等工具将中圈斜索安装完成。

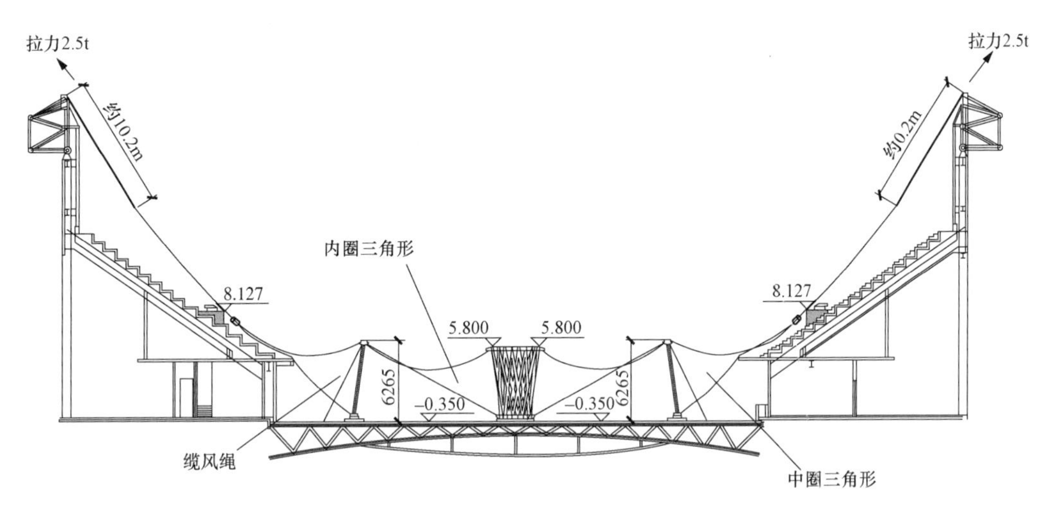


图 8-15 第三步中结构几何形状示意图

第四步：安装外圈撑杆准备工作，该状态如图 8-16 所示。

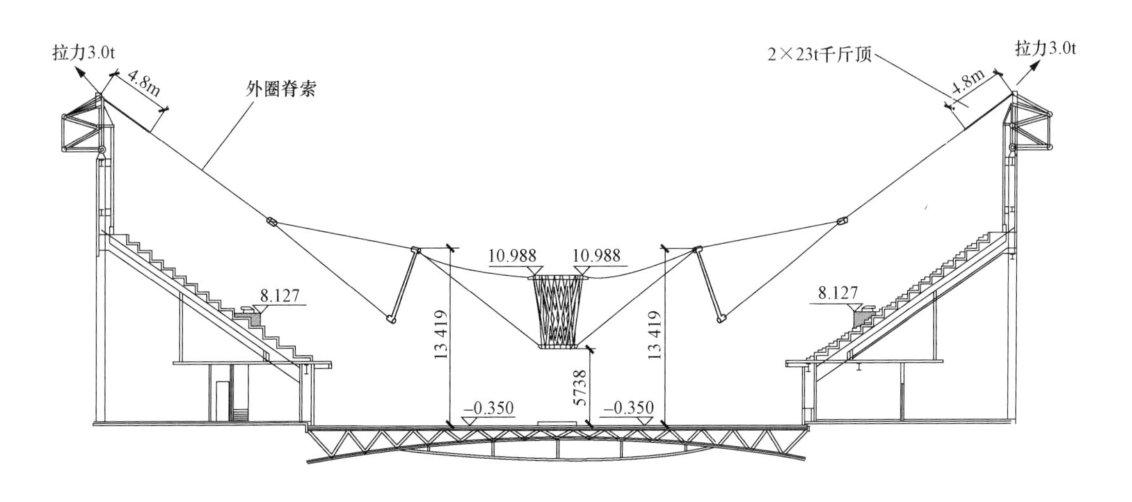


图 8-16 第四步中结构几何形状示意图

第五步：安装外圈撑杆，该状态如图 8-17 所示。

第六步：安装外圈环索，该状态如图 8-18 所示。

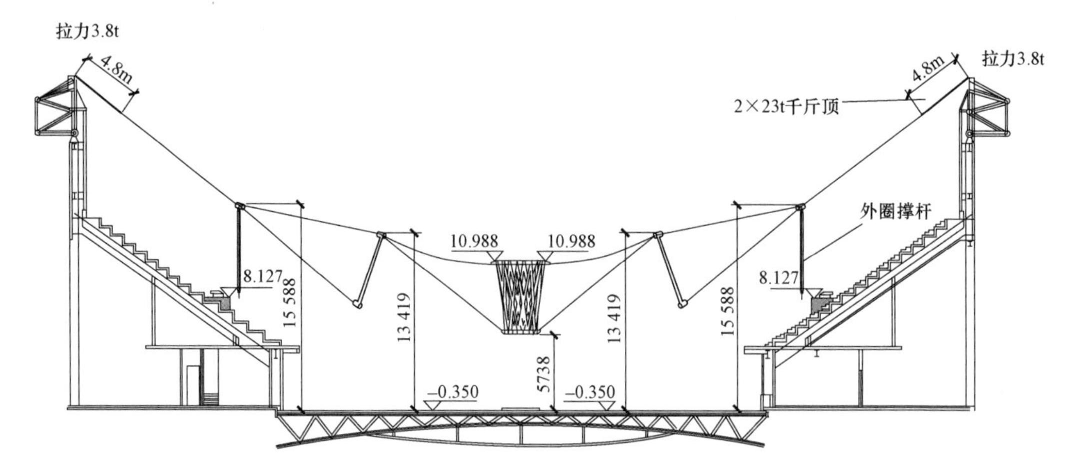


图 8-17　第五步中结构几何形状示意图

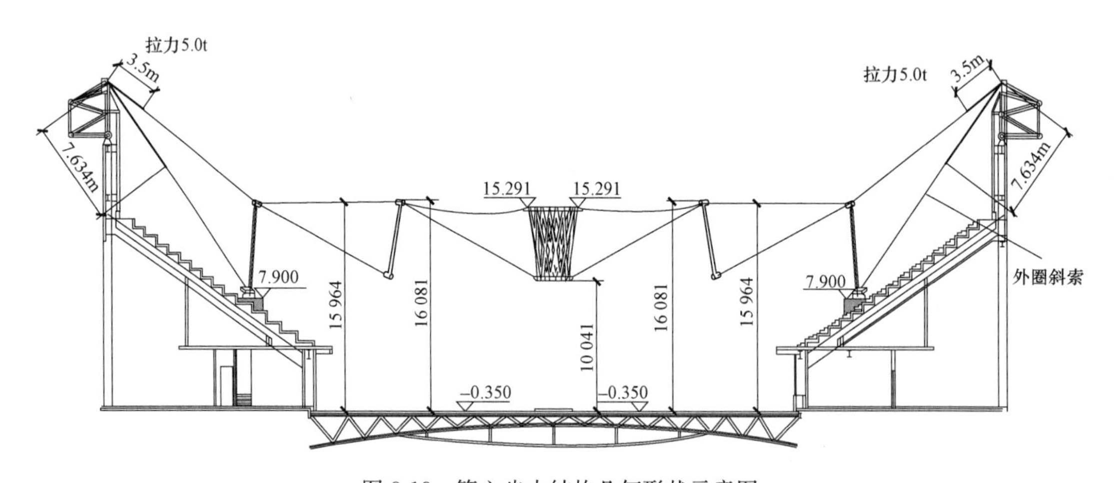


图 8-18　第六步中结构几何形状示意图

第七步：将外圈脊索牵引工装更换为张拉工装，该状态如图 8-19 所示。

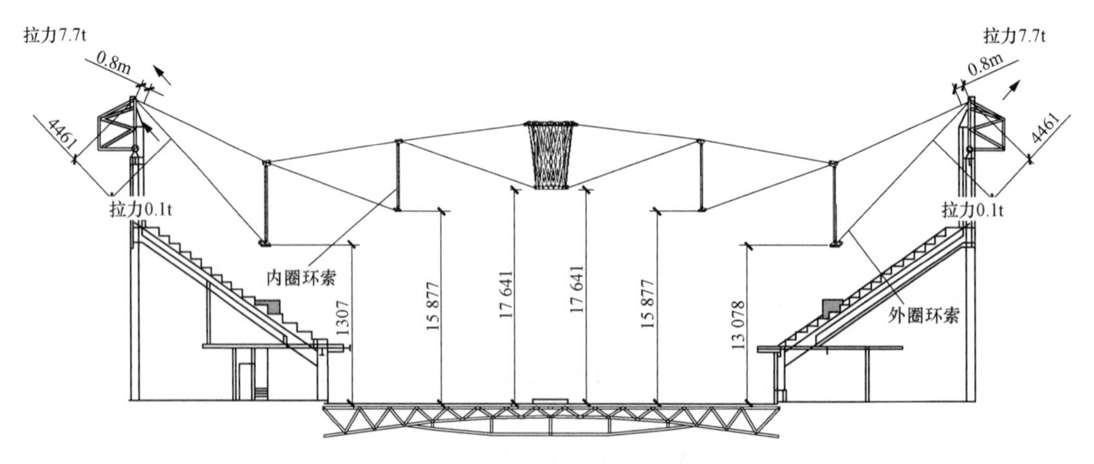


图 8-19　第七步中结构几何形状示意图

第八步：外圈脊索张拉完成，该状态如图 8-20 所示。

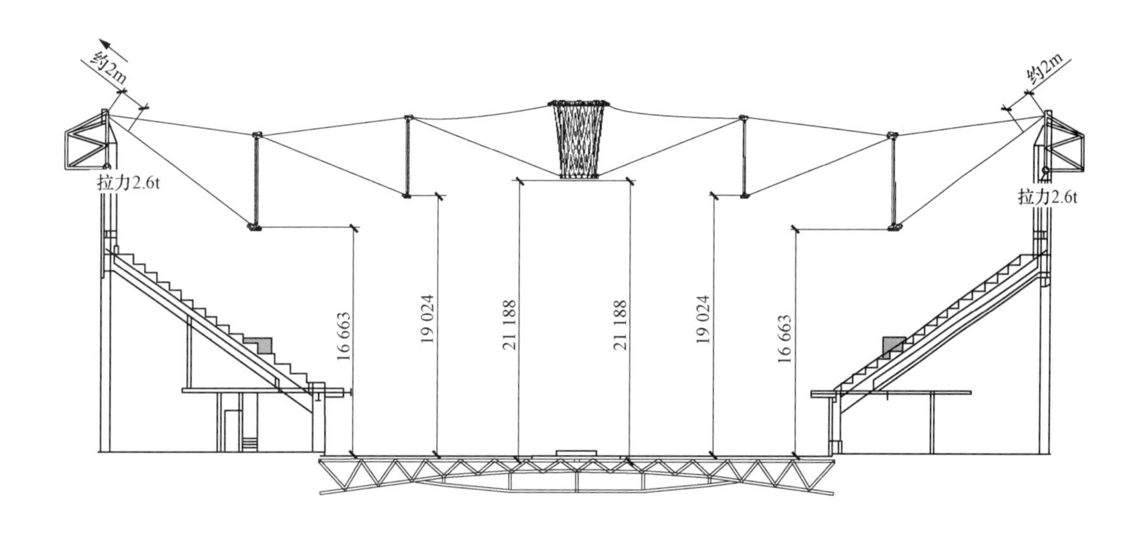


图 8-20　第八步中结构几何形状示意图

第九步：外圈斜索的牵引工装更换为张拉工装，该状态如图 8-21 所示。

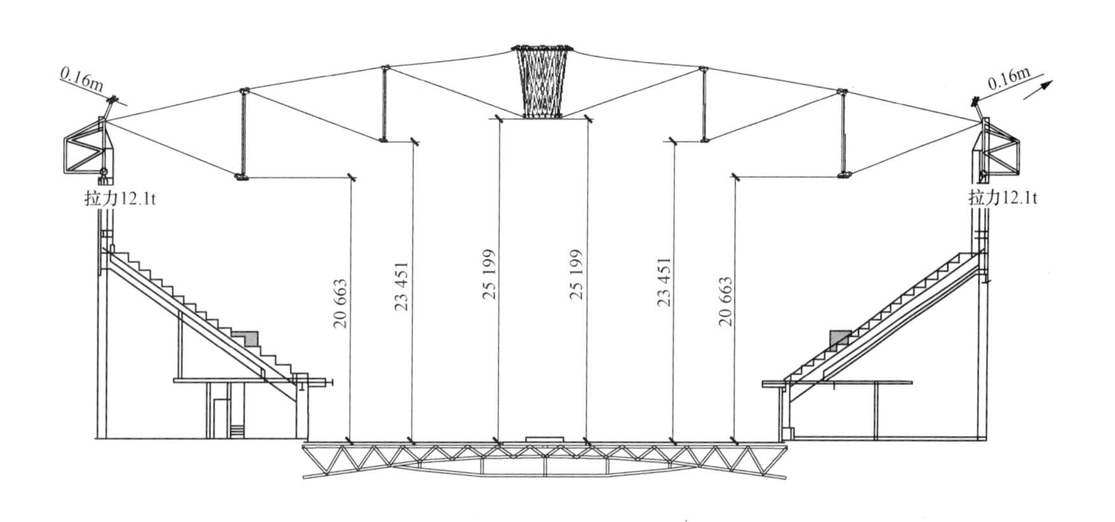


图 8-21　第九步中结构几何形状示意图

第十步：张拉外斜索，最终完成穹顶结构由机构向结构的转化，该状态如图 8-22 所示。

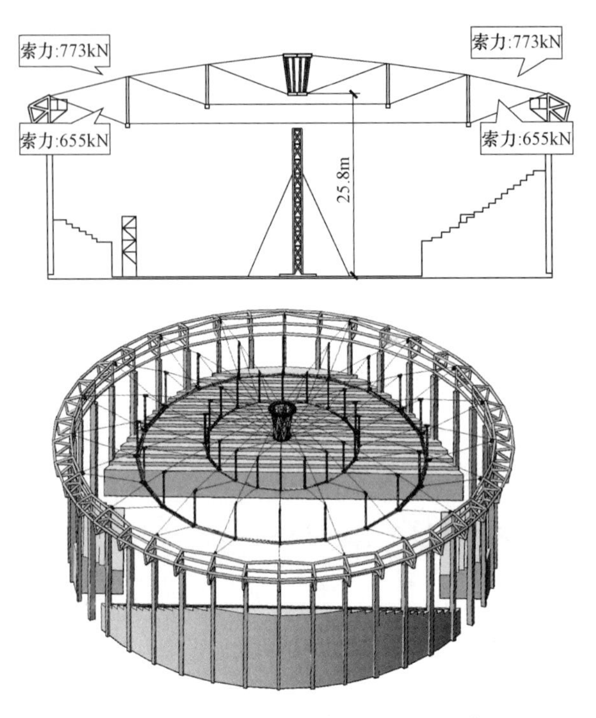


图 8-22　最终完成时结构几何形状示意图

## 第四节　施　工　仿　真

1. 施工仿真计算目的

由于在索穹顶结构张拉完成前，结构基本没有刚度，因此必须应用有限元计算理论，使用有限元计算软件进行预应力钢结构的施工仿真计算，以保证结构施工过程中及结构使用期安全。

施工仿真计算实际上是预应力钢结构施工方案中极其重要的工作。因为施工过程会使结构经历不同的初始几何态和预应力态，实际施工过程必须和结构设计初衷吻合，加载方式、加载次序及加载量级应充分考虑，且在实际施工中严格遵守。施工仿真具体目的及意义如下：

（1）验证张拉方案的可行性，确保张拉过程的安全。

（2）给出每步张拉的钢索张拉力大小，为实际张拉时的张拉力值的确定提供理论依据。

（3）给出每步张拉的结构变形及应力分布，为张拉过程中的变形及应力监测提供理论依据。

（4）根据计算出来的张拉力的大小，选择合适的张拉机具，并设计合理的张拉工装。

（5）确定合理的张拉顺序。

2. 施工仿真计算结果

对应上一节中各施工状态，计算结果如图 8-23 所示。

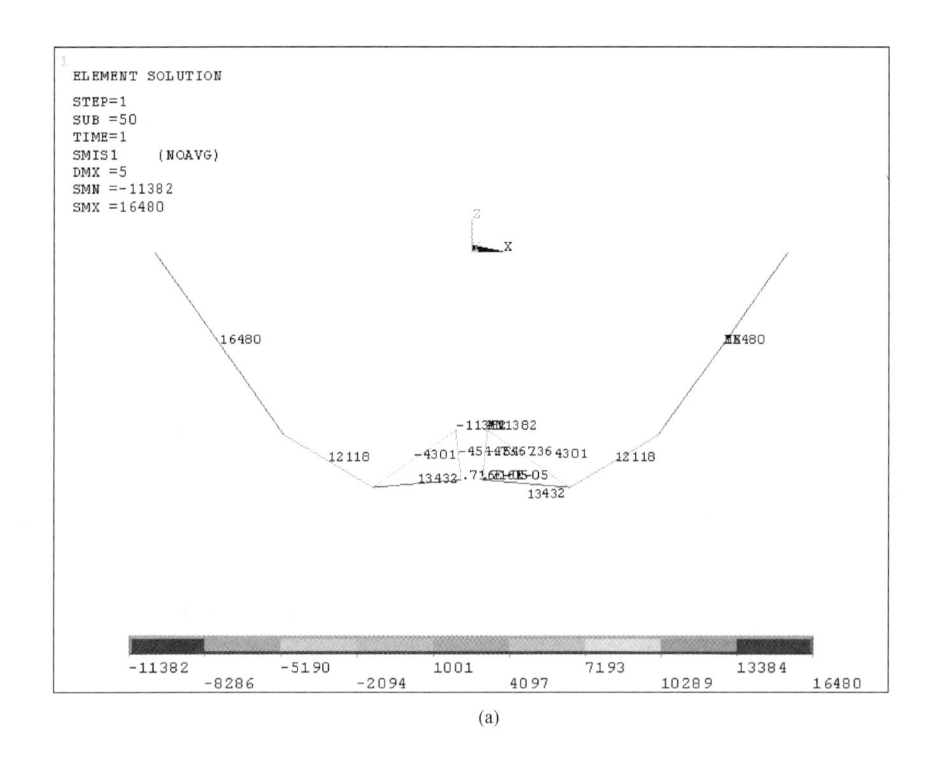


(a)

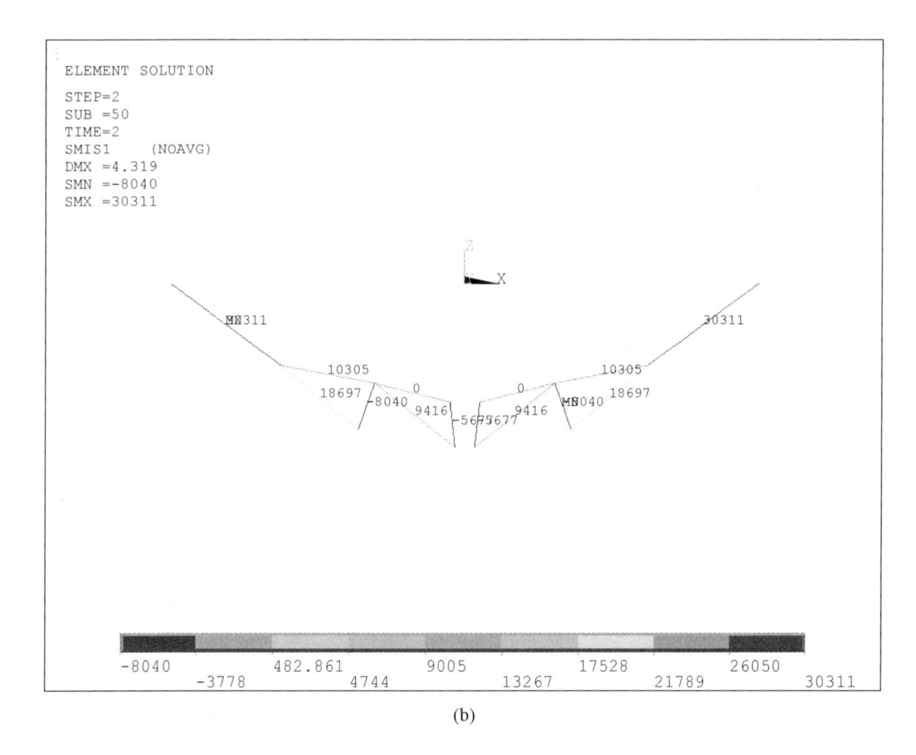


(b)

图 8-23 结构施工仿真计算结果（一）

(a) 第二步中结构内力；(b) 第四步时结构内力

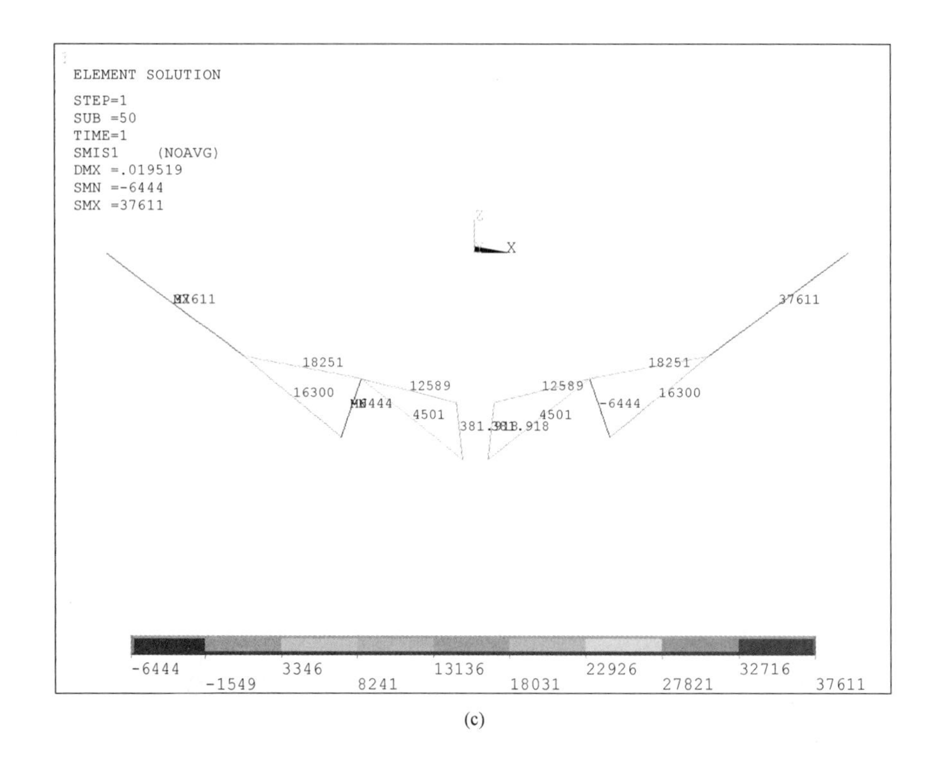


(c)

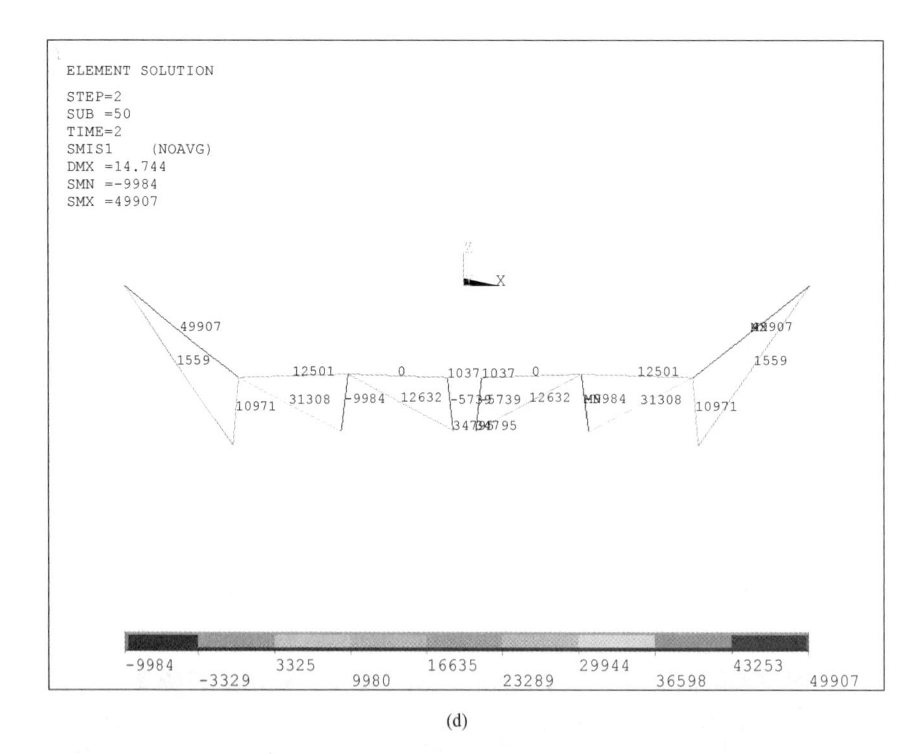


(d)

图 8-23　结构施工仿真计算结果（二）

(c) 第五步时结构内力；(d) 第六步时结构内力

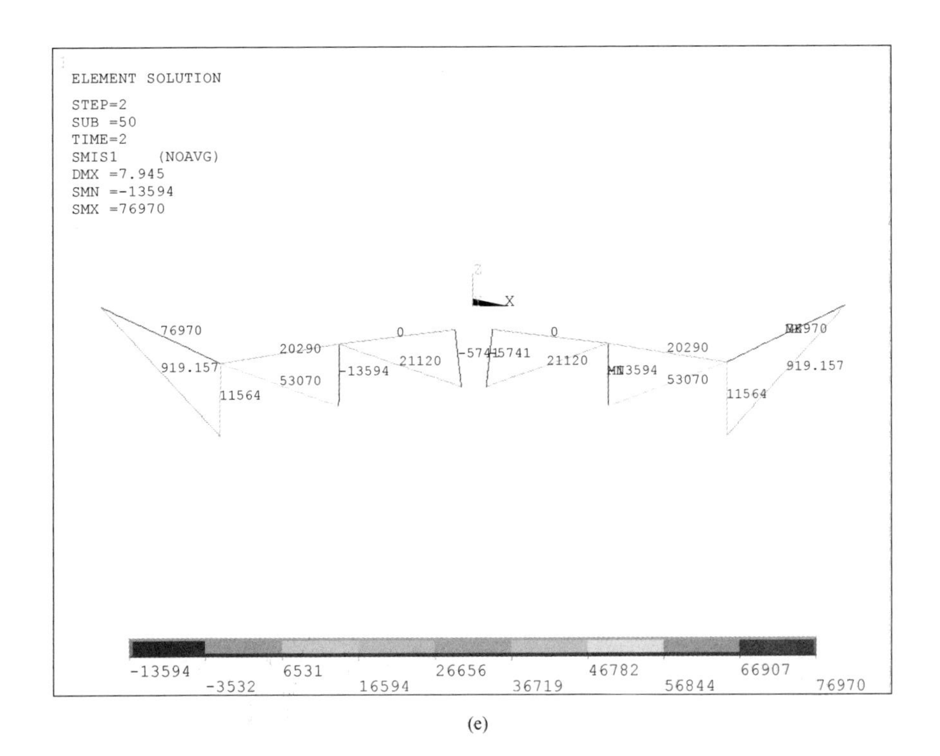


(e)

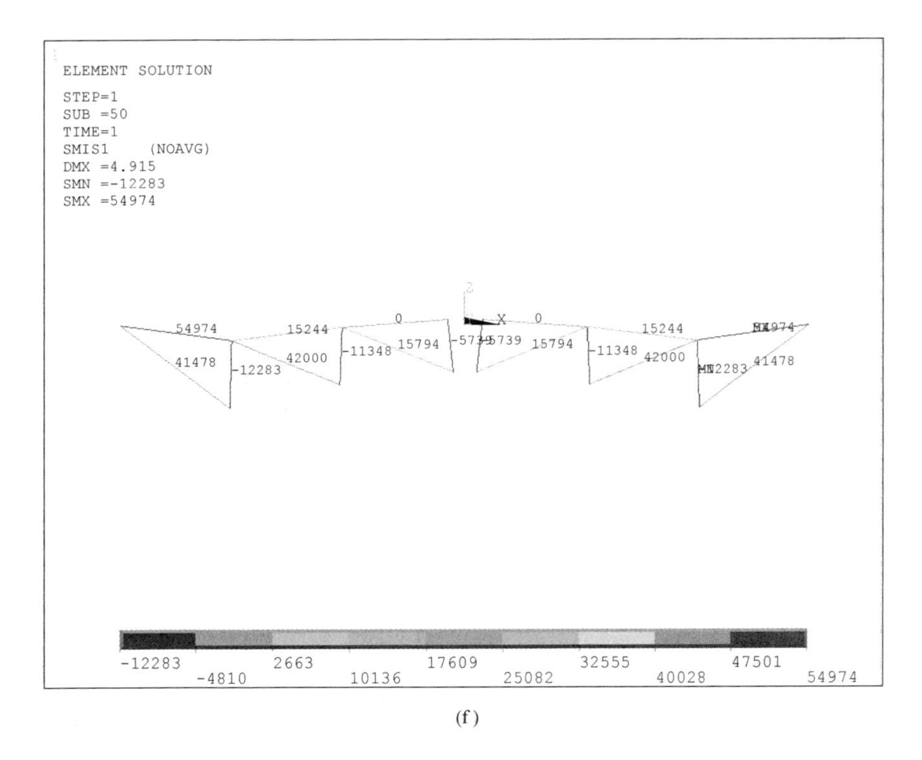


(f)

图 8-23　结构施工仿真计算结果（三）

（e）第七步时结构内力；（f）第八步时结构内力

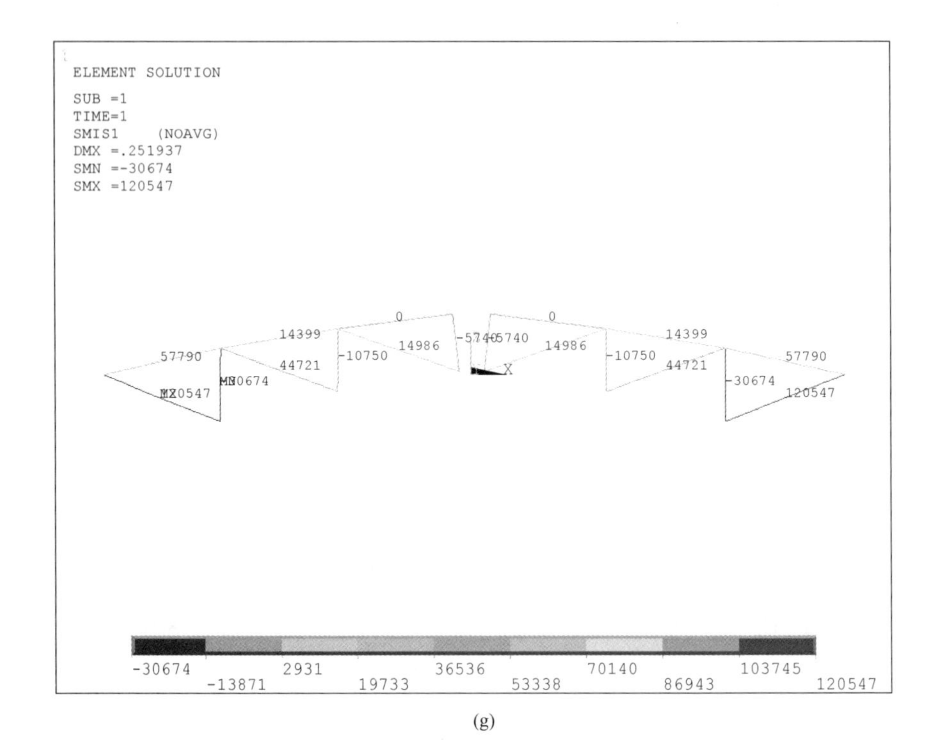


(g)

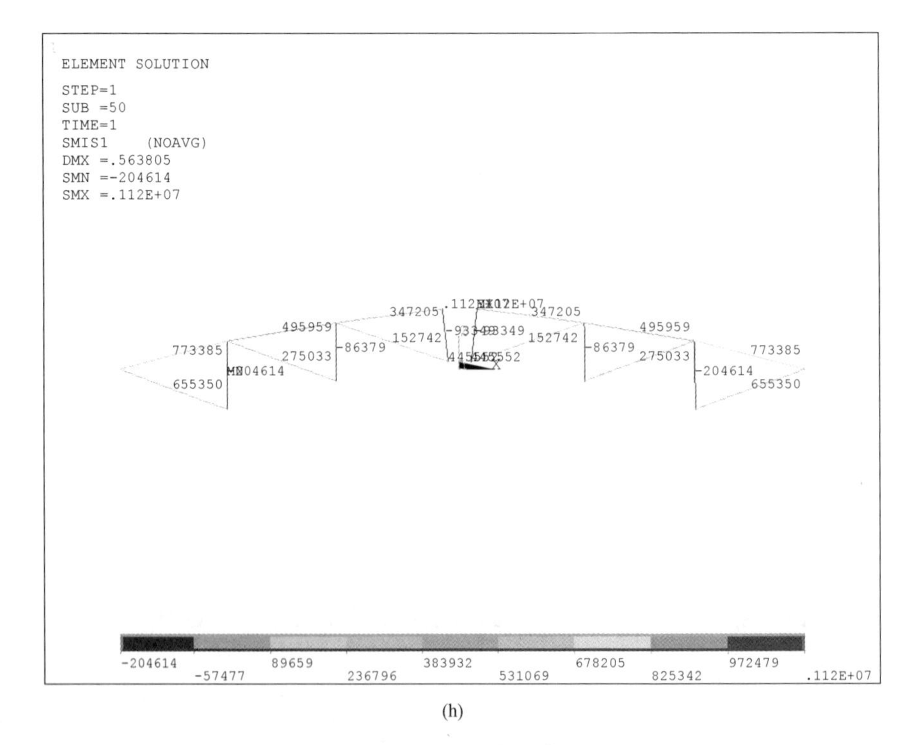


(h)

图 8-23　结构施工仿真计算结果（四）

（g）第九步时结构内力；（h）全部张拉成形时结构内力

## 第五节 施 工 监 测

1. 施工监测目的

鄂尔多斯体育馆的结构新颖，国内没有现成的工程经验可以借鉴，施工难度大，尤其在拉索张拉成形阶段，难度更大。为了确保工程在整个施工过程中的安全性以及考察施工过程中结构的变形和内力变化规律，需要对结构进行现场施工监测，通过施工监测，指导施工过程的安全及精确进行，并积累预应力工程施工数据资料。鄂尔多斯索穹顶工程施工监测归结起来主要有以下几个目的：

（1）监测结构响应信息，为结构的安全、精确成形服务。

（2）通过实际监测结果与设计结果的比较，验证设计分析的准确性。

2. 监测点布置

（1）拉索索力测点布置。对钢索拉力的监测采用油压传感器监测以保证预应力钢索施工完成后的应力与设计单位所要求的应力吻合。

（2）杆件应力测点布置。预应力施加过程中，钢结构应力与预应力施加值是密切相关的，因此张拉过程中要对撑杆、内外环梁钢结构应力进行监测。监测设备采用振弦式应变计，每个点对称布置两个振弦式应变计。具体布置如图 8-24 所示。

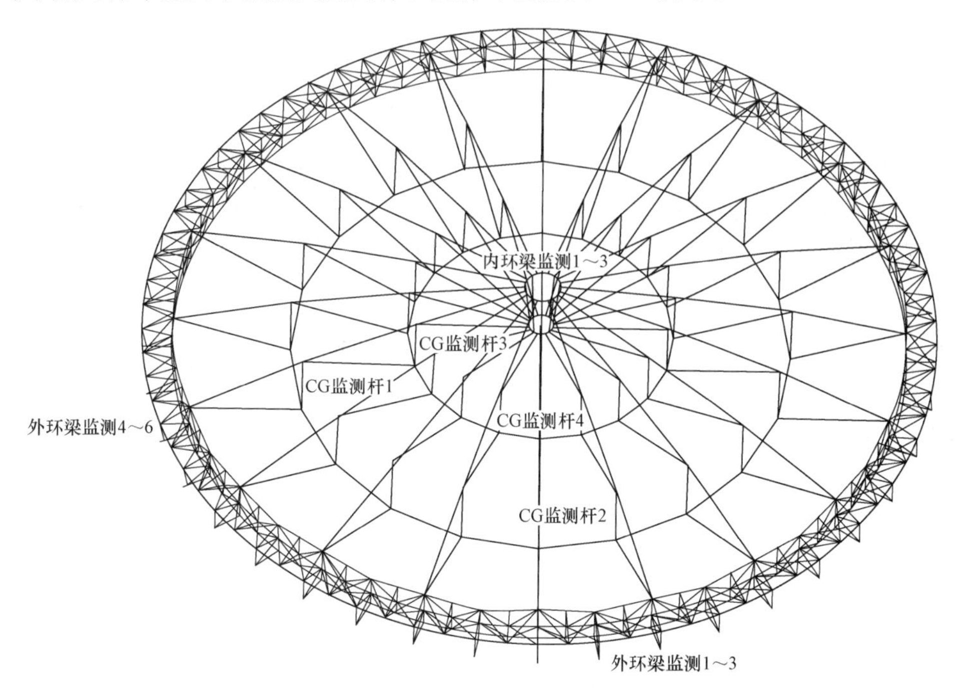


图 8-24 钢结构应力监测点布置图

（3）结构变形测点布置。在张拉过程中，对结构变形采用全站仪进行监测，能够很好地监控结构位移变化，具体监测位置如图 8-25 所示。

3. 监测结果

使用有限元计算软件 ANSYS 建立仿真计算模型，进行了施工全过程仿真计算，并根据

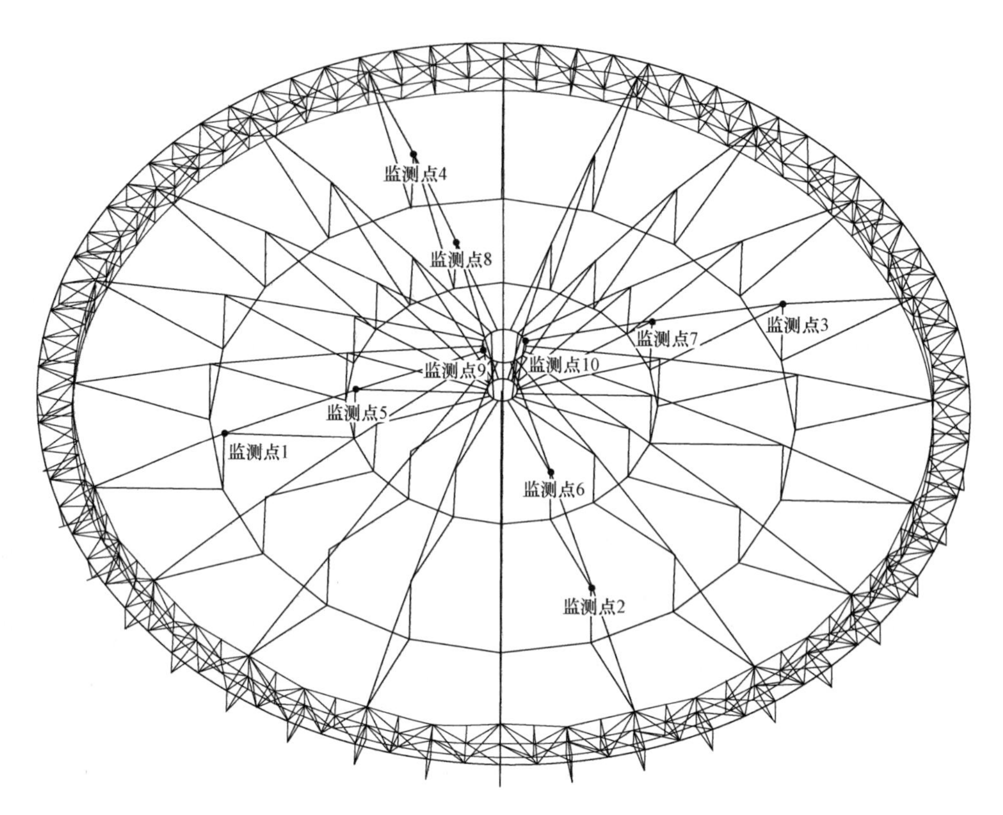


图 8-25　竖向位移监测布置图

结构特点对拉索索力、结构竖向位移、撑杆垂直度进行了监测，以确保工程施工的安全和施工质量。实测结果与理论数据对比见表 8-2 和表 8-3，通过比分析可知，索力误差在 3%以内，撑杆垂直度在 $L/150$ 以内，结构内拉环相对外环梁的实际标高和设计标高小于 10mm。通过以上分析说明，该结构施工过程是合理的，从而验证了施工仿真计算结果的正确性。

**表 8-2　　部分标高实测数据（相对外环梁）**

| 轴线号 | 理论值（mm） | 实测值（mm） | 偏差（mm） | 偏差率（%） |
|---|---|---|---|---|
| 6 轴外撑杆顶 | 2794 | 2810 | +6 | +0.2 |
| 11 轴外撑杆顶 | 2794 | 2818 | +24 | +1 |
| 内环东侧顶 | 6025 | 6021 | −4 | −0.1 |
| 内环北侧顶 | 6025 | 6023 | −2 | −0.1 |

**表 8-3　　部分索力实测数据**

| 轴线号 | 理论值（kN） | 实测值（kN） | 偏差（kN） | 偏差率（%） |
|---|---|---|---|---|
| 6 轴外斜索 | 580 | 590 | +10 | +2 |
| 6 轴外脊索 | 683 | 695 | +12 | +1.8 |
| 16 轴外斜索 | 580 | 585 | +5 | +0.9 |
| 16 轴外脊索 | 683 | 685 | +2 | +0.3 |

# 第九章

# 柔性索网结构——盘锦体育场

## 第一节 工 程 概 况

盘锦体育场为柔性索网结构，占地面积 46 566m²；建筑面积 60 570m²，内场地面积 21 221m²。建筑层数 5 层，建筑高度 63.5m，看台座位数 3.6 万座，为十二届全运会女子足球场。屋盖体系属于超大跨度非对称马鞍形空间张拉索膜结构工程，屋盖建筑平面呈椭圆形，长轴方向最大尺寸约 270m，短轴方向最大尺寸约 238m，环索最大高度约 57m。屋盖悬挑长度为 29～41m，在长轴方向悬挑量小，短轴方向悬挑量大。整个结构由外围钢框架、屋盖主索系和膜屋面三部分组成，其中外围钢框架包括内外两圈×形交叉钢管柱和自上至下共六圈环梁（或环桁架）；屋盖主索系包括一道内圈环向索和 288 根径向索，径向索包括 144 道吊索、72 道脊索和 72 道谷索；膜面布置在环索和外围钢框架之间的环形区域，并跨越 72 道脊索和 72 道谷索形成波浪起伏的曲面造型。体育场结构三维示意图及剖面图如图 9-1 所示。

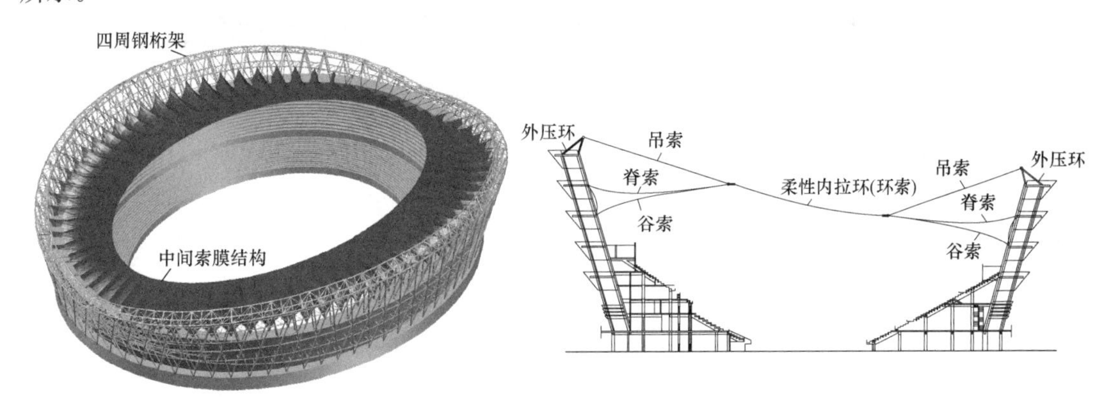


图 9-1　盘锦体育场三维图

## 第二节　施工深化设计

1. 施工深化设计方案

盘锦体育场屋盖结构形式比较新颖，该种结构形式是由各种形式的拉索通过节点连接成为整体受力的结构体系。由此看来节点对于柔性索网结构至关重要。本工程拉索节点主要由以下几种类型（图 9-2）构成：环索与吊索连接节点、环索与脊索连接节点、环索与谷索连接节点、径向索（吊索、脊索和谷索）与四周钢结构连接节点。根据仿真计算分析结果，确定了提升与张拉力值，设计了专门的提升和张拉工装，有 2 个千斤顶和 4 个千斤顶提升的两种工装。每种节点与工装均通过三维建模（图 9-3），并通过有限元计算软件 ANSYS 进行了节点计算分析和优化，使得节点既满足张拉空间的要求，又满足受力要求。

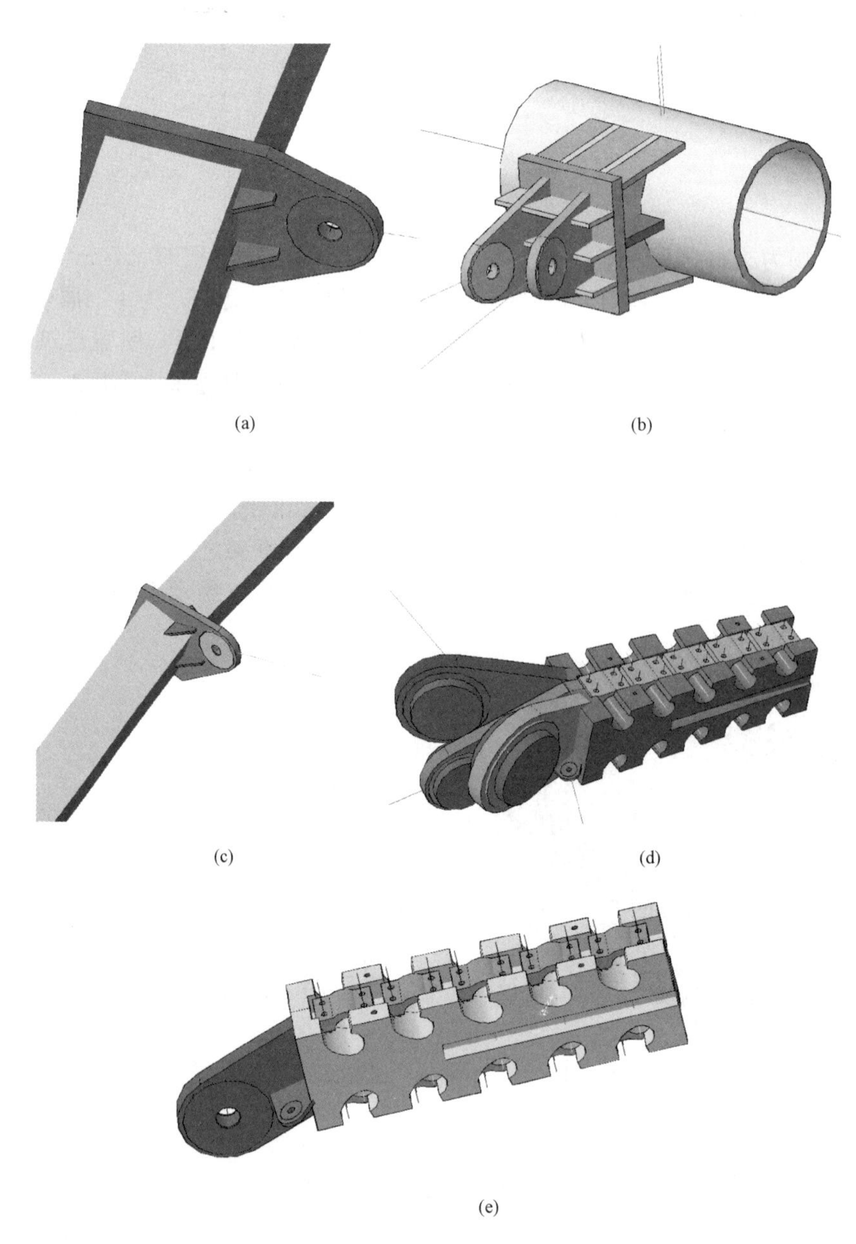

(a) (b) (c) (d) (e)

图 9-2 几种类型的拉索节点

（a）脊索与四周钢结构连接节点；（b）吊索与四周钢结构连接节点；（c）谷索与四周钢结构连接节点；（d）环索-吊索-谷索节点；（e）环索-脊索节点

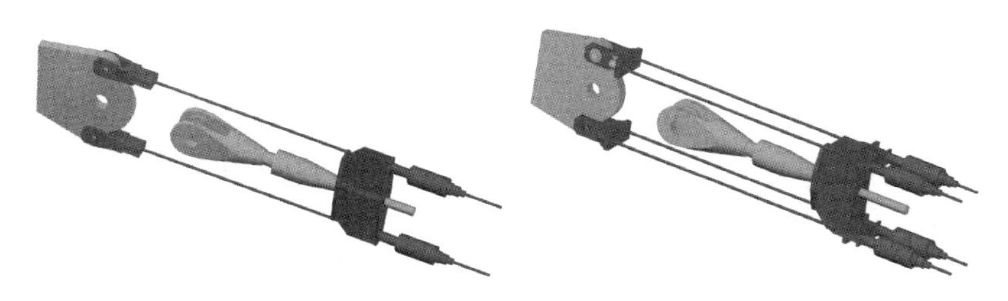

图 9-3　提升与张拉工装三维示意图

2. 有限元计算分析

分析软件采用美国 ANSYS 公司开发的大型通用有限元分析软件 ANSYS，选用的单元为 ANSYS 程序单元库中的三维实体单元 SOLID45，每个单元有 8 个节点，每个节点有 3 个自由度。分析时采用的单位制为国际单位制：N，m。网格划分采用的是 ANSYS 程序单元划分器中的自由网格划分技术，自由网格划分技术会根据计算模型的实际外形自动地决定网格划分的疏密。

径向索与四周钢构连接节点计算时，其荷载取值为拉索破断力的 0.8 倍；环索拉力取值为最不利工况下的 5100t，选取环索曲率最大处的节点进行有限元分析。根据力的平行四边形法则，并乘以放大系数 1.3，得到每根环索作用于节点上的垂直力为 1030kN。对每个分析节点均进行了线弹性分析和弹塑性分析，图 9-4 和图 9-5 为节点线弹性计算分析的部分结果。计算结果可以看出，满足规范要求。

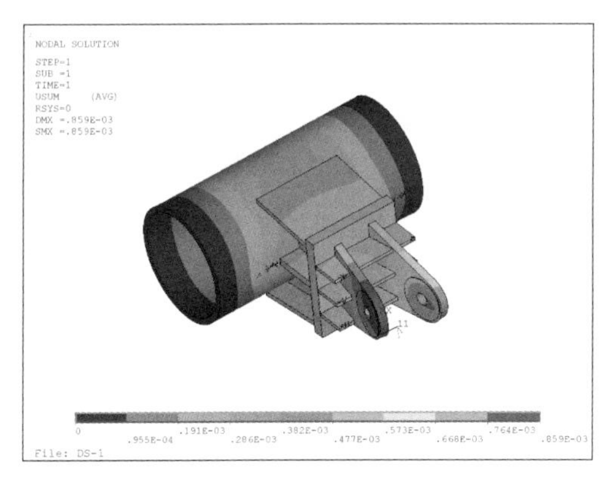


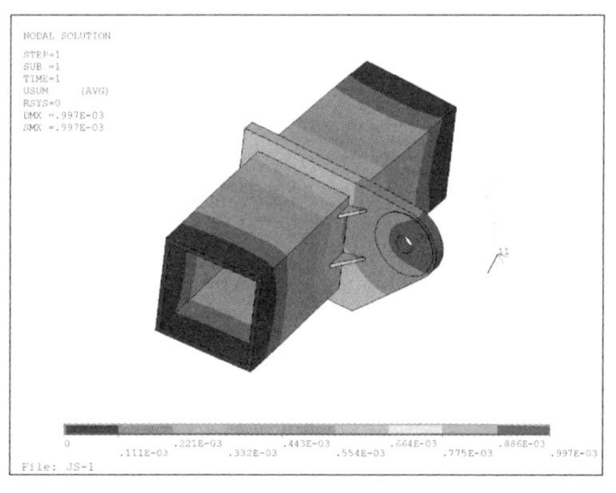


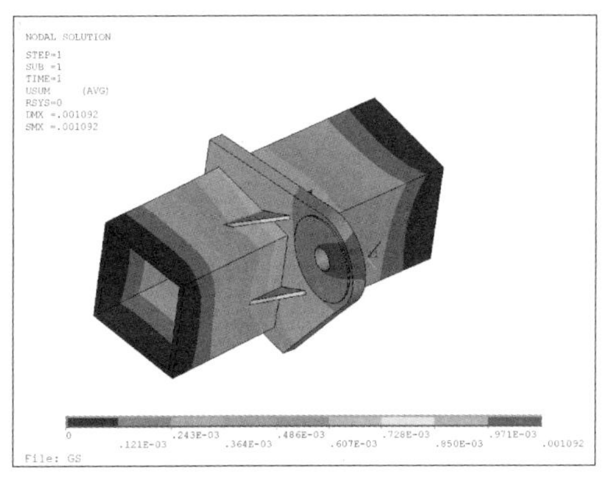


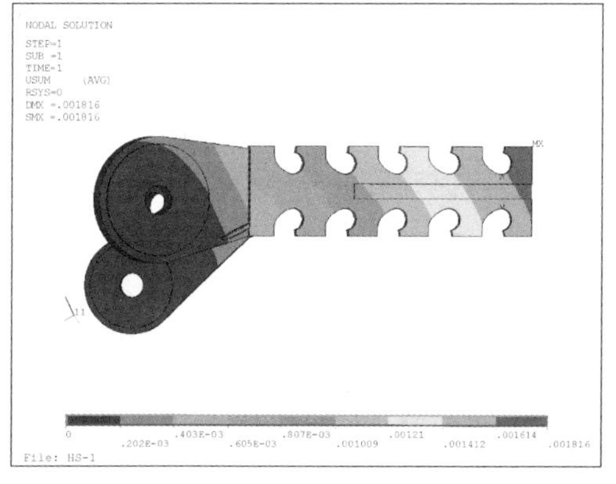


图 9-4　节点位移（m）

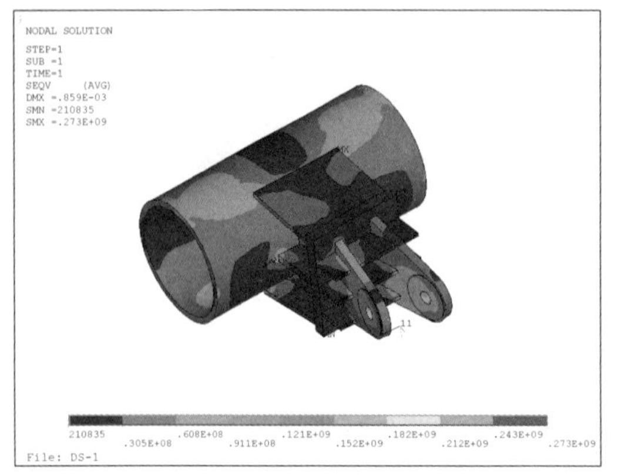


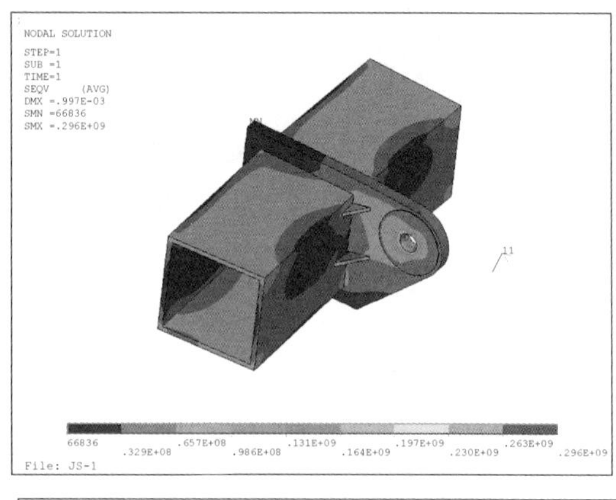


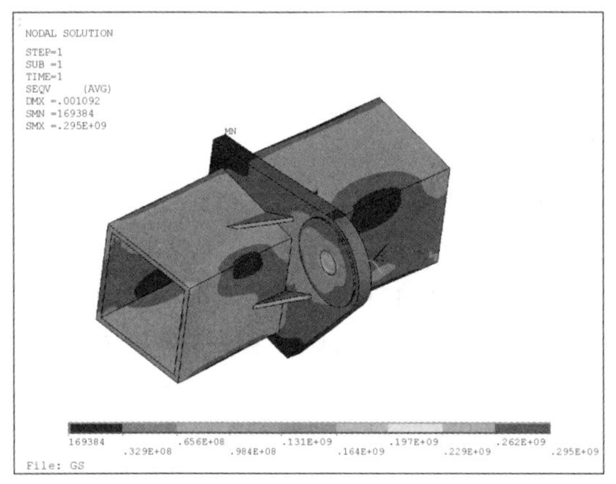


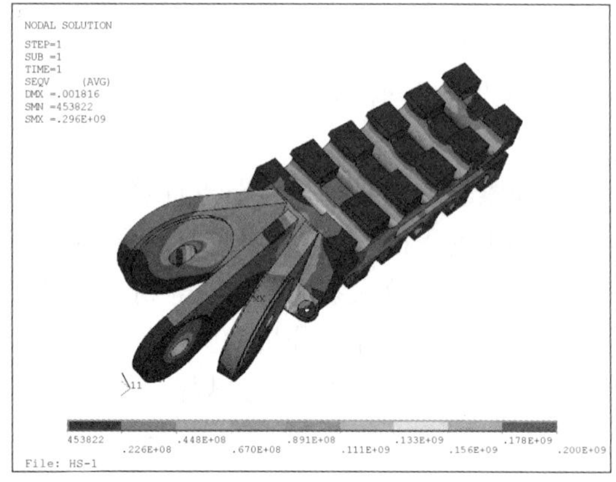


图 9-5 节点应力（Pa）

## 第三节 施 工 方 案

1. 总体施工思路

本工程预应力拉索施工采用地面组装，多点等比例同步提升的方法将吊索安装就位，然后安装脊索和谷索。具体施工步骤如下：

第一步：在环索马道上安装环索和 144 个索夹；

第二步：将第 1 批要提升的 72 根吊索的固定端安装至环索索夹耳板；

第三步：提升吊索至环索离地 0.5m；

第四步：提升吊索至环索离地 10m；

第五步：提升吊索至环索离地 20m；

第六步：提升吊索至环索离地 30m；

第七步：提升吊索至吊索索头距离耳板 2.0m；

第八步：第 1 批吊索就位；

第九步：第 2 批吊索离耳板 0.05m；

第十步：第 2 批吊索离耳板 0.02m；

第十一步：第 2 批吊索就位；

第十二步：谷索就位。

预应力拉索施工任务完成后，如果需要调整索力可以利用张拉工装进行调整。本工程吊索共 144 根，环索 40 根，其中吊索型号为 $\phi65$、$\phi75$、$\phi90$、$\phi100$、$\phi120$ 五种类型，采用国产高钒拉索；环索型号为 $\phi110$ 和 $\phi115$ 两种类型，采用进口 Z 型密封拉索。考虑施工流程，工装形式及场地空间，现将 144 根吊索划分为两组，一组为提升索，另一组为非提升索，每组 72 根。吊索分批位置如图 9-6 和图 9-7 所示。

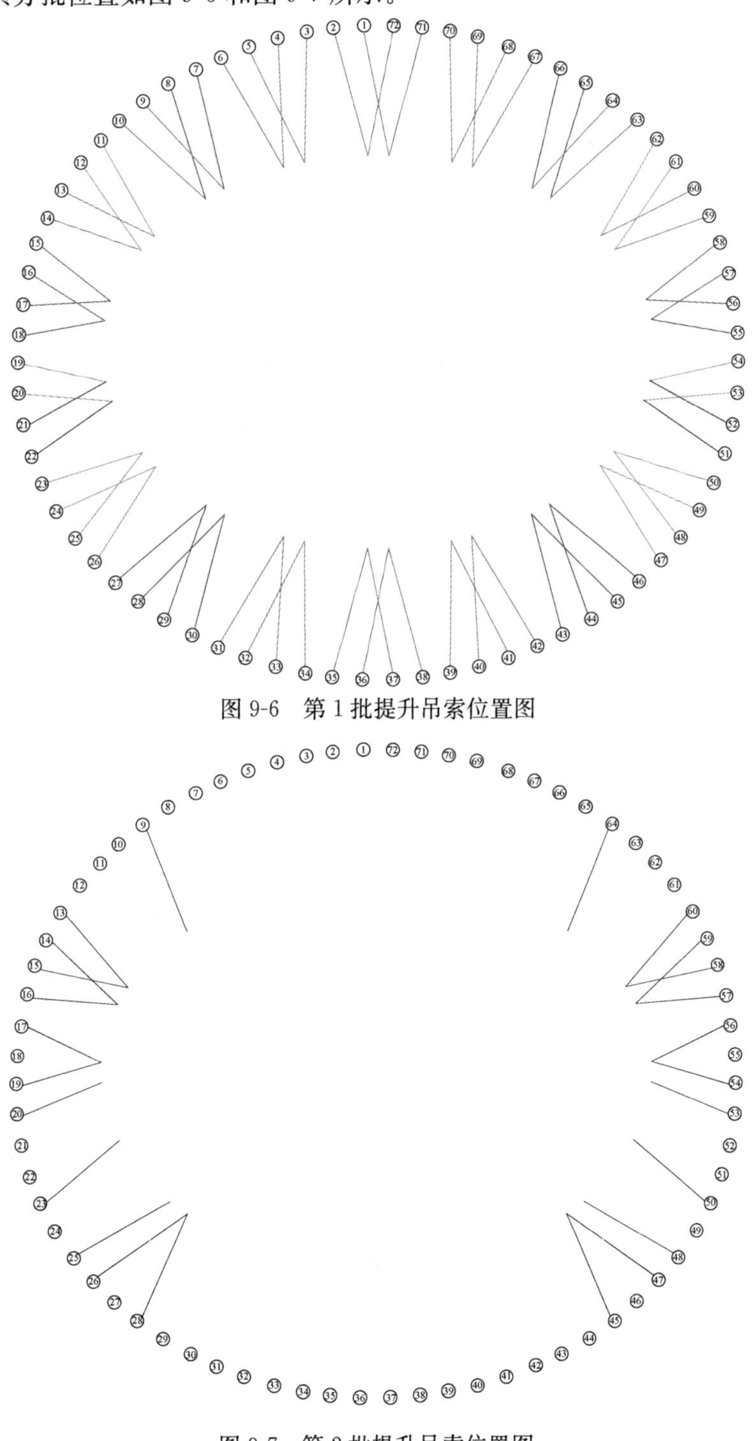


图 9-6　第 1 批提升吊索位置图

图 9-7　第 2 批提升吊索位置图

2. 施工流程（图 9-8）

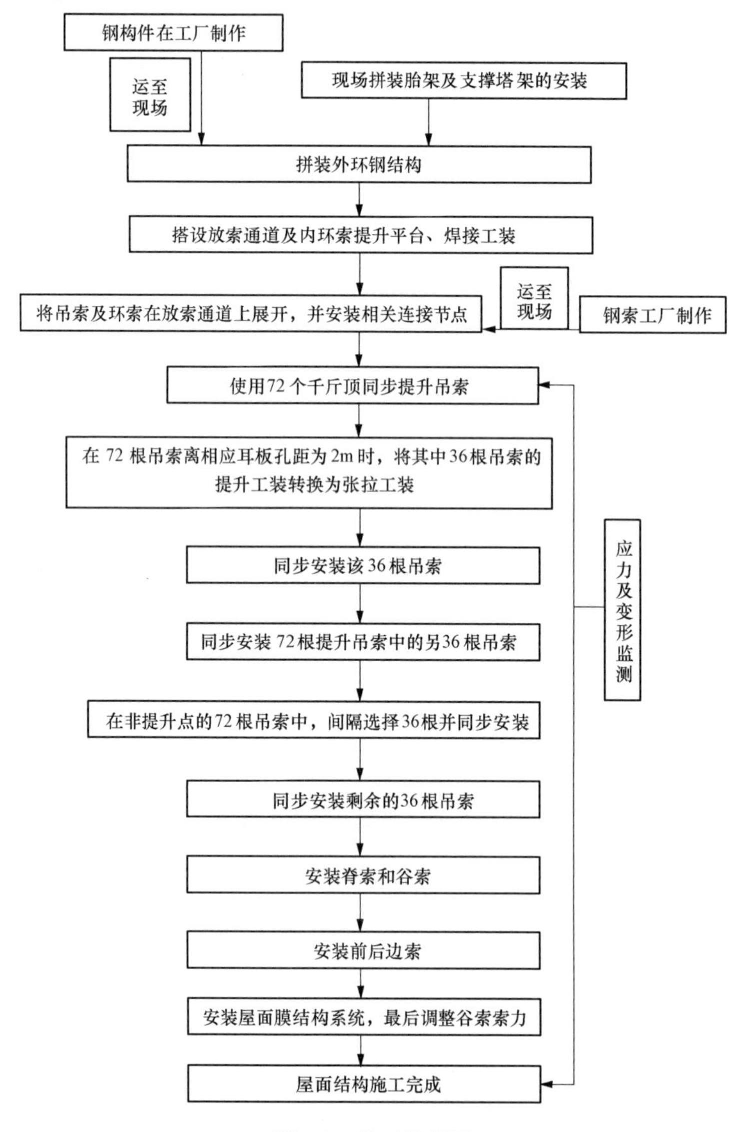


图 9-8　施工流程图

3. 施工过程列表

本工程最大的特点就是结构形式为柔性悬索结构，也是本工程的一个技术难点所在。因此要对这种结构进行详尽的全过程施工仿真模拟，通过施工仿真计算，计算出需要对每根索施加的预应力，以选择合适的施工机具并进行张拉工装的设计。施工过程状态见表 9-1。

**表 9-1　施工过程状态表**

| 施工步骤 | 计算工况编号 | 安装过程 | 吊索最大索力（kN） |
|---|---|---|---|
| 1 | | 将环索和 72 根吊索放开，并通过节点连接完成，借助工装索将吊索与相应耳板连接，并进行预紧 | |
| 2 | | 提升第 1 批 72 根吊索 | |

续表

| 施工步骤 | 计算工况编号 | 安装过程 | 吊索最大索力（kN） |
|---|---|---|---|
| 3 | g1 | 提升第1组吊索，环索离地面高1m | |
| 4 | g2 | 提升第1组吊索，环索离地面高10m | |
| 5 | g3 | 提升第1组吊索，环索离地面高20m | |
| 6 | g4 | 提升第1组吊索，环索离地面高30m | |
| 7 | g5 | 提升第1组吊索，接近耳板（约2m） | 1900 |
| 8 | g6 | 将第1批72根吊索安装就位 | 1870 |
| 9 | g7 | 提升第2批72根吊索 | 1360 |
| 10 | g8 | 第2批吊索提升至耳板附近 | 1550 |
| 11 | g9 | 144根吊索安装就位 | 1660 |
| 12 | g10 | 吊索和谷索安装就位 | 1720 |

4. 具体实施方案（图9-9）

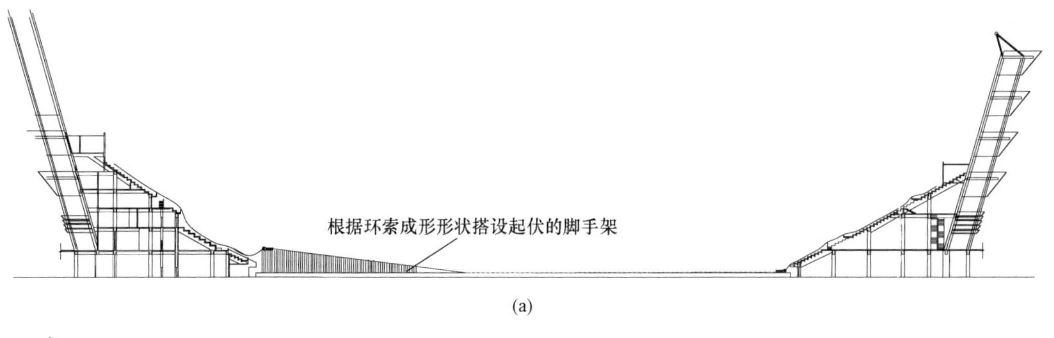


(a)

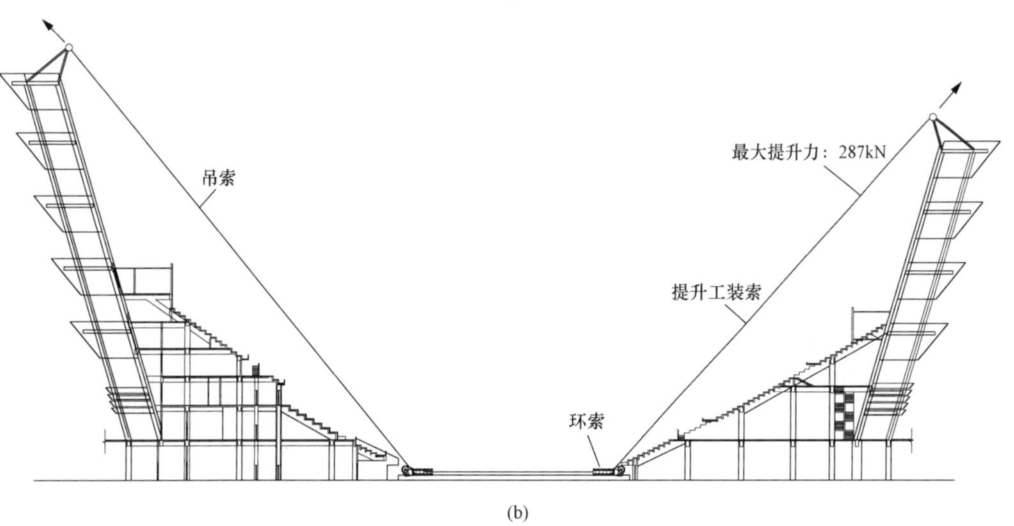


(b)

图9-9 具体实施方案（一）

(a) 地面组装完毕状态；(b) 同步提升72根拉索至环索离开地面

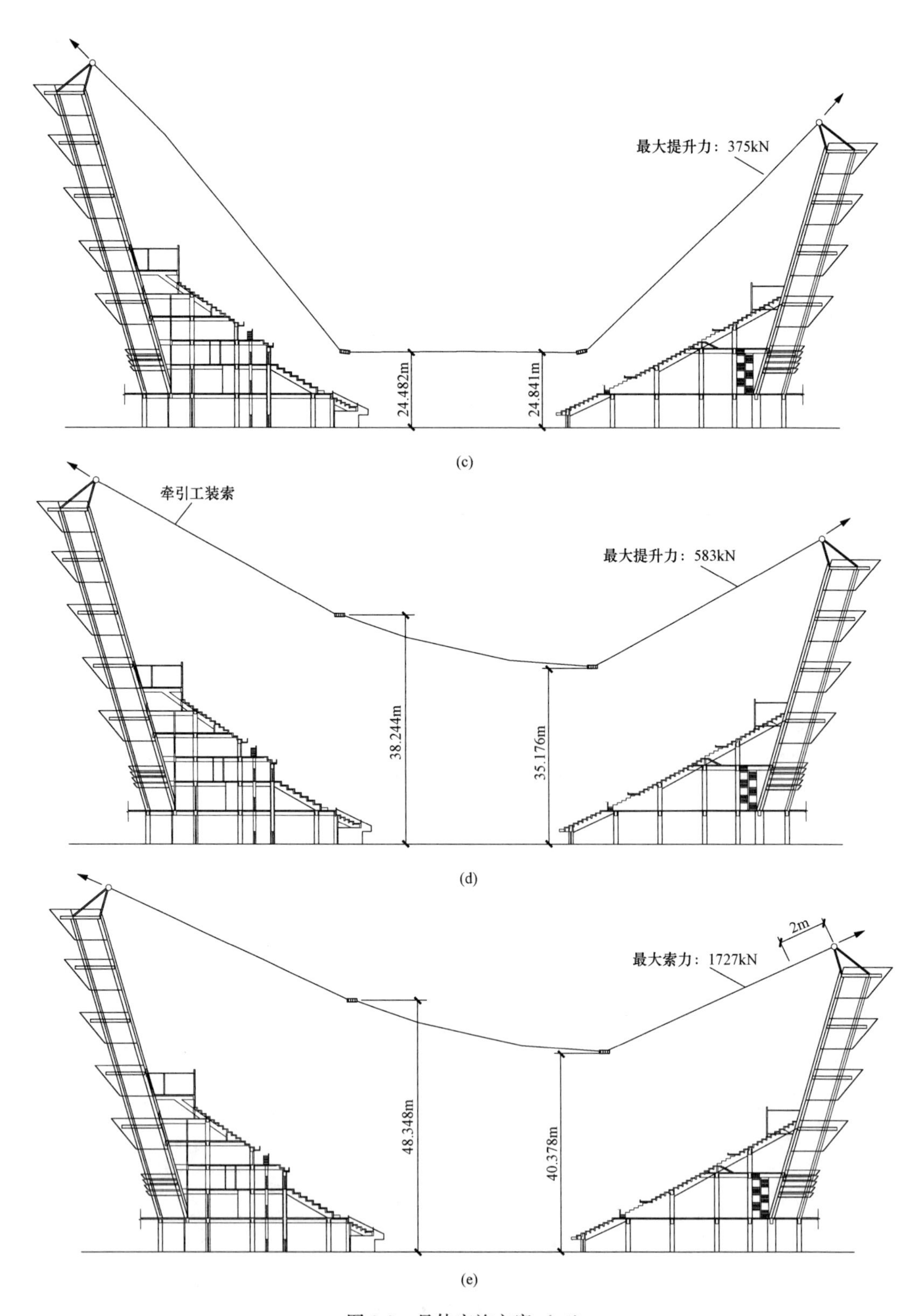


图 9-9　具体实施方案（二）

（c）提升至环索离地 24m；（d）提升至环索离地 35m；（e）提升至工装索剩余 2m

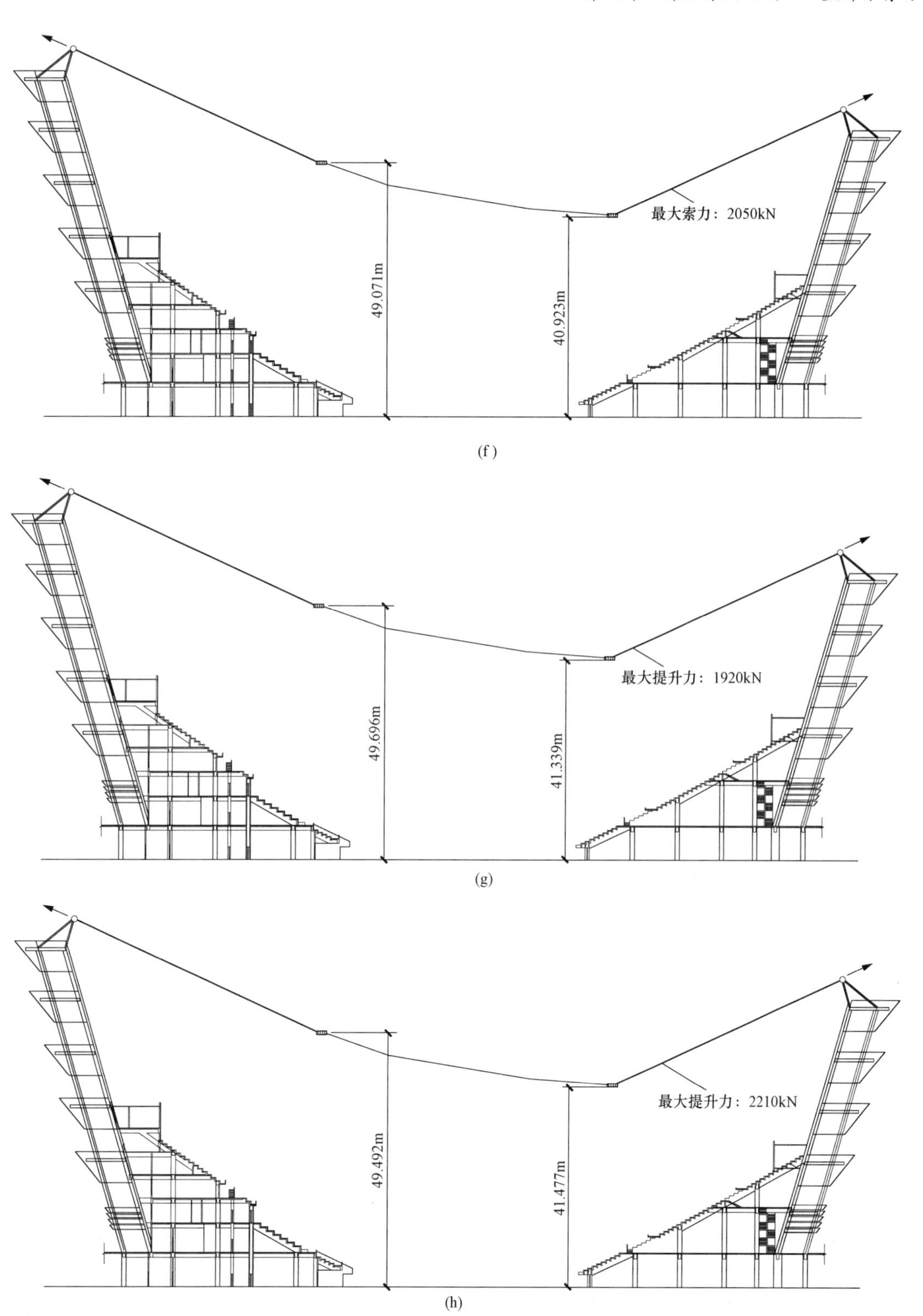


图 9-9 具体实施方案（三）

（f）安装 A 组 36 根吊索；（g）安装 B 组 36 根吊索；（h）安装 C 组 36 根吊索

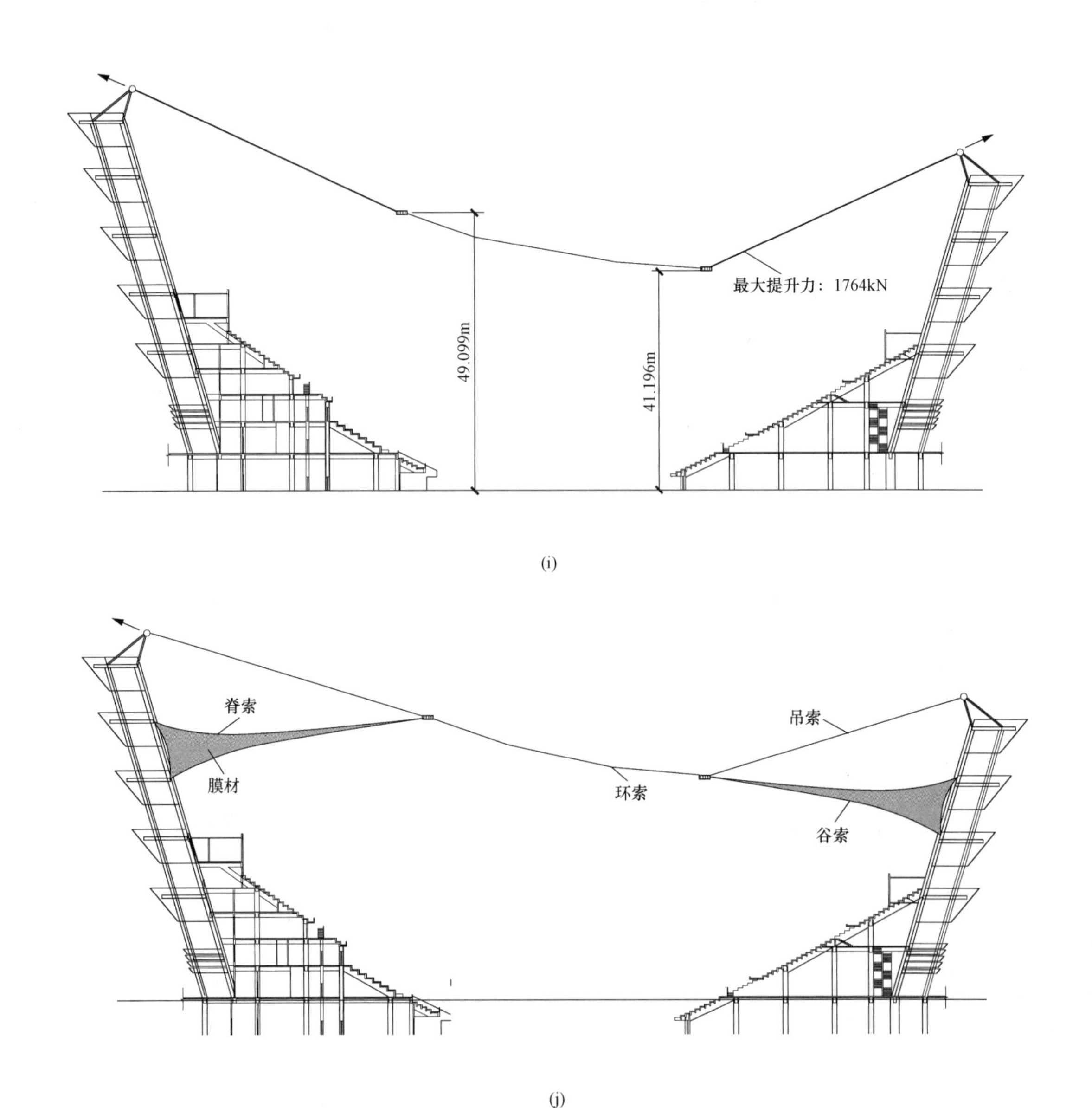


图 9-9　具体实施方案（四）

(i) 安装 D 组 36 根吊索；(j) 膜结构安装完毕

## 第四节　施　工　仿　真

采用大型有限元软件 ANSYS 进行盘锦体育场施工仿真分析，有限元模型采用结构整体模型（含环桁架、柱子及体育场看台等），边界条件与实际结构吻合。在计算时考虑了风荷载的影响，动力系数取 1.2。整体模型如图 9-10 所示。

不同施工步骤下索网结构的位移云图如图 9-11～图 9-20 所示。

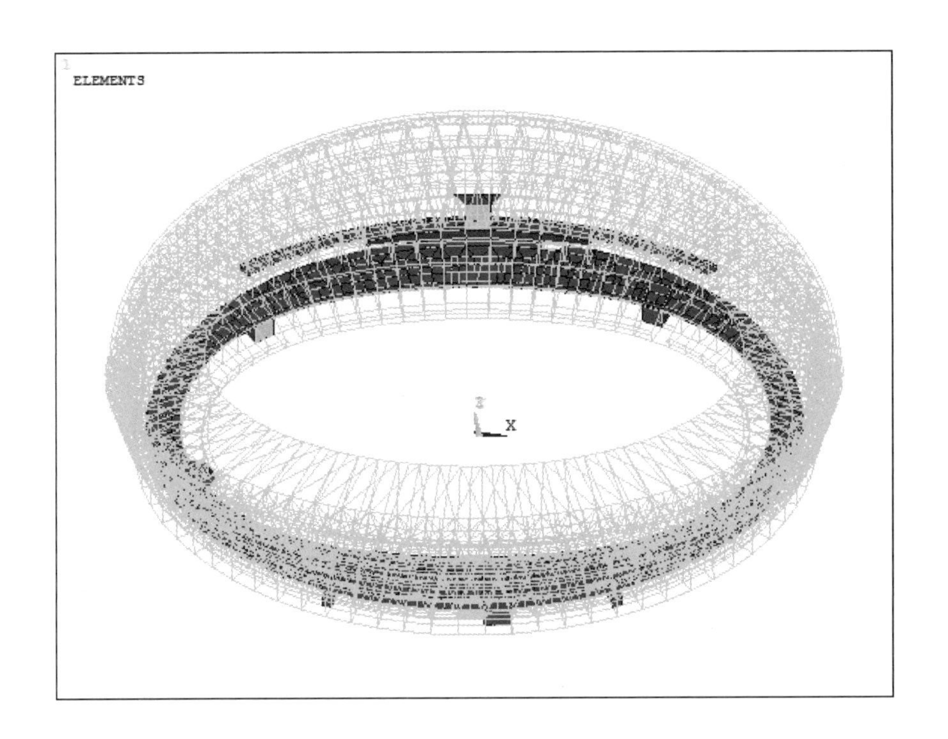


图 9-10 盘锦体育场有限元计算模型

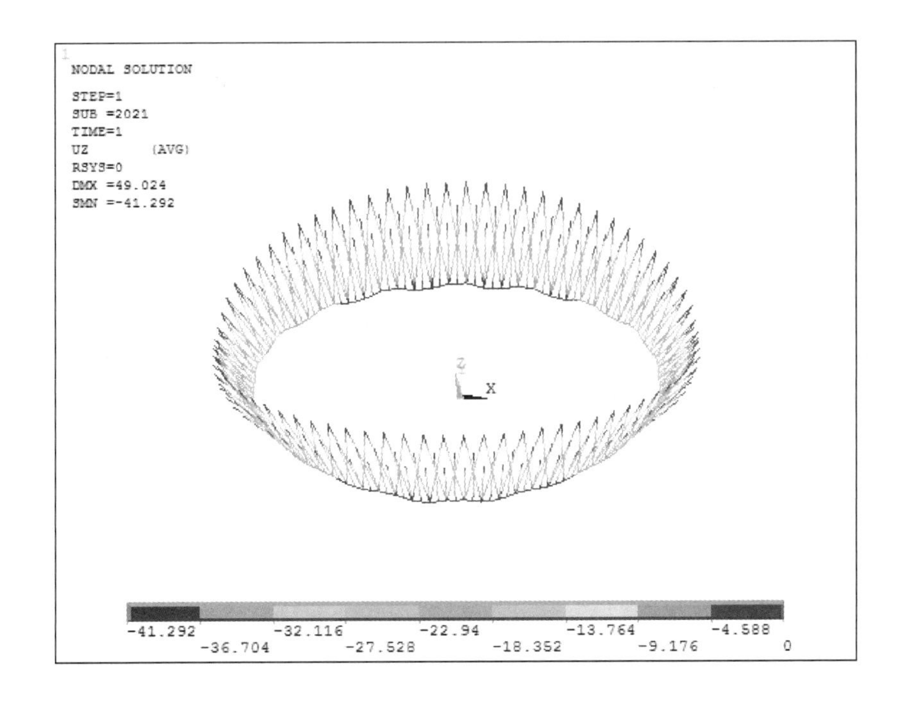


图 9-11 离地 0.5m 位移图

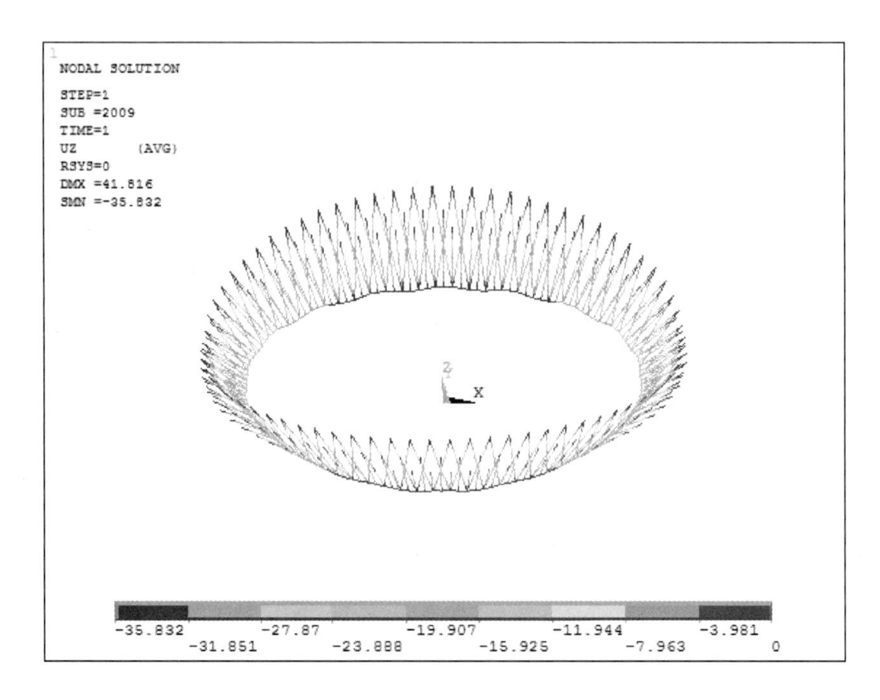


图 9-12　离地 10m 位移图

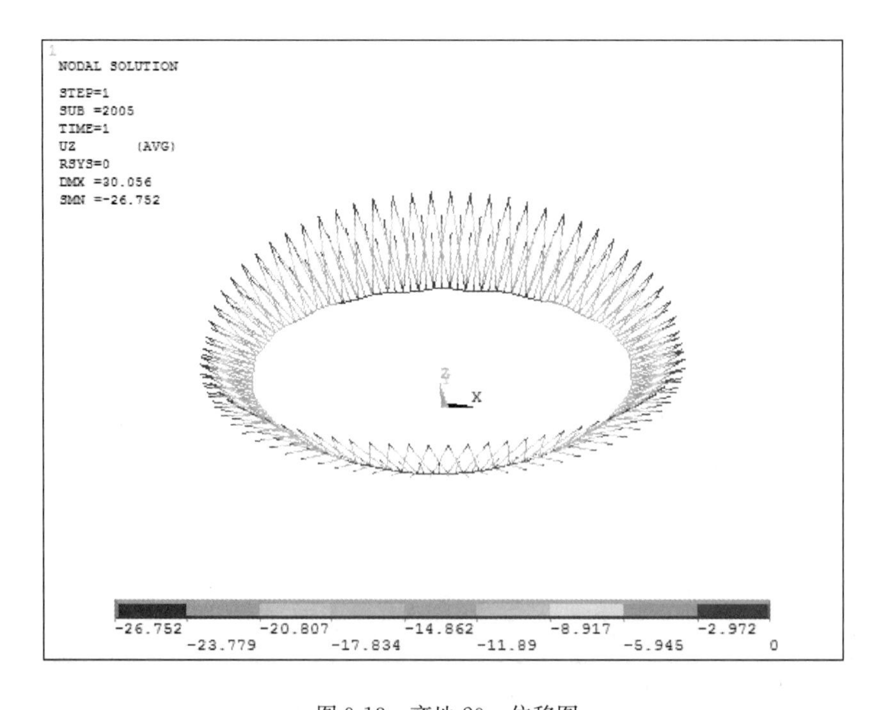


图 9-13　离地 20m 位移图

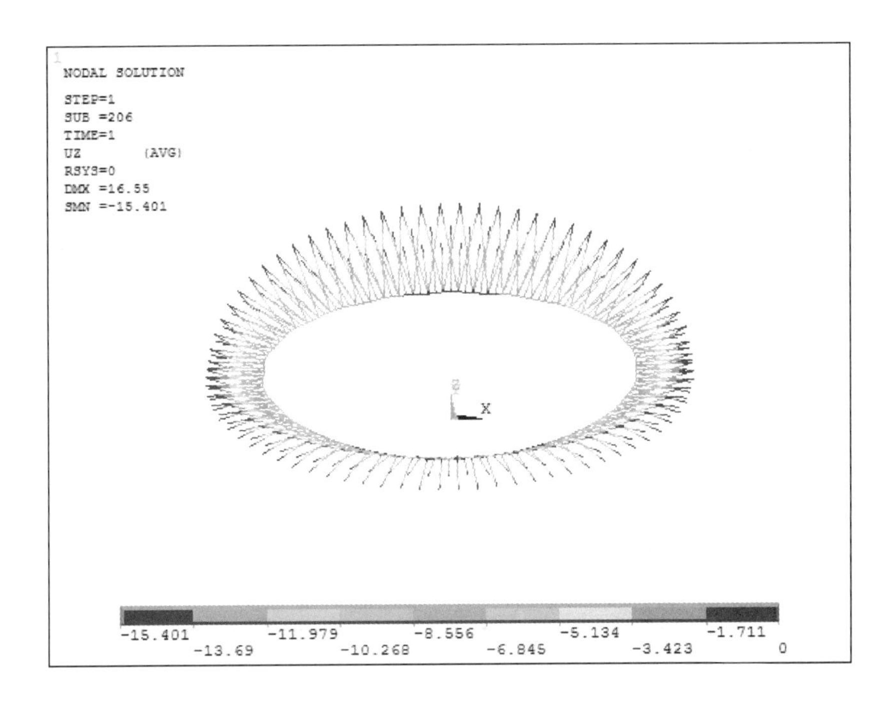


图 9-14　离地 30m 位移图

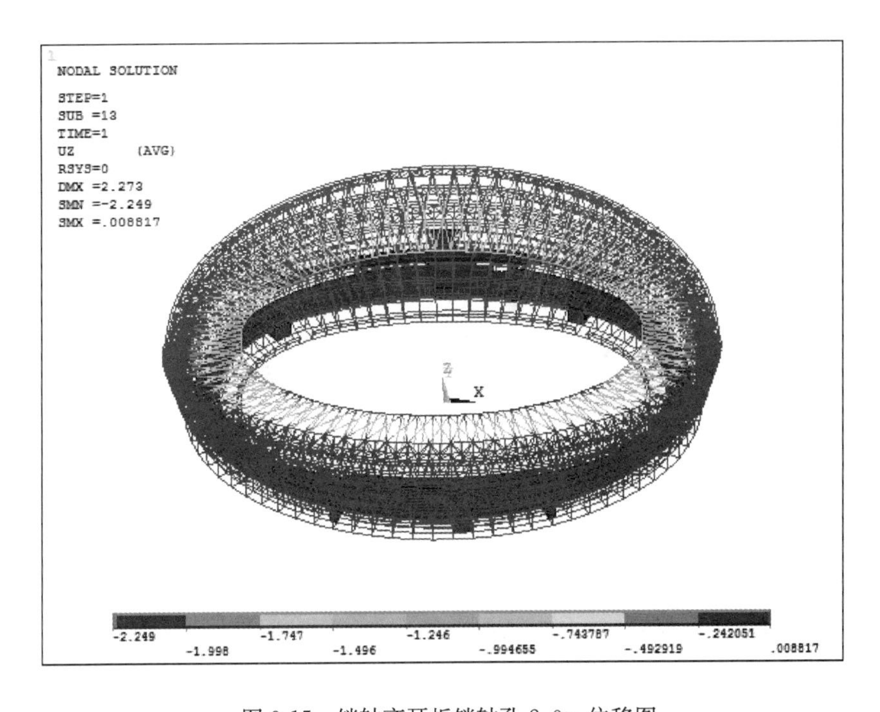


图 9-15　销轴离耳板销轴孔 2.0m 位移图

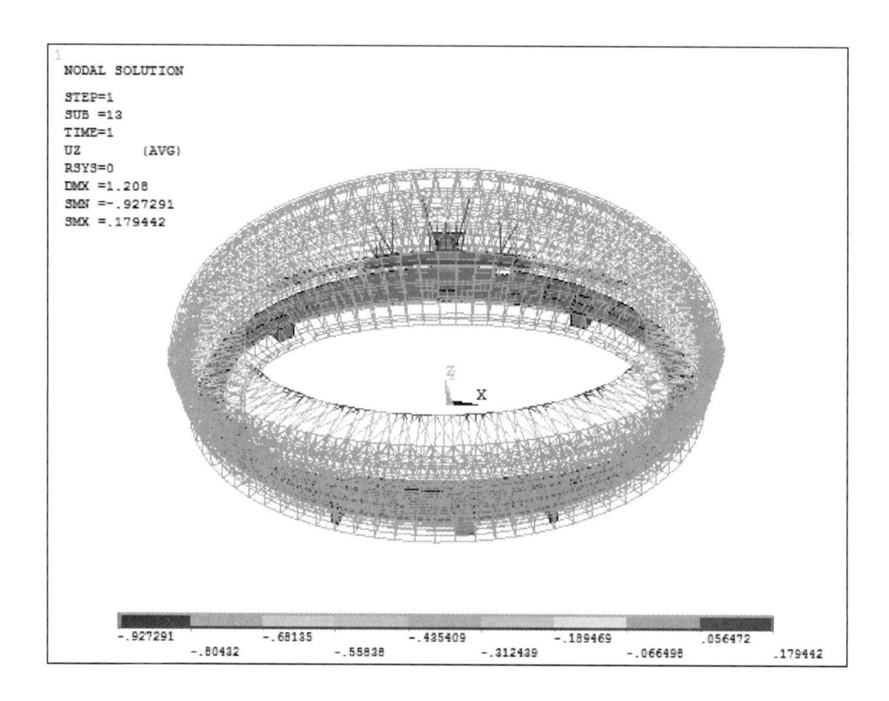


图 9-16　第 1 批吊索安装就位位移图

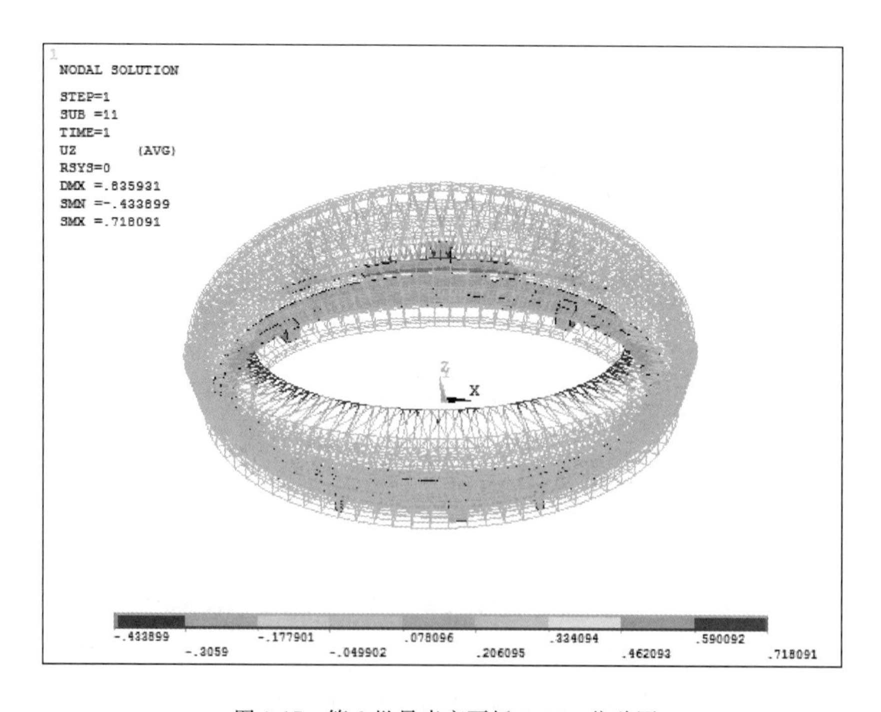


图 9-17　第 2 批吊索离耳板 0.05m 位移图

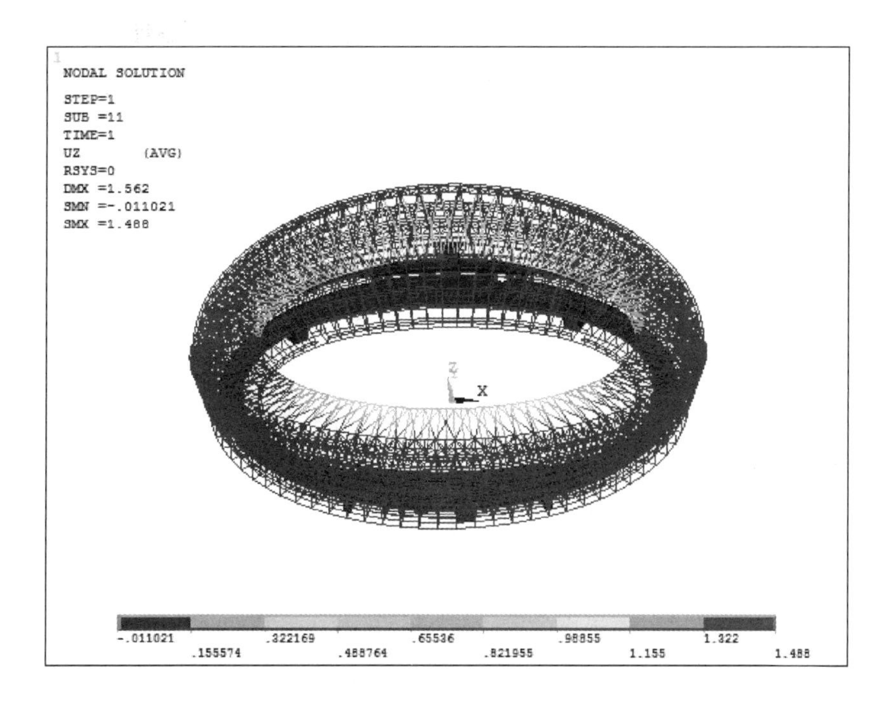


图 9-18　第 2 批吊索离耳板 0.02m 位移图

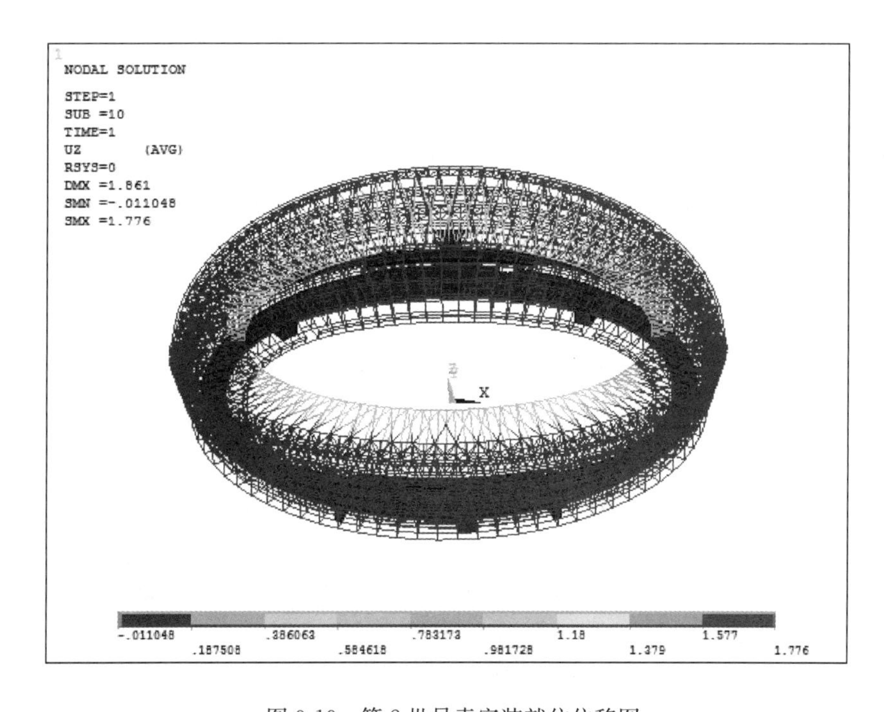


图 9-19　第 2 批吊索安装就位位移图

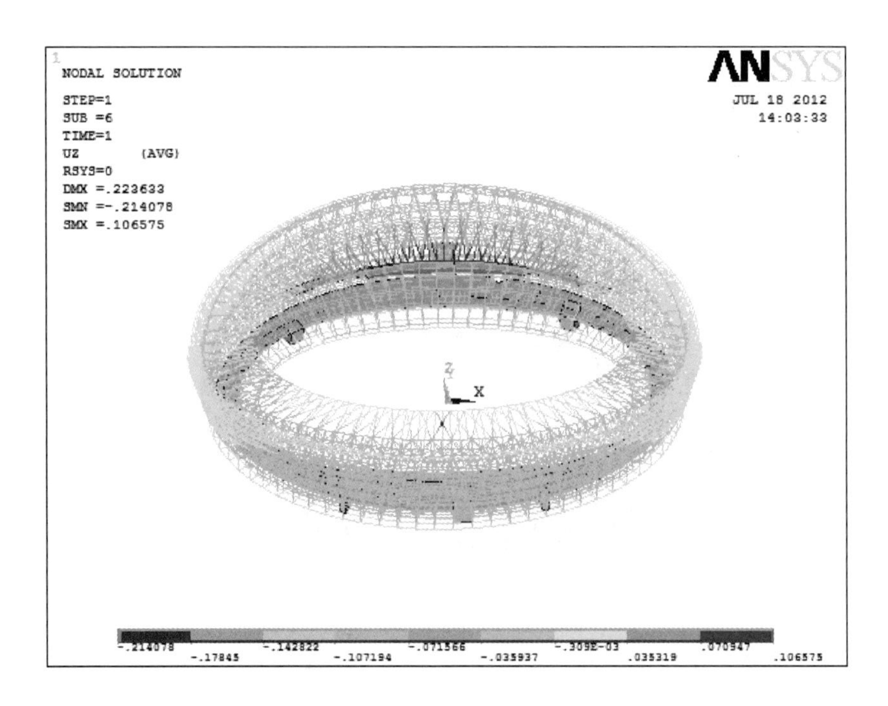


图 9-20 谷索安装就位位移图

## 第五节 施 工 监 测

1. 施工监测目的

盘锦体育中心体育场的结构新颖，跨度比较大，施工难度大，尤其在拉索张拉成形阶段，难度更大。为了确保工程在整个施工过程中的安全性以及考察施工过程中结构的变形和内力变化规律，需要对结构进行现场施工监测。通过施工监测，指导施工过程的安全及精确进行，并积累预应力工程施工数据资料。盘锦体育中心体育场工程施工监测归结起来主要有以下几个目的：

（1）监测结构响应信息，为结构的安全、精确成形服务。

（2）通过实际监测结果与仿真计算结果的比较，验证仿真计算的准确性。

（3）盘锦体育中心体育场结构形式新颖，而且该种结构没有现成工程施工经验可以借鉴，为确保本工程的安全和顺利实施，必须在施工过程中进行施工监测。

2. 监测点布置

（1）结构变形监测。在预应力钢索提升过程中，环向索标高位置会随之变化，通过环索的位移监测对索结构体系的成形进行控制，位移监测布置点如图 9-21 所示。

（2）环向索索力测点布置。在本工程结构施工过程中，特别是预应力提升和张拉过程中，环索索力比较大，为保证施工安全性，选择内圈环索进行施工过程中的环索索力监测。在环索的 4 个分段中各选取 1 个位置，每个位置选择 10 根环索布置索力监测点，共 40 个监测点，测点布置如图 9-22 所示。

3. 监测结果

张拉完成后，所有吊索提升力与设计索力偏差在±8%以内；索力变化趋势与理论计算的索力变化趋势相同；环向索节点处坐标监测值与理论计算值相差较小，满足设计和验收标准要求。

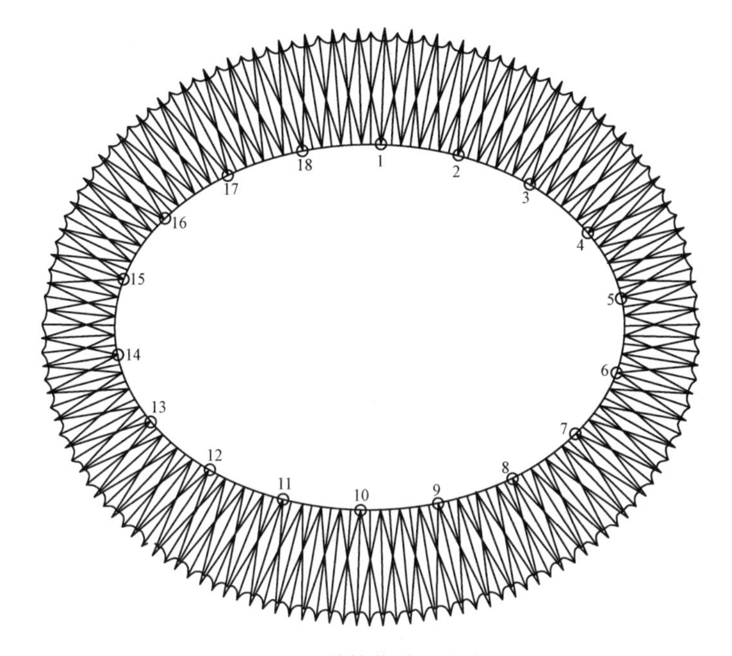


图 9-21　结构位移测点布置

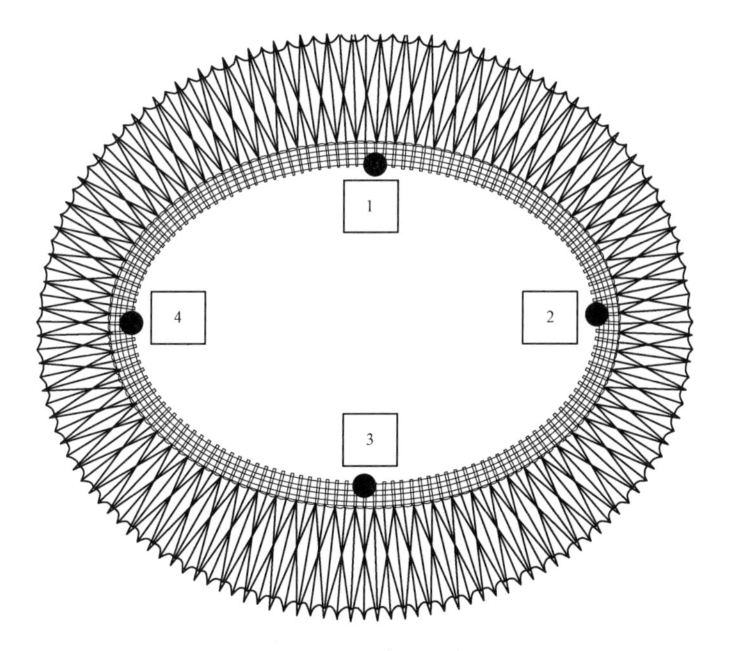


图 9-22　环向索测点布置

# 第十章

# 斜拉结构——营口体育场

## 第一节 工 程 概 况

营口奥林匹克体育场工程，位于营口市沿海产业基地范围内，建设单位为营口沿海开发建设有限公司，建设地点为辽宁营口沿海产业基地新联大街，建成后满足各种地方性、群众性运动会比赛的需求，其空间使用面积为 24 771.71m²，观众顶篷水平投影为 15 512.16m²，顶篷最高点标高为 42m。

体育场屋盖采用钢网架结构与预应力拉索相结合的刚柔相济的斜拉式混合结构体系，整个体育场有两个网壳结构罩棚，每个罩棚由两个桅杆的 14 根拉索和罩棚下的柱子以及 10 根稳定索组成支撑体系。拉索规格为当时国内民用建筑结构中规格最大的拉索，型号为 $\phi 7 \times 421$，索体为 130kg/m，索头重量达到 5.5t，桅杆高度 73m，结构的竖向刚度由预应力拉索提供。体育场俯视图和轴侧图如图 10-1 和图 10-2 所示。

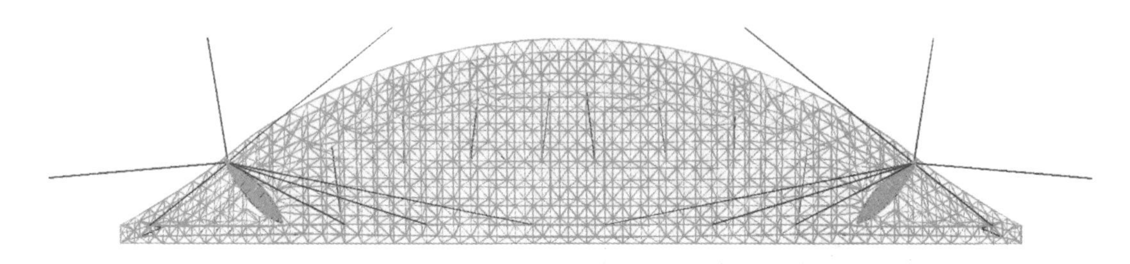

图 10-1 体育场俯视图

## 第二节 施工深化设计

1. 施工深化设计

对于预应力钢结构来说，深化设计的主要内容是根据甲方提供的设计施工图和设计要求，对一些受力和构造均比较复杂的预应力节点作进一步的细化设计，其内容应包括节点方案的确定、关键节点的有限元计算和节点详图的绘制。对于本工程来说，深化设计的内容主要包括梭形柱上端节点（图 10-3)、拉索与钢网架相连节点（图 10-4)、拉索地锚节点（图 10-5）以及拉索加工图共 4 部分。

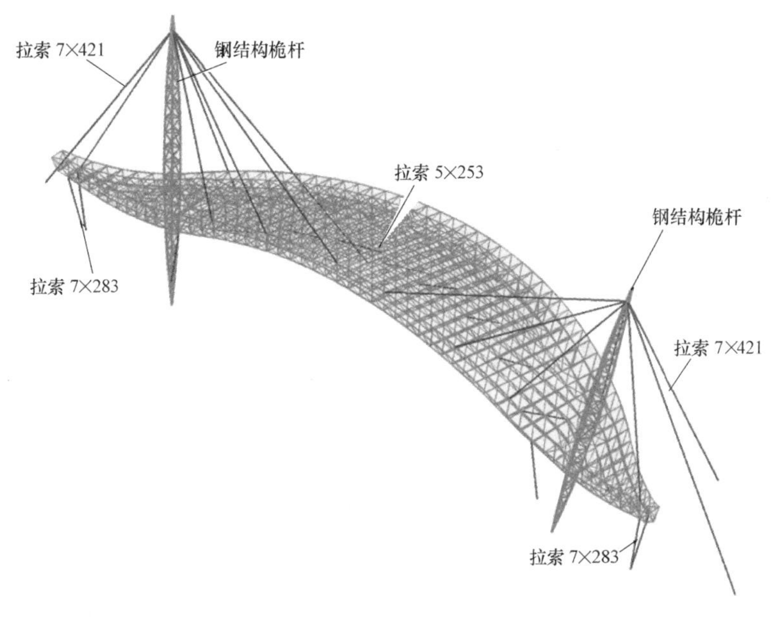


图 10-2　体育场轴侧图

图 10-3　梭形柱上端节点三维示意图

2. 节点有限元分析

营口体育场屋盖梭形柱上端节点，7 根拉索交汇于此，而且拉索直径比较大，索力也特别大，每个节点重达 35t，构造复杂，对焊接质量和精度要求特别高。为确保节点满足受力要求，采用 ANSYS 对节点进行了有限元计算分析。选用的单元为 ANSYS 程序单元库中的三维实体单元 SOLID45，每个单元有 8 个节点，每个节点有 3 个自由度。分析时采用的单位制为国际单位制：N、mm。网格划分采用的是 ANSYS 程序的单元划分器中的自由网格划分技术，自由网格划分技术会根据计算模型的实际外形自动地决定网格划分的疏密。计算模型及计算结果如图 10-6 所示。通过计算分析可知，除局部应力集中外，节点受力满足要求。

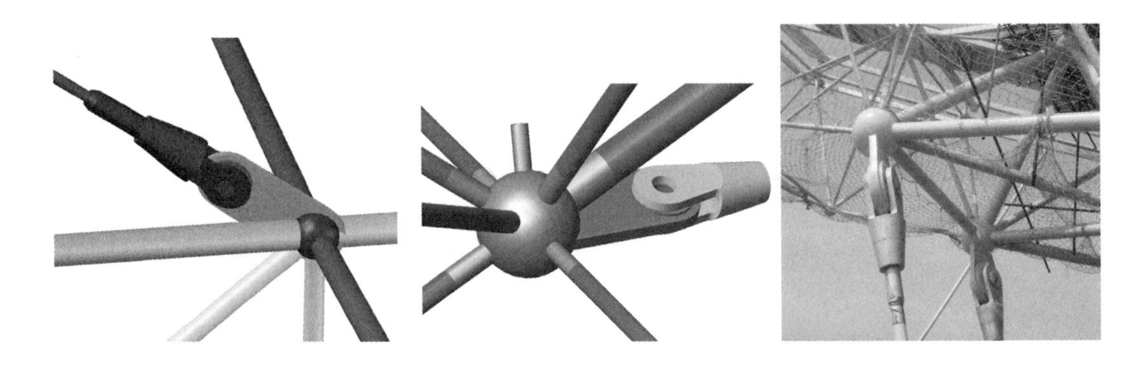

图 10-4　拉索与钢网架相连节点

图 10-5　拉索地锚节点

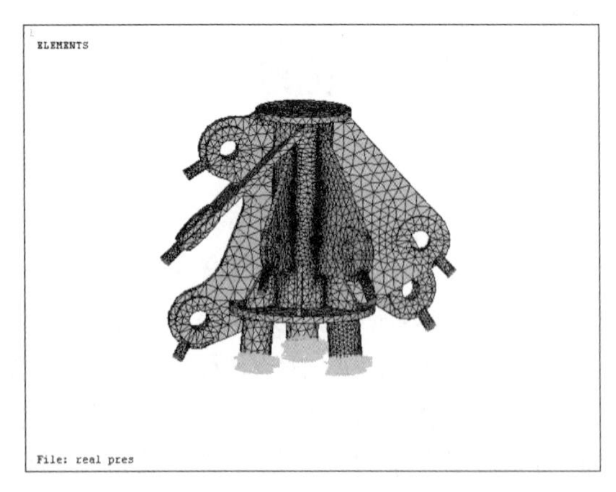


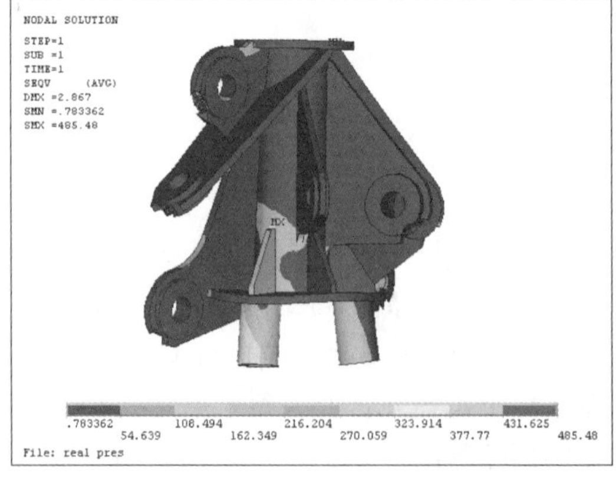


图 10-6　有限元计算模型及应力图（MPa）

## 第三节 施 工 方 案

1. 施工流程

该工程施工流程如图 10-7 所示。

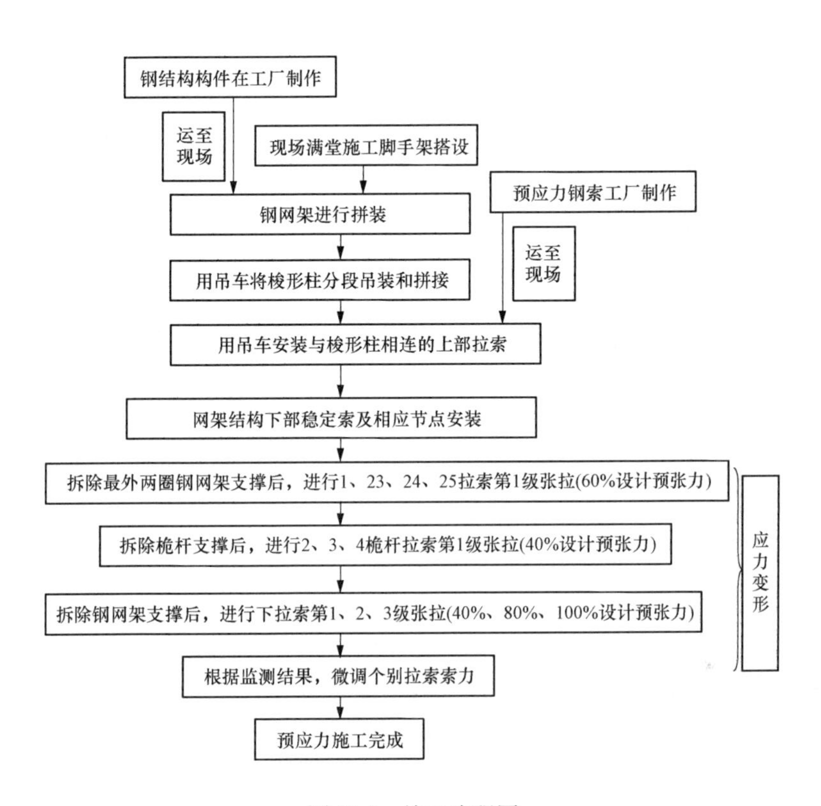


图 10-7 施工流程图

(1) 梭形柱钢网架及桅杆安装（图 10-8），并利用脚手架和揽风绳进行支撑。

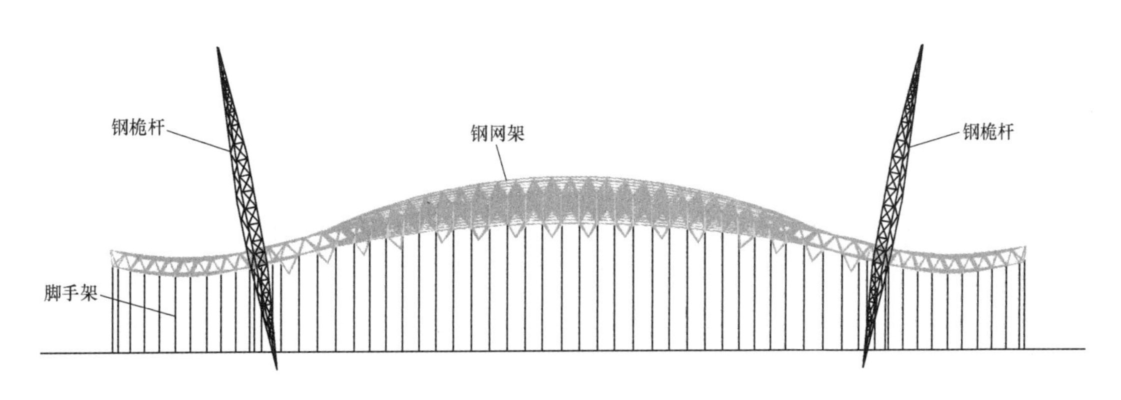


图 10-8 钢网架及桅杆安装图

（2）利用吊车，安装桅杆拉索（图 10-9）。

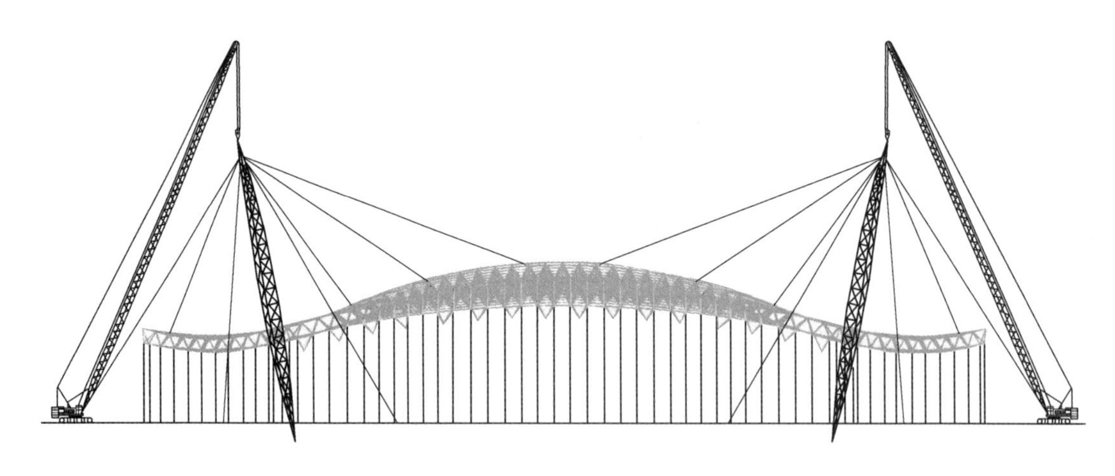

图 10-9　安装桅杆拉索图

（3）安装网架下部稳定索（图 10-10）。

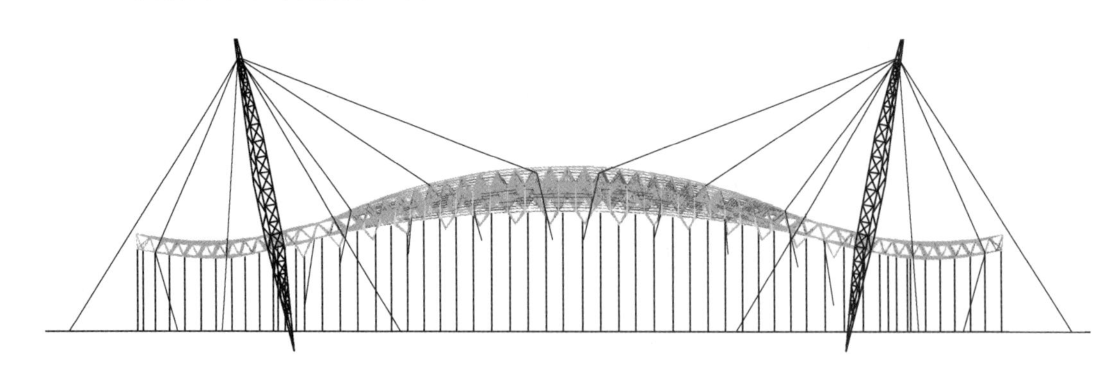

图 10-10　稳定锁安装图

（4）按照分级对称的原则张拉钢索，对结构施加预应力。第一步，在钢网架及桅杆利用脚手架支撑的条件下进行拉索预紧工作；第二步，最外两圈钢网架支撑拆除后，进行 1、23、24、25 号桅杆拉索第 1 级张拉工作，即张拉到到设计初张力的 60%；第三步，拆除桅杆支撑，进行 2、3、4 号桅杆拉索第 1 级张拉工作，即张拉到设计初张力的 80%；第四步，钢网架脚手架支撑全部拆除后，进行下拉索第 1 级、全部拉索第 2 和 3 级张拉（拉索 5、6、11、12 不需要张拉，被动受力），即第 1、2、3 级分别张拉到设计初张力的 40%、80%、100%。根据仿真计算分析，拉索 5、6、11、12 不需要直接张拉，其他拉索张拉完成后，已经被动受力，并且达到设计预应力值。

张拉顺序如图 10-11 所示（粗线为张拉的拉索）。

2. 拉索安装及张拉工艺

（1）预应力拉索安装工艺。拉索运至现场后，使用吊车将拉索吊至放索盘上；使用放索盘将拉索放开，索在地面开盘，拉索比较大，索体和索头都很重，可借助卷扬机牵引放索。

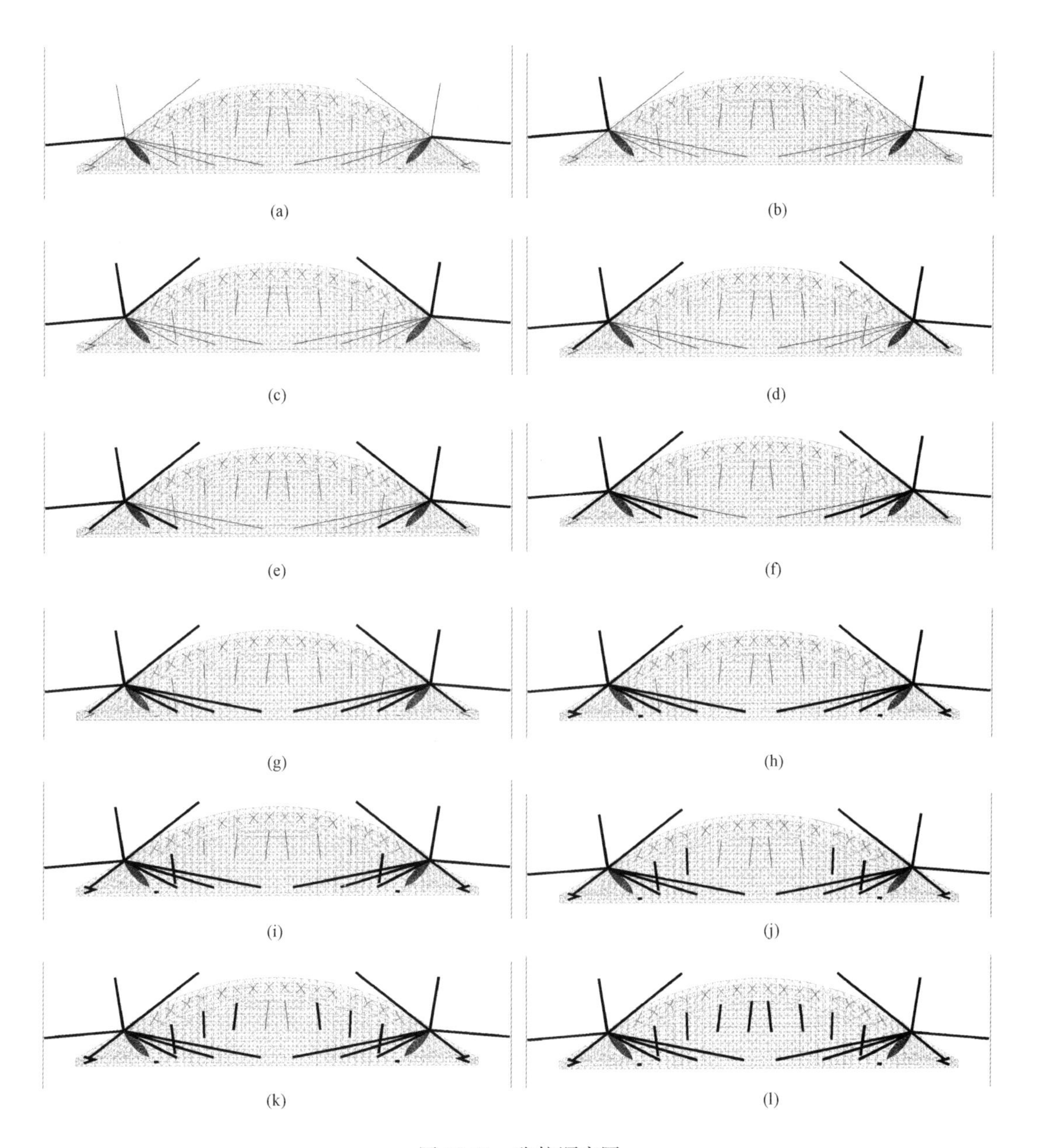


图 10-11　张拉顺序图

(a) 第 1 级第 1 步；(b) 第 1 级第 2 步；(c) 第 1 级第 3 步；(d) 第 1 级第 4 步；(e) 第 1 级第 5 步；(f) 第 1 级第 6 步；(g) 第 1 级第 7 步（本步张拉完成后可拆除下部脚手架）；(h) 第 1 级第 8 步；(i) 第 1 级第 9 步；(j) 第 1 级第 10 步；(k) 第 1 级第 11 步；(l) 第 1 级第 12 步

在放索过程中因索盘自身的弹性和牵引产生的偏心力，会使索盘在转动时产生加速，且可能导致散盘，易危及工人安全，因此需要对转盘设置刹车和限位装置。为防止索体在移动过程中与地面接触，损坏拉索防护层或损伤索股，索头需用布袋包住，再将索逐渐放开，另外在地面沿放索方向铺设圆钢管，以保证索体不与地面接触，同时减少了与地面的摩擦力，圆钢管的长度不小于 1m，间距为 2.5m 左右。拉索安装过程中，使用吊车、倒链与安装工装配合，进行拉索安装，先安装固定端，后安装调节端。

（2）预应力拉索张拉工艺。

1）设备选择。根据设计提供拉索预应力值进行仿真计算，根据计算结果选择张拉设备，选用1500kN、2500kN千斤顶各两套，即4个1500kN千斤顶、4个2500kN千斤顶，及配套油泵、油压传感器等。

2）拉索张拉力。为了详细说明每步张拉的拉索位置和张拉力，将各位置拉索编号如图10-12所示。

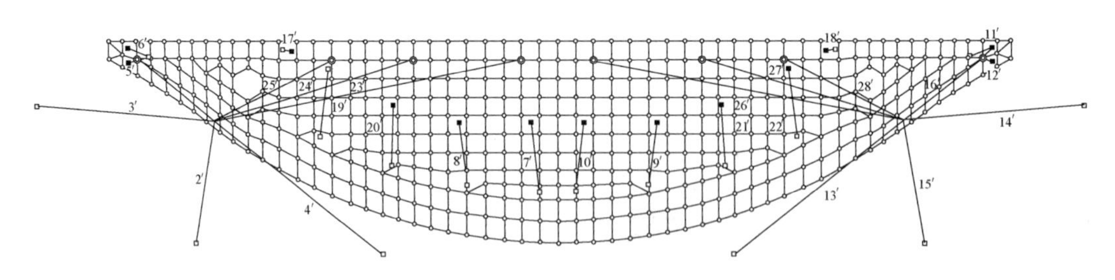


图10-12　拉索编号图

表10-1～表10-3列出了各级张拉力，红色数字为每次张拉的拉索位置和张拉力值。

**表10-1**　　拉索第1级张拉顺序及张拉力列表　　单位：kN

| 位置 | 拉索编号 | 1 | 2 | 3 | 4 | 5 | 6 | 7 | 8 | 9 | 10 | 11 | 12 |
|---|---|---|---|---|---|---|---|---|---|---|---|---|---|
| 桅杆索 | 1号索 | 5 | 381 | 677 | 709 | 841 | 1471 | 1534 | 1703 | 1705 | 1724 | 1752 | 1784 |
| | 25号索 | 10 | 0 | 0 | 0 | 0 | 235 | 231 | 700 | 720 | 721 | 696 | 661 |
| | 24号索 | 0 | 832 | 591 | 594 | 864 | 931 | 925 | 915 | 925 | 980 | 1024 | 1040 |
| | 23号索 | 18 | 0 | 734 | 745 | 965 | 1002 | 988 | 993 | 1001 | 1003 | 1034 | 1101 |
| | 3号索 | 0 | 380 | 739 | 719 | 1096 | 756 | 781 | 893 | 916 | 949 | 983 | 1022 |
| | 2号索 | 0 | 0 | 0 | 0 | 0 | 314 | 199 | 325 | 335 | 354 | 371 | 388 |
| | 4号索 | 0 | 0 | 0 | 0 | 0 | 0 | 129 | 132 | 125 | 116 | 107 | 95 |
| 稳定索 | 17号索 | 0 | 0 | 0 | 0 | 99 | 283 | 273 | 442 | 387 | 368 | 353 | 336 |
| | 19号索 | 0 | 0 | 0 | 0 | 0 | 0 | 0 | 0 | 239 | 195 | 174 | 153 |
| | 20号索 | 0 | 0 | 0 | 0 | 39 | 98 | 92 | 14 | 0 | 309 | 263 | 245 |
| | 8号索 | 0 | 0 | 0 | 0 | 74 | 124 | 117 | 69 | 53 | 8 | 357 | 308 |
| | 7号索 | 0 | 0 | 0 | 0 | 78 | 113 | 106 | 50 | 36 | 19 | 0 | 297 |

**表 10-2**　　拉索第 2 级张拉顺序及张拉力列表　　单位：kN

| 位置 | 拉索编号 | 2.1 | 2.2 | 2.3 | 2.4 | 2.5 | 2.6 | 2.7 | 2.8 | 2.9 | 2.10 | 2.11 | 2.12 |
|---|---|---|---|---|---|---|---|---|---|---|---|---|---|
| 桅杆索 | 1 号索 | 1439 | 2513 | 2776 | 2798 | 2800 | 2815 | 2863 | 3007 | 3010 | 3028 | 3055 | 3087 |
| | 25 号索 | 784 | 1197 | 1179 | 1181 | 1196 | 1115 | 1142 | 1595 | 1640 | 1641 | 1616 | 1581 |
| | 24 号索 | 1110 | 1229 | 1209 | 1209 | 1205 | 1453 | 1316 | 1320 | 1341 | 1396 | 1440 | 1455 |
| | 23 号索 | 1243 | 1338 | 1281 | 1284 | 1285 | 1168 | 1394 | 1386 | 1404 | 1406 | 1436 | 1503 |
| | 3 号索 | 1734 | 1043 | 1155 | 1144 | 1148 | 1185 | 1274 | 1392 | 1445 | 1478 | 1512 | 1550 |
| | 2 号索 | 164 | 915 | 437 | 439 | 442 | 464 | 500 | 622 | 646 | 664 | 681 | 698 |
| | 4 号索 | 184 | 0 | 540 | 546 | 546 | 537 | 508 | 506 | 490 | 481 | 472 | 460 |
| 稳定索 | 17 号索 | 431 | 872 | 869 | 873 | 884 | 885 | 881 | 1469 | 1341 | 1322 | 1307 | 1289 |
| | 19 号索 | 230 | 303 | 273 | 274 | 275 | 292 | 308 | 81 | 636 | 592 | 571 | 550 |
| | 20 号索 | 330 | 464 | 437 | 438 | 439 | 512 | 515 | 456 | 379 | 707 | 661 | 643 |
| | 8 号索 | 393 | 504 | 476 | 478 | 476 | 534 | 581 | 536 | 500 | 455 | 803 | 754 |
| | 7 号索 | 385 | 467 | 434 | 436 | 434 | 452 | 546 | 496 | 464 | 448 | 404 | 726 |

**表 10-3**　　拉索第 3 级张拉顺序及张拉力列表　　单位：kN

| 位置 | 拉索编号 | 3.1 | 3.2 | 3.3 | 3.4 | 3.5 | 3.6 | 3.7 | 3.8 | 3.9 | 3.10 | 3.11 | 3.12 |
|---|---|---|---|---|---|---|---|---|---|---|---|---|---|
| 桅杆索 | 1 号索 | 2915 | 3252 | 3585 | 3784 | 3609 | 3624 | 3673 | 3745 | 3755 | 3755 | 3768 | 3784 |
| | 25 号索 | 1643 | 1863 | 1840 | 2022 | 1357 | 1776 | 1802 | 2029 | 2052 | 2052 | 2039 | 2022 |
| | 24 号索 | 1491 | 1568 | 1543 | 1720 | 1539 | 1788 | 1651 | 1653 | 1691 | 1691 | 1713 | 1720 |
| | 23 号索 | 1574 | 1667 | 1595 | 1762 | 1599 | 1482 | 1708 | 1704 | 1714 | 1714 | 1729 | 1762 |
| | 3 号索 | 1906 | 1479 | 1620 | 1878 | 1613 | 1651 | 1740 | 1799 | 1842 | 1842 | 1859 | 1878 |
| | 2 号索 | 587 | 1333 | 728 | 891 | 733 | 755 | 792 | 853 | 874 | 874 | 882 | 891 |
| | 4 号索 | 505 | 0 | 684 | 629 | 690 | 681 | 653 | 652 | 639 | 639 | 634 | 629 |
| 稳定索 | 17 号索 | 1337 | 1563 | 1560 | 1776 | 1574 | 1576 | 1572 | 1867 | 1793 | 1793 | 1785 | 1776 |
| | 19 号索 | 588 | 645 | 608 | 763 | 610 | 626 | 642 | 528 | 783 | 783 | 773 | 763 |
| | 20 号索 | 685 | 772 | 738 | 880 | 740 | 813 | 816 | 786 | 912 | 912 | 889 | 880 |
| | 8 号索 | 797 | 874 | 838 | 1029 | 838 | 896 | 943 | 920 | 879 | 879 | 1054 | 1029 |
| | 7 号索 | 769 | 834 | 793 | 994 | 793 | 812 | 905 | 880 | 856 | 856 | 833 | 995 |

## 第四节　施　工　仿　真

1. 施工仿真计算目的及意义

由于结构在预应力钢索张拉完成前结构尚未成形，结构整体刚度较差，因此必须应用有限元计算理论，使用有限元计算软件进行预应力钢结构的施工仿真计算，以保证结构施工过程中及结构使用期的安全。施工仿真具体目的如下：

（1）验证张拉方案的可行性，确保张拉过程的安全。

（2）给出每张拉步钢索张拉力的大小，为实际张拉时的张拉力值的确定提供理论依据。

（3）给出每张拉步结构的变形及应力分布，为张拉过程中的变形及应力监测提供理论依据。

（4）根据计算出来的张拉力的大小，选择合适的张拉机具，并设计合理的张拉工装。

（5）确定合理的张拉顺序。

2. 施工仿真计算过程概述

与施工过程相对应，施工仿真计算分为以下四个过程：钢网架、屋面檩条及桅杆等都在脚手架支撑作用下，结构全部安装完成；随着张拉进行，由于钢网架最外边的两圈支撑的轴力增大，因此张拉前将最外面两圈钢网架支撑拆除，其他脚手架支撑不拆除，然后进行 1、23、24、25 号桅杆拉索的第 1 级张拉工作，即张拉到设计初张力的 60％（保证桅杆支撑轴力比较小，可以顺利拆除）；拆除桅杆支撑，并进行 2、3、4 号桅杆拉索第 1 级张拉，即张拉到设计初张力的 40％；拆除钢网架全部脚手架支撑后，进行下拉索第 1 级张拉、全部拉索第 2 和 3 级张拉工作。具体施工过程如下所示：

（1）钢网架和桅杆都在脚手架支撑作用下，结构全部安装完成，此状态表示为第 1 步。

（2）最外两圈钢网架支撑拆除后，进行 1、23、24、25 号桅杆拉索第 1 级张拉工作，即张拉到到设计初张力的 60％，此过程总共有 5 步，表示为第 2～6 步。

（3）拆除桅杆支撑，此状态表示为第 7 步。

（4）进行 2、3、4 号拉索第 1 级张拉工作，即张拉到设计初张力的 40％，此过程共有 4 步，表示为第 8～10 步。

（5）拆除钢网架脚手架全部支撑，此状态表示为第 11 步。

（6）支撑全部拆除后，进行下拉索第 1 级、全部拉索第 2 和 3 级张拉（拉索 5、6、11、12 不需要张拉，被动受力），即第 1、2、3 级分别张拉到设计初张力的 40％、80％、100％，此过程总共有 29 步，表示为第 12～40 步。

3. 有限元计算模型

使用 ANSYS 进行施工仿真计算，有限元计算模型如图 10-13 所示。

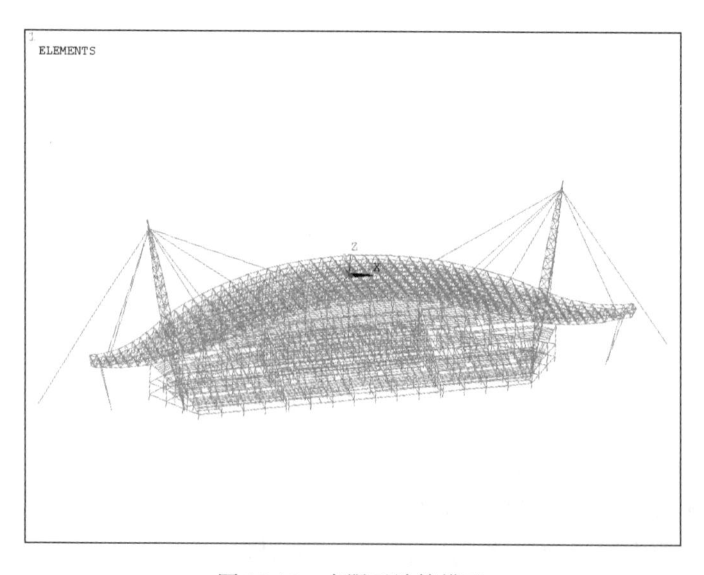


图 10-13　有限元计算模型

4. 部分计算结果（图 10-14）

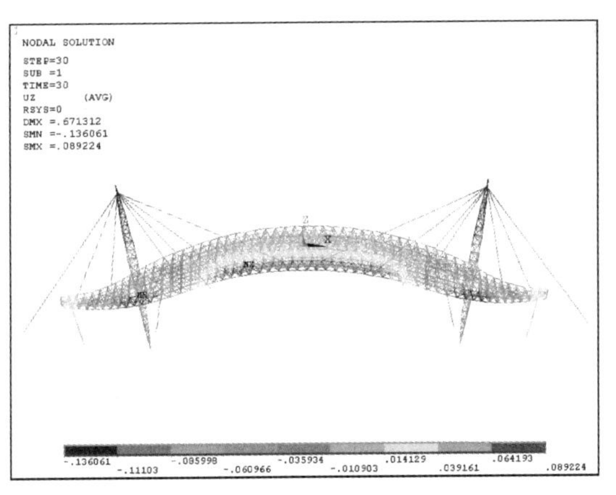


结构竖向位移 (m)

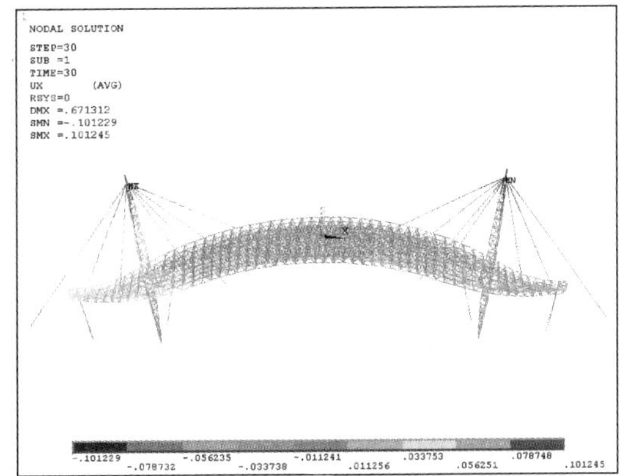


X 方向水平位移 (m)

Y 方向水平位移 (m)

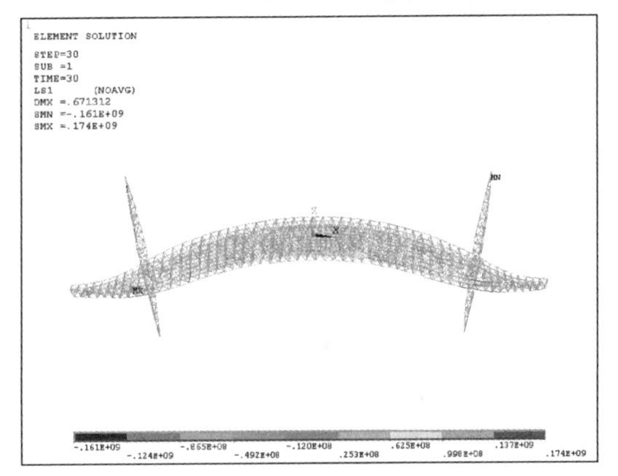


钢结构应力 (Pa)

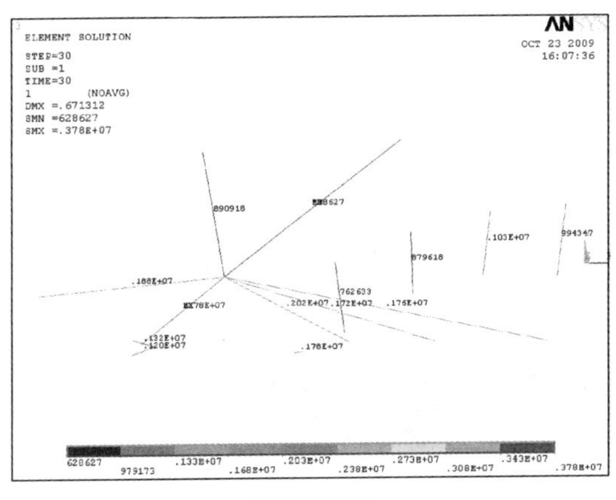


拉索索力 (N)

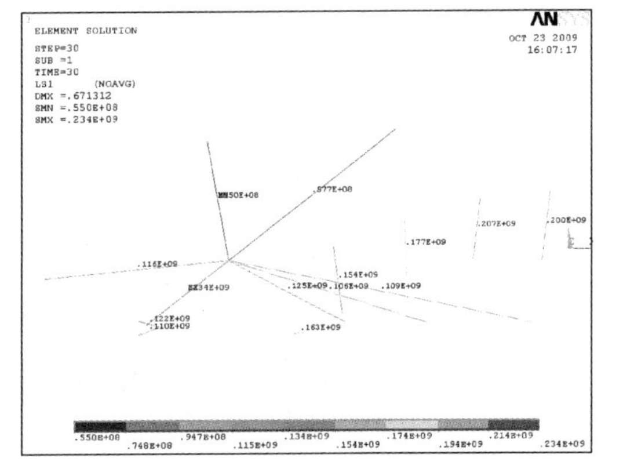


拉索应力 (Pa)

图 10-14　部分计算结果

## 第五节 施 工 监 测

1. 施工监测目的

为保证预应力钢结构的安装精度以及结构在施工期间的安全，并使张拉完成后的预应力状态与设计要求相符，必须对张拉过程中索网结构的整体变形、钢索的拉力和钢结构应力进行监测。

2. 施工监测内容

营口奥体中心预应力工程施工监测主要监测以下三项内容：

（1）斜拉索索力。斜索张拉是预应力工程施工的关键，精确地控制索力才能保证结构的精确成形、顺利地达到设计状态，斜拉索索力监测为预应力工程施工监测的重点。

（2）结构变形。斜索张拉、结构卸载阶段为结构边界条件的变化阶段，位移响应变化明显，为保证结构的精确成形需对其竖向位移进行监测。

（3）构件应力。营口奥体中心作为典型的大跨结构，关键部位杆件内力受施工过程影响较大，为保证施工过程的安全进行，有必要对其关键部位和构件的内力进行监测。

3. 测点布置原则

（1）斜拉索索力。营口奥体中心体育场预应力工程施工就是斜拉索张拉、钢结构卸载的过程，每根斜拉索内力的控制都关系到结构的成形状态，因此应对每根斜拉索张拉过程进行索力监测。

（2）结构变形。结构变形的监测应能反映出结构的整体变形规律，应在变形较大的敏感部位重点监测。

（3）构件应力。构件应力监测可以通过应变监测来实现，应变测点的布设应尽可能布设在结构中受力较大、受力状态复杂、对结构整体承载力与稳定性有重要影响的部位。

4. 斜拉索索力测点布置

营口奥体中心预应力工程施工监测主要对斜拉索索力、结构变形、构件应力进行监测，斜拉索索力的监测是斜索张拉的必要条件，因此每根斜拉索均在索张拉端布置测点，共 28 个测点。监测方法及仪器：张拉过程中的索力监测使用专用油压传感器及配套读数仪（图 10-15），张拉完成或者张拉过程中通过动测仪（图 10-16）监测拉索索力。

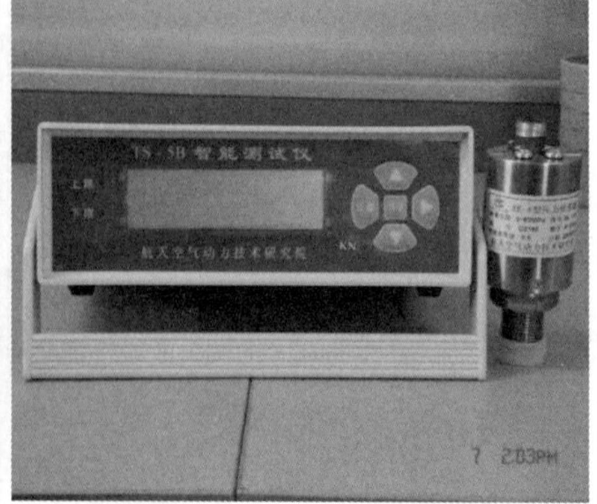


图 10-15 油压传感器及读数仪

图 10-16　动测仪

5. 结构变形测点布置

为了掌握施工过程中结构变形发展规律，需要对施工过程中结构关键部位的变形进行监测，通过结构变形监测进一步指导和校核施工的精确进行。

变形测点选择了网壳施工结束时刻竖向变形最大的 40 个节点位置，如图 10-17 所示。

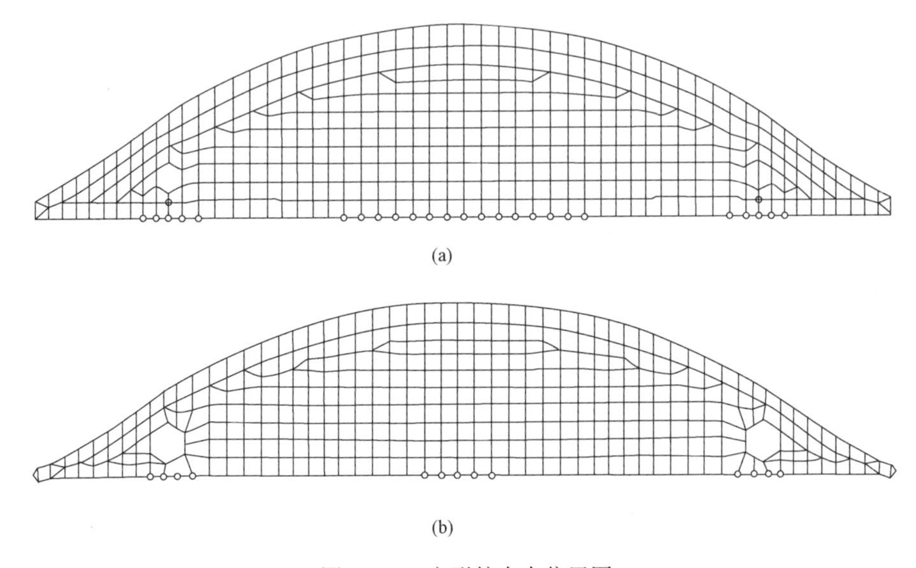

图 10-17　变形较大点位置图

(a) 上弦变形较大点；(b) 下弦变形较大点

在较大的变形节点中本着均匀分布的原则，选取了上弦 5 个（BS1～BS5）、下弦 4 个（BX1～BX4）典型监测位置，典型测点主要集中在上下弦的前边缘。为了考察结构的整体变形分布规律及张拉时与斜索连接节点的变形情况，按构造选取了上弦 12 个（S6～S17）、下弦 4 个（X5～X8）辅助测点，同时为了保证张拉的精确进行，需要对桅杆的变形进行重点监测，在两个桅杆顶部和中部共布置了 4 个（BW1～BW4）变形监测测点，变形监测测点布置如图 10-18 所示。

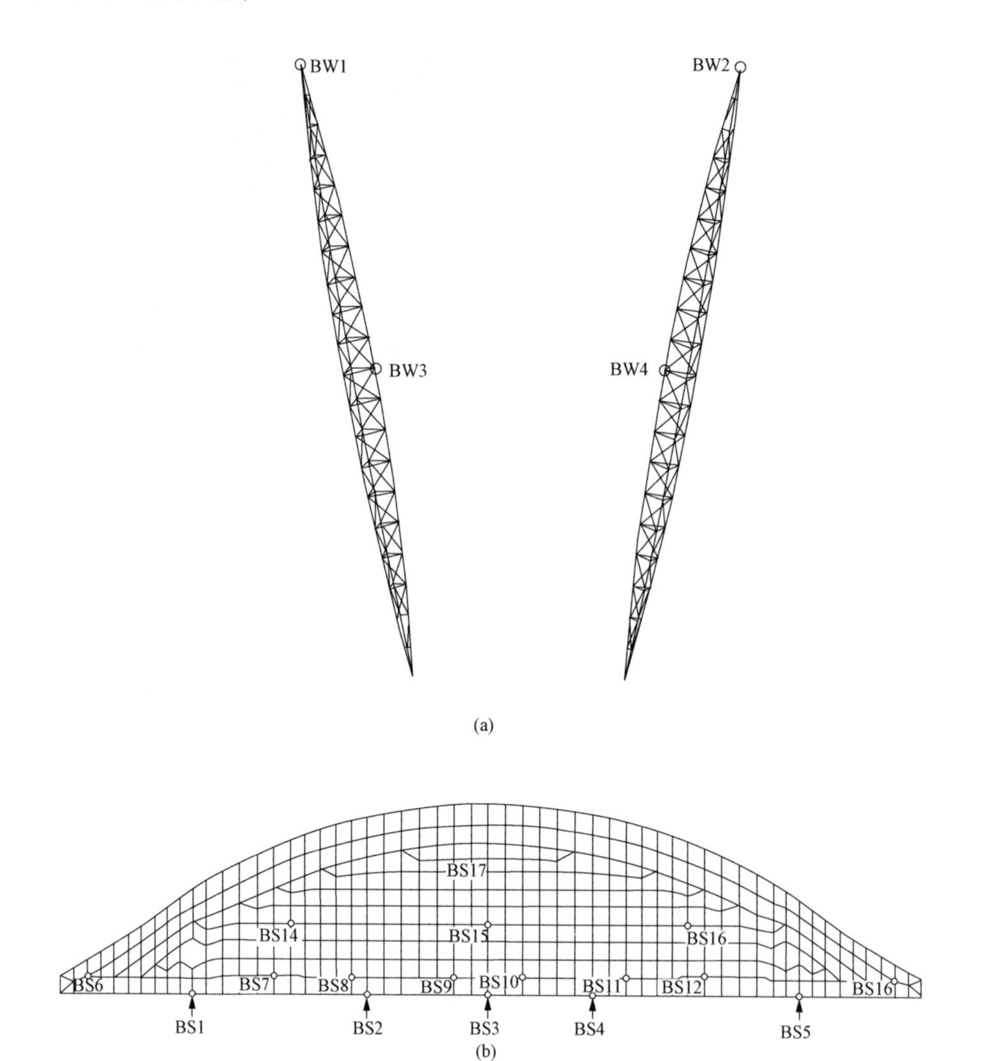


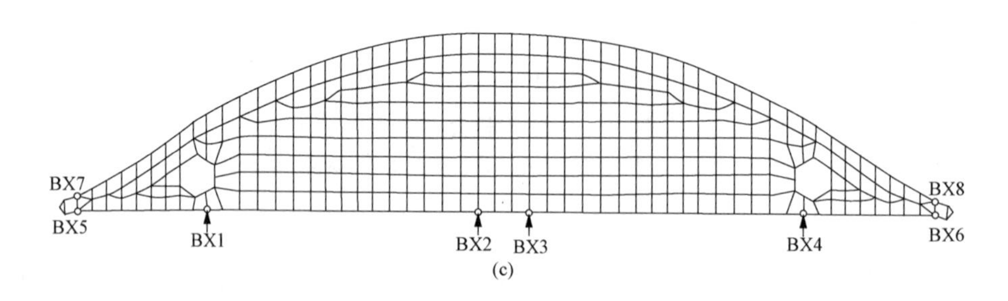


图 10-18　变形监测测点布置图

(a) 桅杆变形测点布置；(b) 上弦变形测点布置；(c) 下弦变形测点布置

6. 监测结果

(1) 张拉完成后，通过第三方的索力监测，索力误差均在 5%以内，满足设计要求。

(2) 位移监测采用全站仪在张拉过程中进行全过程监测。表 10-4 为结构张拉完毕桅杆顶端位移的理论值和实测值对比，从监测数据可以看出，结构张拉完毕以后，桅杆顶端的位移量和设计值基本一致。

**表 10-4　　结构最终状态桅杆顶端位移监测对比**

桅杆顶端位移　　单位：mm

| 桅杆位置 | 方　向 | 理　论　值 | 实　测　值 |
|---|---|---|---|
| 东侧 | $X$ | 94 | 86 |
| | $Y$ | 651 | 635 |
| | $Z$ | −134 | −129 |
| 西侧 | $X$ | −94 | −88 |
| | $Y$ | 651 | 640 |
| | $Z$ | −134 | −125 |